선형대수학 입문

Introduction to Linear Algebra

권영수 · 김관수 · 김래영 · 방세정
윤영훈 · 이재운 · 황경하 공저

북스힐

머리말

본 교재의 목적은 선형대수학의 기초를 공부하는데 있다. 선형대수학은 행렬과 벡터공간을 다루는 수학의 한 분야이다. 행렬은 선형연립방정식의 풀이의 수단으로 사용되어 왔으나 지금은 수학의 전 분야 뿐만 아니라 과학, 공학, 인문학 등 사용되지 않는 분야가 거의 없다.

본 교재는 지금까지 실수들의 연산을 위주로 공부해온 학생들에게 행렬과 행렬식 및 벡터들의 계산능력을 키우고 추상적인 벡터공간의 정의와 주어진 성질을 이용하여 새로운 성질을 찾아가는 논리적 훈련을 하는 기회를 제공하고자 한다.

본 교재는 선형대수를 필요로 하는 모든 학문분야를 전공하는 대학 1학년 또는 2학년 학생들을 대상으로 집필되었으며 실 벡터공간을 위주로 집필하여 모든 학생들이 쉽게 배울 수 있도록 짜여있다.

본 교재는 6개장으로 구성되어 있으며 각 장은 3-5개의 절이 있다. 각 절의 마지막에 연습문제가 수록되어 있고 각 장의 마지막에는 종합문제를 수록하여 이해정도를 점검할 수 있도록 하였다. 문제는 난이도를 생각하여 쉬운 문제에서 어려운 문제까지 골고루 분포되어 있다. 본 교재의 구성은 다음과 같다.

제1장에서는 행렬의 기본적인 연산과 행렬을 이용한 선형연립방정식을 푸는 방법을 다루었다.

제2장에서는 행렬식을 정의하고 행렬식을 계산하는 방법을 공부한다.

제3장에서는 2차원 평면과 3차원 공간에서 벡터의 내적과 외적을 공부하고 이를 이용하여 직선과 평면의 방정식을 공부한다.

제4장에서는 유클리드 공간 $\mathbb{R}^n$에 관한 성질을 공부한다. 특히 일차독립과 종속, 기저와

차원, 기저의 변환을 다루며 또한 유클리드 내적의 성질을 공부한다.

제5장에서는 유클리드 공간사이의 선형변환에 대해 공부한다. 특히 선형변환과 행렬과의 관계, 대각화 그리고 직교 대각화를 공부한다.

제6장에서는 일반벡터공간에 대해 공부한다. 이미 4장에서 배운 유클리드 벡터공간의 일반화된 개념이므로 일부 정리는 증명없이 소개만 하였다.

본 교재는 한 학기동안 주당 2~3시간용 교재로 집필되었으며 필요에 따라 증명과 예제를 가감할 수 있다. 선형대수학의 교재로는 다소 미흡한 부분이 없지 않으나 한 학기용으로 충분하다고 생각된다. 본 교재가 학생들의 행렬 및 벡터공간의 이해에 많은 도움이 되기를 바란다.

끝으로 본 교재가 나오기 까지 도움을 아끼지 않은 북스힐의 조승식 사장님과 편집자 여러분에게 감사드린다.

2013년 1월

저자 씀

차 례

Chapter 01 선형연립방정식과 행렬

Chapter 02 행렬식

Chapter 03 점의 좌표와 기하 벡터

Chapter 04 유클리드 공간 $\mathbb{R}^n$

Chapter 05 선형변환과 행렬

Chapter 06 벡터공간

01 Chapter 선형연립방정식과 행렬

1.1 선형연립방정식

전기회로에서 전류, 저항, 전압의 관계에서 일어나는 각종 문제는 Ohm 법칙($V = IR$), Kirchhoff의 법칙(전류와 전압법칙) 등을 사용하면, 선형연립방정식으로 표현된다. 경제학의 수요와 공급관계에서 일어나는 각종 문제는 수요와 공급의 법칙을 이용하면 선형연립방정식으로 표현된다. 이 뿐 아니라, 자연과학, 공학 및 실생활의 각 분야에서 발생하는 많은 문제들이 선형연립방정식으로 표현되어진다. 따라서, 선형연립방정식의 해를 구하는 것은 매우 중요하다. 이 장에서는 선형연립방정식의 해를 구하는 방법을 알아보려고 한다. 편의상, 이 장에서 다루는 모든 수는 실수인 것으로 생각하자.

$xy-$ 평면에서의 직선은 방정식 $ax+by=c$로 표현되어진다. 이 식은 변수들의 거듭제곱, 변수들의 곱, 변수에 대한 근호, 삼각함수 또는 지수함수 형태를 포함하지 않고 있다. 이와 같은 식을 **선형방정식(linear equation)**이라 부른다. 예를 들면, $x+y=7$은 선형방정식이고, $xy=2$는 선형방정식이 아니다. 즉,

$$a_1x_1 + a_2x_2 + \cdots + a_nx_n = b \quad (a_1, \cdots, a_n, b : \text{상수})$$

가 선형방정식의 일반형태이다.

선형방정식 $a_1x_1 + a_2x_2 + \cdots + a_nx_n = b$의 **해**란 방정식에 x_1 대신에 s_1, x_2 대신에 s_2, $\cdots$, x_n 대신에 s_n을 대입하면 주어진 방정식을 만족하게 되는 수의 조$(s_1, s_2, \cdots, s_n)$을 의미한다. 즉, $a_1s_1 + a_2s_2 + \cdots a_ns_n = b$을 만족하는 수의 조$(s_1, s_2, \cdots, s_n)$이 주어진 방정식의 하나의 해이다. 이러한 경우, 해$(s_1, s_2, \cdots, s_n)$을 $x_1 = s_1$, $x_2 = s_2, \cdots, x_n = s_n$으로 표기하기도 한다. 주어진 선형방정식의 모든 해들의 집합을 그 선형방정식의 **해집합**

(solution set)이라 한다. 선형방정식을 푼다라는 것은 주어진 선형방정식의 해집합을 구하는 것을 의미한다.

예제 1.1.1

선형방정식 $2x + 3y = 4$의 해집합을 구하여라.

풀이 x 또는 y의 값이 결정되면, 나머지의 값도 결정된다. 먼저, $x = t$로 두자, 그러면, $y = -\frac{2}{3}t + \frac{4}{3}$이다. 따라서, 해의 일반 형태는 $x = t$, $y = -\frac{2}{3}t + \frac{4}{3}$, $(-\infty < t < \infty)$이다. 여기서, $\left(1, \frac{2}{3}\right)$가 하나의 해이고, $\left\{\left(t, -\frac{2}{3}t + \frac{4}{3}\right) \middle| -\infty < t < \infty\right\}$가 해집합이다.

다음 문제를 생각하자. 어느 농가의 소와 닭을 합한 수가 12이고, 그들의 다리의 수를 합하니 30이었다. 이때, 소와 닭의 수는 각각 얼마인가? 이 문제를 풀기 위해서, 소의 수를 x, 닭의 수를 y라 두자. 그러면, 다음의 두 선형방정식을 얻는다.

$$x + y = 12, \quad 4x + 2y = 30$$

이때 구하고자 하는 x와 y의 값은 두 식을 동시에 만족하는 수의 조가 된다. 이와 같이 선형방정식이 두 개 이상 나열된 것을 **선형연립방정식**(system of linear equations)이라 부른다. 선형연립방정식의 미지수 $x_1, x_2, \cdots, x_n$에 어떤 수 $s_1, s_2, \cdots, s_n$을 각각 대입하였을 때, 주어진 모든 선형방정식들이 성립하면 $(s_1, s_2, \cdots, s_n)$을 선형연립방정식의 해라고 한다. 주어진 선형연립방정식의 모든 해들의 집합을 선형연립방정식의 해집합이라 한다.

정의 1.1.2

선형연립방정식의 일반형태는 다음과 같다.

$$\begin{cases} a_{11}x_1 + a_{12}x_2 + \cdots + a_{1n}x_n = b_1 \\ a_{21}x_1 + a_{22}x_2 + \cdots + a_{2n}x_n = b_2 \\ \qquad \vdots \\ a_{m1}x_1 + a_{m2}x_2 + \cdots + a_{mn}x_n = b_m \end{cases}$$

여기서, a_{ij}들과 b_i들은 상수이다. 또한, $b_1 = b_2 = \cdots = b_m = 0$인 선형연립방정식을 동차선형연립방정식(homogeneous system of linear equations) 또는 제차선형연립방정식이라 부른다.

1.2 선형연립방정식의 해법

이 절에서는 선형연립방정식의 해집합을 구하는 방법에 대하여 알아본다.

선형연립방정식의 해법을 생각해보기 위하여 다음 예제를 살펴보자.

예제 1.2.1

다음 선형연립방정식들의 해를 구하여라.

(1) $\begin{cases} x + y = 1 \\ 2x + y = 1 \end{cases}$　　(2) $\begin{cases} x + y = 1, \\ 2x + 2y = 3 \end{cases}$　　(3) $\begin{cases} x + y = 1, \\ 2x + 2y = 2 \end{cases}$

풀이 (1)을 풀기 위하여, 첫 번째 식에 -1배하여 두 번째 식에 더하면, $x=0$을 얻고 이를 첫 번째 식에 대입하여 $y=1$을 얻는다. (2)를 풀기 위하여 첫 번째 식에 -2배하여 두 번째 식에 더하면 $0=1$을 얻는다. 이는 이 연립방정식이 해가 없음을 의미한다. (3)을 풀기 위하여 첫 번째 식에 -2배하여 두 번째 식에 더하면 $0=0$를 얻는다. 이는 첫 번째 식과 두 번째 식의 해집합이 같음을 의미한다. 따라서 세 번째 연립방정식의 해집합은 $x+y=1$을 만족하는 수의 모든 조가 된다.

주의

(1)은 오직 하나의 해 $x=0,\ y=1$을 가지고, (2)는 해가 존재하지 않고, (3)은 무수히 많은 해를 가진다. 기하학적으로 이 문제를 생각하면 이 사실이 좀 더 명확해진다. 미지수가 x, y인 선형방정식의 해집합을 $xy-$ 평면에 나타내면 직선이 되는데 (1)의 경우 두 직선의 기울기가 다르기 때문에 두 직선이 한 점에서 만난다. 즉, 두 직선에 동시에 속한 점(선형연립방정식의 해)의 개수는 오직 하나이다. (2)의 경우, 두 직선이 평행하고 y절편이 다르기 때문에 두 직선에 동시에 속한 점은 존재하지 않는다. (3)의 경우 두 직선이 일치하기에 두 직선에 동시에 속한 점들이 무수히 많다. 참고로, 선형연립방정식의 해법을 공부하다 보면, 어떠한 선형연립방정식도 위의 세 가지 경우 중 하나에 속하게 됨을 알게 될 것이다.

지금부터 선형연립방정식의 일반 풀이법을 알아보자. 이를 위한 기본적인 생각은 예제 1.2.1에서 풀이한 것과 같이, 주어진 선형연립방정식을 변환하여 해집합이 변하지 않으면서 해를 구하기 쉬운 새로운 선형연립방정식을 찾아가는 것이다. 연립방정식에 다음을 적용시켜 얻어지는 새로운 연립방정식은 원래 방정식과 해집합이 같다(왜 그러할까?).

(1) 한 방정식에 0이 아닌 수를 곱한다.

(2) 두 방정식을 서로 교환한다.

(3) 한 방정식의 상수배를 다른 방정식에 더한다.

위의 세 가지 작용을 연립방정식의 세 가지 **기본작용**이라 부른다.

주의

선형연립방정식 뿐 아니라 일반적인 연립방정식에 위 세 가지 작용을 하여도 연립방정식의 해집합은 변하지 않는다. 일례로 $f(x,y)$ 와 $g(x,y)$ 가 미지수 x,y 에 대한 관계식이라고 하자. 그러면 다음 4개의 연립방정식의 해집합은 모두 같음을 각자 생각해 보기 바란다. $(c \neq 0)$

(1) $\begin{cases} f(x,y)=0 \\ g(x,y)=0 \end{cases}$ (2) $\begin{cases} f(x,y)=0 \\ cg(x,y)=0 \end{cases}$ (3) $\begin{cases} g(x,y)=0 \\ f(x,y)=0 \end{cases}$ (4) $\begin{cases} f(x,y)=0 \\ g(x,y)+cf(x,y)=0 \end{cases}$

지금부터 앞에서 소개한 세 가지 기본작용을 사용하면 모든 선형연립방정식을 풀 수 있음을 보이려고 한다. 이를 위하여, 먼저 다음 개념을 소개한다.

정의 1.2.2

선형연립방정식

$$\begin{cases} a_{11}x_1 + a_{12}x_2 + \cdots + a_{1n}x_n = b_1 \\ a_{21}x_1 + a_{22}x_2 + \cdots + a_{2n}x_n = b_2 \\ \qquad \vdots \\ a_{m1}x_1 + a_{m2}x_2 + \cdots + a_{mn}x_n = b_m \end{cases}$$

에서 미지수 $x_1, \cdots, x_n$을 제외하고 남은 수를 직사각형 모양으로 나열한 모양

$$\begin{pmatrix} a_{11} & a_{12} & \cdots & a_{1n} & b_1 \\ a_{21} & a_{22} & \cdots & a_{2n} & b_2 \\ \vdots & \vdots & \ddots & \vdots & \vdots \\ a_{m1} & a_{m2} & \cdots & a_{mn} & b_m \end{pmatrix}$$

을 이 선형연립방정식의 **첨가행렬**(augmented matrix)이라 부른다. 일반적으로 **행렬**(matrix)이란 단순히 수를 직사각형 모양으로 나열한 것을 의미한다. 또한, 미지수 $x_1, \cdots, x_n$들의 계수만을 나열한 행렬

$$\begin{pmatrix} a_{11} & a_{12} & \cdots & a_{1n} \\ a_{21} & a_{22} & \cdots & a_{2n} \\ \vdots & \vdots & \ddots & \vdots \\ a_{m1} & a_{m2} & \cdots & a_{mn} \end{pmatrix}$$

을 **계수행렬**(coefficient matrix)이라고 부른다.

선형연립방정식의 첨가행렬에서 한 행(수평선)은 연립방정식에서의 한 식에 해당한다. 따라서, 선형연립방정식에 세 가지 기본작용을 수행하는 것과 첨가행렬의 행들에 다음 세 가지 작용을 수행하는 것이 서로 대응됨을 알 수 있다.

(1) 한 행에 0이 아닌 수를 곱한다.

(2) 두 행을 서로 교환한다.

(3) 한 행의 상수배를 다른 행에 더한다.

위의 세 가지 작용을 행렬의 **기본행 연산**(elementary row operation or elementary operation)이라 부른다.

주의

선형연립방정식의 첨가행렬은 주어진 선형연립방정식의 정보를 모두 포함하고 있다. 따라서, 선형연립방정식에 세 가지 작용을 하는 대신에 첨가행렬에 기본행연산을 수행하면, 선형연립방정식을 풀이하는데 미지수를 쓰는 번거로움을 피할 수 있고, 컴퓨터에서 풀이법을 구현할 수 있다.

예제 1.2.3

다음 선형연립방정식을 풀어라.

$$\begin{cases} \quad\quad 4y - 3z = 1, \\ x + y + 2z = 9, \\ -3x + 6y - 6z = 0, \\ 3x - 2y + 3z = 1 \end{cases}$$

풀이 첨가행렬만 사용하여 방정식을 풀이할 수 있으나, 방정식에서의 연산과 행렬에서의 연산을 비교하기 위하여 두 연산을 동시에 생각하자. 먼저 주어진 방정식과 이의 첨가행렬은 다음과 같다.

$$\begin{cases} \quad\quad 4y - 3z = 1, \\ x + y + 2z = 9, \\ -3x + 6y - 6z = 0, \\ 3x - 2y + 3z = 1 \end{cases} \qquad \begin{pmatrix} 0 & 4 & -3 & 1 \\ 1 & 1 & 2 & 9 \\ -3 & 6 & -6 & 0 \\ 3 & -2 & 3 & 1 \end{pmatrix}$$

(1) x의 계수가 첫 번째 방정식에서는 0이고 두 번째 방정식에서는 1이므로, 두 방정식을 서로 교환하자.

$$\begin{cases} x + y + 2z = 9, \\ 4y - 3z = 1, \\ -3x + 6y - 6z = 0, \\ 3x - 2y + 3z = 1 \end{cases} \qquad \begin{pmatrix} 1 & 1 & 2 & 9 \\ 0 & 4 & -3 & 1 \\ -3 & 6 & -6 & 0 \\ 3 & -2 & 3 & 1 \end{pmatrix}$$

(2) 첫 번째 식에 3배하여 세 번째 식에 더하고, 첫 번째 식에 -3배하여 네 번째 식에 더하자.

$$\begin{cases} x + y + 2z = 9, \\ 4y - 3z = 1, \\ 9y = 27, \\ -5y - 3z = -26 \end{cases} \qquad \begin{pmatrix} 1 & 1 & 2 & 9 \\ 0 & 4 & -3 & 1 \\ 0 & 9 & 0 & 27 \\ 0 & -5 & -3 & -26 \end{pmatrix}$$

이제 두 번째 식, 세 번째 식과 네 번째 식은 y와 z만의 방정식이다. 따라서, 첫 번째 식은 그냥 두고 같은 방법을 나머지 식들에 적용하자.

(3) 두 번째 식과 세 번째 식을 서로 교환하자.

$$\begin{cases} x + y + 2z = 9, \\ 9y = 27, \\ 4y - 3z = 1, \\ -5y - 3z = -26 \end{cases} \qquad \begin{pmatrix} 1 & 1 & 2 & 9 \\ 0 & 9 & 0 & 27 \\ 0 & 4 & -3 & 1 \\ 0 & -5 & -3 & -26 \end{pmatrix}$$

(4) 두 번째 식에 $\frac{1}{9}$배 하자.

$$\begin{cases} x + y + 2z = 9, \\ y = 3, \\ 4y - 3z = 1, \\ -5y - 3z = -26 \end{cases} \qquad \begin{pmatrix} 1 & 1 & 2 & 9 \\ 0 & 1 & 0 & 3 \\ 0 & 4 & -3 & 1 \\ 0 & -5 & -3 & -26 \end{pmatrix}$$

(5) 두 번째 식에 -4배하여 세 번째 식에 더하고, 두 번째 식에 5배하여 네 번째 식에 더하자.

$$\begin{cases} x + y + 2z = 9, \\ y = 3, \\ -3z = -11, \\ -3z = -11 \end{cases} \qquad \begin{pmatrix} 1 & 1 & 2 & 9 \\ 0 & 1 & 0 & 3 \\ 0 & 0 & -3 & -11 \\ 0 & 0 & -3 & -11 \end{pmatrix}$$

(6) 세 번째 식에 -1배하여 네 번째 식에 더하자.

$$\begin{cases} x + y + 2z = 9, \\ y = 3, \\ -3z = -11, \\ 0 = 0 \end{cases} \qquad \begin{pmatrix} 1 & 1 & 2 & 9 \\ 0 & 1 & 0 & 3 \\ 0 & 0 & -3 & -11 \\ 0 & 0 & 0 & 0 \end{pmatrix}$$

(7) 세 번째 식에 $-\frac{1}{3}$ 배한다.

$$\begin{cases} x + y + 2z = 9, \\ y = 3, \\ z = \dfrac{11}{3}, \\ 0 = 0 \end{cases} \qquad \begin{pmatrix} 1 & 1 & 2 & 9 \\ 0 & 1 & 0 & 3 \\ 0 & 0 & 1 & \dfrac{11}{3} \\ 0 & 0 & 0 & 0 \end{pmatrix}$$

(1)에서 (7)에서 나타나는 모든 선형연립방정식의 해집합은 같다. 하지만, (7)에 주어진 선형연립방정식과 처음 선형연립방정식을 비교하면, (7)에 주어진 선형연립방정식의 해집합을 구하는 것이 훨씬 쉬운 것을 알 수 있다. (7)에 주어진 식을 얻기 위해서 지금까지 수행한 방법을 **전방소거법**(forward elimination)이라 부른다. 즉, x항의 계수가 0이 아닌 한 식을 이용하여 나머지 세 식에서 x항을 소거하고, x항이 없는 세 식 가운데 y항의 계수가 0이 아닌 한 식을 이용하여 나머지 두 식에서 y항을 소거하였으며, 마지막으로 x항과 y항이 없는 두 식 가운데 z항의 계수가 0이 아닌 한 식을 이용하여 나머지 한 식에서 z항을 소거한 일련의 작업이 전방소거법이다.

마지막으로 얻은 행렬

$$\begin{pmatrix} 1 & 1 & 2 & 9 \\ 0 & 1 & 0 & 3 \\ 0 & 0 & 1 & \dfrac{11}{3} \\ 0 & 0 & 0 & 0 \end{pmatrix}$$

을 주목하자. 이 행렬에서는, 각 행에서 처음으로 0이 아닌 수는 1이며, 아래의 행에서 처음으로 나타나는 1은 위의 행에서 처음으로 나타나는 1 보다 오른쪽에 놓인다. 그리고, 모두 0으로만 이루어진 행은 0이 아닌 수를 포함하는 행보다 아래에 놓인다. 이 행렬을 첨가행렬의 **계단행렬형**(row-echelon form)이라 부른다. 이 계단행렬형을 얻기 위하여 행한 일련의 작업을 모두 합하여 **가우스 소거법**(Gaussian elimination)이라 부른다.

보다 계산하기 쉬운 식을 만들기 위해서, 각 행에서 처음으로 나타나는 1들 위의 수들을 0으로 만들자.

(8) 세 번째 식에 -2배하여 첫 번째 식에 더하고, 새로 생긴 연립방정식의 두 번째 식에 -1배하여 첫 번째 식에 더하자.

$$\begin{cases} x \quad\quad = -\dfrac{4}{3}, \\ \quad y \quad = 3, \\ \quad\quad z = \dfrac{11}{3}, \\ 0 \quad = 0 \end{cases} \qquad \begin{pmatrix} 1 & 0 & 0 & -\dfrac{4}{3} \\ 0 & 1 & 0 & 3 \\ 0 & 0 & 1 & \dfrac{11}{3} \\ 0 & 0 & 0 & 0 \end{pmatrix}$$

이렇게 해서 얻은 마지막 행렬을 첨가행렬의 **기약계단행렬형**(reduced row-echelon form)이라 부른다. 그리고, 계단행렬형로부터 기약계단행렬형을 얻기 위하여 수행한 작업을 **후방대입법**(back substitution)이라 부른다. 또한, 첨가행렬로부터 기약계단행렬을 얻기 위하여 수행한 일련의 작업을 모두 합하여 **가우스-조단 소거법**(Gauss-Jordan elimination)이라 부른다.

예제 1.2.3에서 방정식의 해를 구하기 위하여 특별한 모양의 행렬을 얻었다. 편의를 위하여, 이러한 모양의 행렬에 대하여 이름을 붙이자.

정의 1.2.4

행렬이 다음 세 가지 조건을 만족할 때 **계단행렬**(row-echelon matrix)이라 부른다.

(1) 0이 아닌 수를 포함하는 행에서 처음으로 나타나는 0이 아닌 수는 1이다.

(2) 아래의 행에서 처음으로 나타나는 1은 위의 행에서 처음으로 나타나는 1보다 오른쪽에 놓인다.

(3) 모두 0으로 이루어진 행은 0이 아닌 수를 포함하는 행보다 아래에 놓인다. 그리고, 계단행렬이 다음 조건을 만족할 때 **기약계단행렬**(reduced row-echelon matrix)이라 부른다.

(4) 각 행에서 처음으로 나타나는 1 위의 모든 수가 0이다.

주어진 행렬에 기본행연산을 수행하여 얻어진 계단행렬을 그 행렬의 **계단행렬형**(row-echelon form)이라고 부르며, 그 행렬에 기본행연산을 수행하여 얻어진 기약계단행렬을 그 행렬의 **기약계단행렬형**(reduced row-echelon form)이라고 부른다.

주의

주어진 행렬의 계단행렬형은 많이 있을 수 있다. 그러나, 각 행에서 처음으로 나타나는 1을 포함하는 행의 수는 일정하다. 선형연립방정식의 첨가행렬의 계단행렬형에서 각 행에 처음으로 나타나는 1을 포함하는 열(수직선)에 대응되는 변수를 **기본변수**(basic variables)라 부르고, 그렇지 않은 변수를 **자유변수**(free variables)라 부른다.

정의 1.2.5

주어진 행렬 A의 계단행렬형에서 0이 아닌 수를 포함하는 행의 개수를 행렬 A의 **계수**(rank)라 부르고 $rank(A)$로 표기한다.

다음은 계단행렬들이고, 특히, 첫 번째와 두 번째 행렬은 기약계단행렬이다.

$$\begin{pmatrix}1&0&0&4\\0&0&1&0\end{pmatrix},\quad \begin{pmatrix}0&1\\0&0\end{pmatrix},\quad \begin{pmatrix}1&4&3&7\\0&1&2&4\end{pmatrix},\quad \begin{pmatrix}0&1&0&5&2\\0&0&0&1&2\\0&0&0&0&1\end{pmatrix}.$$

첫 번째 행렬이 연립방정식에 대한 첨가행렬의 계단행렬형이면, x_1과 x_3가 기본변수이고, x_2가 자유변수이다. 이 경우 첨가행렬의 계수는 2이다. 그리고, 만약 네 번째 행렬이 연립방정식의 첨가행렬의 계단행렬형이면, 그 연립방정식은 해를 가지지 않는다. 왜냐하면, 세 번째 행이 $0 \cdot x_1 + 0 \cdot x_2 + 0 \cdot x_3 + 0 \cdot x_4 = 1$을 나타내는 데, 이 식을 만족하는 미지수의 값들이 존재하지 않기 때문이다. 참고로, 이 경우 계수행렬의 계수는 2이고, 이는 첨가행렬의 계수 3보다 작음을 알 수 있다.

이제 조금만 더 생각하면 다음 정리를 얻을 수 있다.

정리 1.2.6

선형연립방정식

$$\begin{cases} a_{11}x_1 + a_{12}x_2 + \cdots + a_{1n}x_n = b_1 \\ a_{21}x_1 + a_{22}x_2 + \cdots + a_{2n}x_n = b_2 \\ \quad\vdots \\ a_{m1}x_1 + a_{m2}x_2 + \cdots + a_{mn}x_n = b_m \end{cases}$$

에 대하여 다음이 성립한다.

(1) 선형연립방정식이 해를 가질 필요충분조건은 이 방정식의 계수행렬의 계수(rank)와 첨가행렬의 계수(rank)가 같을 때이다.

(2) 선형연립방정식은 해를 가지지 않거나, 해를 가진다면 오직 한 개의 해만 가지거나 무수히 많은 해를 가진다.

정리 1.2.6에 의해, 주어진 선형연립방정식의 계단행렬형만 구하면, 주어진 선형연립방정식의 해의 존재성 유무와, 오직 한 개의 해만 존재하는지 무수히 많은 해가 존재하는 지 알 수 있다. 참고로, 선형연립방정식의 첨가행렬의 계수와 계수행렬의 계수가 다르다는 것은 첨가행렬의 계단행렬형에 마지막 자리만 1이고 나머지 자리의 값은 0인 행이 존재한다는 것과 동치이다. 이 행에 대응되는 식은 $0 \cdot x_1 + 0 \cdot x_2 + \cdots + 0 \cdot x_n = 1$이기 때문에 주어진 선형연립방정식의 해가 존재하지 않는다.

따름정리 1.2.7

(1) 동차선형연립방정식은 항상 해를 가진다. 즉, $b_1 = b_2 = \cdots = b_m = 0$인 선형연립방정식은 항상 해를 가진다.
(2) 방정식의 수가 미지수의 수보다 작은 동차선형연립방정식은 무수히 많은 해를 가진다.
(3) 선형연립방정식이 오직 하나의 해를 가질 필요충분조건은 계수행렬의 계수(rank)와 첨가행렬의 계수(rank)가 미지수의 수와 같을 때이다.

정의 1.2.8

동차선형연립방정식은 항상 $x_1 = 0,\ x_2 = 0, \cdots, x_n = 0$인 해를 가진다. 이를 **자명해**(trivial solution)라 부른다. 그리고, 동차선형연립방정식의 자명해가 아닌 해를 **비자명해**(non-trivial solution)라 부른다.

예제 1.2.9

다음 선형연립방정식의 해를 구하여라.

$$\begin{cases} x + y + 2z = -1, \\ -x + \quad + z = -1, \\ -x + y + 4z = -3. \end{cases}$$

풀이 가우스 소거법을 사용하여 첨가행렬의 계단행렬형을 구하자.

$$\begin{pmatrix} 1 & 1 & 2 & -1 \\ 0 & 1 & 3 & -2 \\ 0 & 0 & 0 & 0 \end{pmatrix}$$

이 계단행렬형으로부터 계수행렬의 계수와 첨가행렬의 계수가 일치함을 알 수 있다. 따라서 이 선형연립방정식은 해를 가지며, 그 해는 다음방정식의 해를 구함으로써 얻을 수 있다.

$$\begin{cases} x = -y - 2z - 1 \\ y = \quad -3z - 2 \end{cases}$$

첫 번째 식의 y에 $y = -3z - 2$를 대입하여 정리하면

$$\begin{cases} x = \quad z + 1, \\ y = -3z - 2. \end{cases}$$

이제, 기본변수와 자유변수의 의미가 파악될 것이다. 말 그대로, 자유변수는 자유롭게 움직일 수 있는 변수이고, 기본변수는 자유변수들의 값에 의해서 결정되는 변수임을 알 수 있을 것이다. 이를 좀 더 상세히 표현하기 위하여 $z = s$로 두자. 그러면 우리는 다음과 같은 해집합을 얻을 수 있다.

$$\{(1+s, -2-3s, s) \mid s \in \mathbb{R}\} = \{(1, -2, 0) + s(1, -3, 1) \mid s \in \mathbb{R}\}$$

여기에서, $s = 0$을 대입하면 $(x, y, z) = (1, -2, 0)$가 되므로 $(1, -2, 0)$은 연립방정식의 한 해이다. 주어진 선형연립방정식과 같은 계수행렬을 가지는 동차선형연립방정식을 생각해 보자. 가우스 소거법을 사용하여 동차선형연립방정식의 첨가행렬을 계단행렬로 고치면

$$\begin{pmatrix} 1 & 1 & 2 & 0 \\ 0 & 1 & 3 & 0 \\ 0 & 0 & 0 & 0 \end{pmatrix}$$

이 됨을 알 수 있다. 따라서, 동차선형연립방정식의 해집합은

$$\{s(1, -3, 1) \mid s \in \mathbb{R}\}$$

이 된다. 위의 사실로부터, 주어진 선형연립방정식의 해집합은 그것의 한 해(특수해라 부름)와 선형연립방정식과 계수행렬이 같은 동차선형연립방정식의 해집합의 합으로 표현된다. 이러한 표현을 선형연립방정식의 **일반해**(general solution)라 부른다. 이것에 대한 구체적인 내용은 제3절의 끝 부분의 정리 1.3.22를 참조하기 바란다. 이러한 현상은 선형미분방정식의 일반해에서도 일어난다.

예제 1.2.10

다음 선형연립방정식의 해를 구하여라.

$$\begin{cases} x_1 + 2x_2 - 2x_3 + 3x_4 - 4x_5 = -3 \\ 2x_1 + 4x_2 - 5x_3 + 6x_4 - 5x_5 = -1 \\ -x_1 - 2x_2 \qquad\quad - 3x_4 + 11x_5 = 15 \end{cases}$$

풀이 첨가행렬의 계단행렬형은

$$\begin{pmatrix} 1 & 2 & -2 & 3 & -4 & -3 \\ 0 & 0 & 1 & 0 & -3 & -5 \\ 0 & 0 & 0 & 0 & 1 & 2 \end{pmatrix}$$

이므로, 첨가행렬의 계수와 계수행렬의 계수가 일치한다. 따라서 이 연립방정식은 해를 가지며, 그 해는 다음방정식의 해를 구함으로써 얻을 수 있다.

$$\begin{cases} x_1 = -2x_2 + 2x_3 - 3x_4 + 4x_5 - 3, \\ x_3 = \quad 3x_5 - 5, \\ x_5 = \quad 2 \end{cases}$$

이 식으로부터

$$\begin{cases} x_1 = 7 - 2x_2 - 3x_4, \\ x_3 = 1, \\ x_5 = 2 \end{cases}$$

를 얻는다. 이를 좀 더 상세히 표현하기 위하여 $x_2 = r$, $x_4 = s$로 두자. 그러면 우리는 다음 식을 얻는다.

$$\begin{aligned}(x_1, x_2, x_3, x_4, x_5) &= (7-2r-3s, r, 1, s, 2) \\ &= (7, 0, 1, 0, 2) + r(-2, 1, 0, 0, 0) + s(-3, 0, 0, 1, 0).\end{aligned}$$

예제 1.2.10의 풀이에서 해집합을 정확히 구했는지 확인하기 위해서 $(7, 0, 1, 0, 2)$가 주어진 선형연립방정식의 한 해인지, $(-2, 1, 0, 0, 0)$과 $(-3, 0, 0, 1, 0)$이 주어진 선형연립방정식과 계수행렬이 같은 동차선형연립방정식의 해인지 살펴보면 된다. 각각을 대입해 보면 예제 1.2.10의 풀이에서 해집합을 정확히 구했음을 알 수 있다.

예제 1.2.11

다음 선형연립방정식의 해를 구하여라.

$$\begin{cases} x_1 + 3x_2 - 2x_3 \qquad\quad + 2x_5 \qquad\quad = 0 \\ 2x_1 + 6x_2 - 5x_3 - 2x_4 + 4x_5 - 3x_6 = -1 \\ \qquad\qquad 5x_3 + 10x_4 \qquad + 15x_6 = 5 \\ 2x_1 + 6x_2 \qquad + 8x_4 + 4x_5 + 18x_6 = 6 \end{cases}$$

풀이 먼저, 가우스 소거법을 사용하여 첨가행렬의 계단행렬형을 찾자.

$$\begin{pmatrix} 1 & 3 & -2 & 0 & 2 & 0 & 0 \\ 2 & 6 & -5 & -2 & 4 & -3 & -1 \\ 0 & 0 & 5 & 10 & 0 & 15 & 5 \\ 2 & 6 & 0 & 8 & 4 & 18 & 6 \end{pmatrix} \approx \begin{pmatrix} 1 & 3 & -2 & 0 & 2 & 0 & 0 \\ 0 & 0 & -1 & -2 & 0 & -3 & -1 \\ 0 & 0 & 5 & 10 & 0 & 15 & 5 \\ 0 & 0 & 4 & 8 & 0 & 18 & 6 \end{pmatrix}$$

$$\approx \begin{pmatrix} 1 & 3 & -2 & 0 & 2 & 0 & 0 \\ 0 & 0 & 1 & 2 & 0 & 3 & 1 \\ 0 & 0 & 0 & 0 & 0 & 0 & 0 \\ 0 & 0 & 0 & 0 & 0 & 6 & 2 \end{pmatrix} \approx \begin{pmatrix} 1 & 3 & -2 & 0 & 2 & 0 & 0 \\ 0 & 0 & 1 & 2 & 0 & 3 & 1 \\ 0 & 0 & 0 & 0 & 0 & 1 & \frac{1}{3} \\ 0 & 0 & 0 & 0 & 0 & 0 & 0 \end{pmatrix},$$

여기서, $\approx$는 기본해 연산을 수행하였다는 것을 의미한다. 이 계단행렬형으로부터 계수행렬의 계수와 첨가행렬의 계수가 일치함을 알 수 있다. 따라서 이 선형연립방정식은 해를 가진다. 이제, 그 해를 구해 보자. 다시, 위의 계단행렬형으로부터

$$\begin{cases} x_1 = -3x_2 + 2x_3 - 2x_5, \\ x_3 = -2x_4 - 3x_6 + 1 \quad , \\ x_6 = \dfrac{1}{3} \end{cases}$$

을 얻고, 이를 정리하면

$$\begin{cases} x_1 = -3x_2 - 4x_4 - 2x_5, \\ x_3 = -2x_4, \\ x_6 = \dfrac{1}{3} \end{cases}$$

을 얻는다. 이를 좀 더 상세히 표현하기 위하여 $x_2 = r,\ x_4 = s,\ x_5 = t$로 두자. 그러면

$$\begin{aligned} (x_1, x_2, x_3, x_4, x_5, x_6) &= \left(-3r - 4s - 2t,\ r,\ -2s,\ s,\ t,\ \frac{1}{3}\right) \\ &= \left(0, 0, 0, 0, 0, \frac{1}{3}\right) + r(-3, 1, 0, 0, 0, 0) \\ &\quad + s(-4, 0, -2, 1, 0, 0) + t(-2, 0, 0, 0, 1, 0) \end{aligned}$$

과 같이 주어진 선형연립방정식의 해집합을 얻을 수 있다. 한편, 첨가행렬의 계단행렬형에 대응되는 연립방정식에서 해집합을 계산하는 대신, 계단행렬형에 세 가지 기본행연산들을 더 수행하여 첨가행렬의 기약계단행렬형을 구하면 다음과 같다.

$$\begin{pmatrix} 1 & 3 & 0 & 4 & 2 & 0 & 0 \\ 0 & 0 & 1 & 2 & 0 & 0 & 0 \\ 0 & 0 & 0 & 0 & 0 & 1 & \frac{1}{3} \\ 0 & 0 & 0 & 0 & 0 & 0 & 0 \end{pmatrix}$$

이 행렬에 대응되는 선형연립방정식의 해집합을 구하여도 위와 같은 해집합을 얻을 수 있다. 기약계단행렬형을 이용하여 방정식을 푸는 법이 '가우스-조단소거법'이다.

주의

예제 1.2.9, 1.2.10, 1.2.11에서의 각 선형연립방정식은 해를 가지며, 다음이 성립한다.

기본변수의 수 = (계수 또는 첨가) 행렬의 계수

(계수 또는 첨가) 행렬의 계수 + 자유변수의 수 = 미지수의 수.

따라서 계수행렬의 계수를 알고 있으면 기본변수의 수와 자유변수의 수를 알 수 있다.

선형연립방정식의 해가 존재할 때, 자유변수의 개수를 통해 해가 얼마나 많이 존재하는 지 알 수 있다. 자유변수가 하나도 없는 경우에는 오직 한 해만 가지고, 자유변수가 한개 있는 경우에는 해집합이 직선이 되며, 자유변수가 두개인 경우에는 해집합이 평면이 된다(3장의 5절에서 구체적으로 다룬다). 일반적으로 미지수의 수가 n이고, 자유변수의 수가 m인 선형연립방정식이 해를 가지면, 그 해집합은 n차원 공간의 m차원 부분공간 모양이 된다(이를 4장의 3절에서 다룬다). 이런 이유로 인하여 자유변수의 수를 **해집합의 차원**이라고도 한다. 즉,

(계수 또는 첨가) 행렬의 계수 + 선형연립방정식의 해집합의 차원 = 미지수의 수

가 성립한다.

연습문제 1.2

01. 다음 명제들의 참, 거짓을 판정하여라.

(1) 방정식의 수가 미지수의 수보다 작은 선형연립방정식은 항상 해를 무수히 많이 가진다.

(2) 방정식의 수와 미지수의 수가 같은 선형연립방정식은 항상 한 쌍의 해를 가진다.

(3) 방정식의 수와 미지수의 수가 같은 동차선형연립방정식은 자명해만을 가진다.

02. 다음 행렬들이 계단행렬형인지 아니면 기약계단행렬형인지를 판정하여라.

$$A=\begin{pmatrix}1&0&0&0&4\\0&0&1&0&2\\0&0&0&1&5\end{pmatrix},\quad B=\begin{pmatrix}1&0&0&0&5\\0&0&1&0&0\\0&0&0&1&5\\0&0&0&0&0\end{pmatrix},$$

$$C=\begin{pmatrix}0&0&0&0&0\\0&0&1&2&3\\0&0&0&1&0\\0&0&0&0&0\end{pmatrix},\quad D=\begin{pmatrix}0&1&0&0&1\\0&0&1&1&1\\0&0&0&1&2\end{pmatrix},$$

$$E = \begin{pmatrix} 0 & 1 & 0 & 0 & 7 \\ 0 & 0 & 1 & 0 & 2 \\ 0 & 1 & 0 & -1 & 5 \end{pmatrix}, \qquad F = \begin{pmatrix} 1 & 0 & 0 & 0 & 5 \\ 0 & 1 & 0 & 0 & 6 \\ 0 & 0 & 0 & 1 & 5 \\ 0 & 0 & 0 & 0 & 0 \end{pmatrix}.$$

03. 다음 행렬의 계단행렬형을 찾고 계수를 구하여라.

(1) $\begin{pmatrix} 1 & -3 & 2 & 1 & 2 \\ 3 & -9 & 10 & 2 & 9 \\ 2 & -6 & 4 & 2 & 4 \\ 2 & -6 & 8 & 1 & 7 \end{pmatrix}$ (2) $\begin{pmatrix} 1 & 2 & 3 & 4 & 5 \\ 2 & 3 & 4 & 5 & 6 \\ 3 & 4 & 5 & 6 & 7 \\ 4 & 5 & 6 & 7 & 8 \\ 5 & 6 & 7 & 8 & 9 \end{pmatrix}$

04. 문제 3번의 기약계단행렬형을 찾아라.

05. 다음을 만족하는 해집합을 찾아라.

(1) $x - y = 3$ (2) $2x - y + 3z = 5$

(3) $-x_1 - x_2 + 3x_3 - x_4 = 2$

06. 가우스-조단소거법을 이용하여 연립방정식을 풀어라.

(1) $\begin{cases} 2x - 3y = 8, \\ 4x - 5y + z = 15, \\ 2x + 4z = 1. \end{cases}$

(2) $\begin{cases} -x + y + 2z = 0, \\ 3x + 4y + z = 0, \\ 2x + 5y + 3z = 0. \end{cases}$

(3) $\begin{cases} x_1 \quad 4x_4 = -1, \\ x_2 + 2x_4 = 6, \\ x_3 + 3x_4 = 2. \end{cases}$

(4) $\begin{cases} x_1 + x_2 + x_3 - x_4 = -2, \\ 2x_1 - x_2 + x_3 + x_4 = 0, \\ 3x_1 + 2x_2 - x_3 - x_4 = 1, \\ x_1 + x_2 + 3x_3 - 3x_4 = -8. \end{cases}$

(5) $\begin{cases} 2x_1 - 3x_2 - 7x_3 + 5x_4 + 2x_5 = -2, \\ x_1 - 2x_2 - 4x_3 + 3x_4 + x_5 = -2, \\ x_1 - 4x_3 + 2x_4 + x_5 = 3, \\ x_1 - 5x_2 - 7x_3 + 6x_4 + 2x_5 = -7. \end{cases}$

07. 다음 동차선형연립방정식을 풀어라.

(1) $\begin{cases} x + 2y + 3z = 0, \\ \quad\; 2y + 2z = 0, \\ x + 2y + 3z = 0. \end{cases}$ (2) $\begin{cases} 2x + y - z = 0, \\ x - 2y - 3z = 0, \\ 3x + y - 2z = 0. \end{cases}$

08. 다음 동차선형연립방정식의 해가 $x=0$, $y=0$뿐일 k의 조건을 구하여라.

$$\begin{cases} (k-2)x + y = 0, \\ x + (k-2)y = 0. \end{cases}$$

09. 다음 선형연립방정식이 해를 갖기 위해서는 $c=a+b$를 만족해야 함을 보여라.

$$\begin{cases} x + y + 2z = a, \\ x + z = b, \\ 2x + y + 3z = c. \end{cases}$$

10. 다음 연립방정식이 해를 가질 b_i들의 조건을 구하여라.

(1) $\begin{cases} x + 2y + 6z = b_1, \\ 2x - 3y - 2z = b_2, \\ 3x - y + 4z = b_3. \end{cases}$ (2) $\begin{cases} x + 3y - 2z = b_1, \\ 2x - y + 3z = b_2, \\ 4x + 2y + z = b_3. \end{cases}$

(3) $\begin{cases} 2x + y + 7z = b_1, \\ 6x - 2y + 11z = b_2, \\ 2x - y + 3z = b_3. \end{cases}$

11. 다음 연립방정식이 해를 갖지 않을 b_i들의 조건을 구하여라.

$$\begin{cases} 2x + y + 7z = b_1, \\ 6x - 2y + 11z = b_2, \\ 2x - y + 3z = b_3. \end{cases}$$

12. 다음 연립방정식을 만족하는 α, β, γ를 구하여라(단, $0 \le \alpha \le 2\pi$, $0 \le \beta \le \pi, 0 \le \gamma < \pi$).

$$\begin{cases} 2\sin\alpha - \cos\beta + 3\tan\gamma = 1, \\ 4\sin\alpha + 2\cos\beta - 2\tan\gamma = -6, \\ 6\sin\alpha - 3\cos\beta + \tan\gamma = -5. \end{cases}$$

13. a의 값이 어떠할 때, 다음 선형연립방정식이 해를 갖지 않는지, 오직 한 쌍의 해를 갖는지 또는 무수히 많은 해를 갖는지를 조사하여라.

(1) $\begin{cases} x + 2y - 3z = 4, \\ 3x - y + 5z = 2, \\ 4x + y + (a^2-14)z = a+2. \end{cases}$ (2) $\begin{cases} x - y + z = 1, \\ x + 3y + az = 2, \\ 2x + ay + 3z = 3. \end{cases}$

14. 다음 선형연립방정식을 만족하는 정수해를 구하여라.

$$\begin{cases} x + 2y + z = 11 \\ x + 5y + 8z = 40 \end{cases}$$

15. 선형연립방정식 $\begin{cases} x_1 + x_2 + x_3 - x_4 = -2 \\ 2x_1 - 3x_2 + x_3 + x_4 = 0 \\ 3x_1 + 2x_2 - x_3 - x_4 = 1 \end{cases}$ 에 대하여,

(1) 위 선형방정식의 해를 가우스-조르단 소거법을 사용하여 구하여라.

(2) (1)에서 구한 해를 특수해와 동차선형연립방정식 $\begin{cases} x_1 + x_2 + x_3 - x_4 = 0 \\ 2x_1 - 3x_2 + x_3 + x_4 = 0 \\ 3x_1 + 2x_2 - x_3 - x_4 = 0 \end{cases}$ 의 일반해의 합으로 표현하여라.

1.3 행렬의 연산

이 절에서는 행렬의 합과 곱에 대하여 공부한다. 이를 위하여, 앞 절에서 행렬에 대한 약간의 언급이 있었지만, 행렬의 정의를 다시 하자.

정의 1.3.1

다음과 같이 수를 직사각형 모양으로 나열한 형태를 **행렬**(matrix)이라 부른다.

$$A = \begin{pmatrix} a_{11} & a_{12} & \cdots & a_{1n} \\ a_{21} & a_{22} & \cdots & a_{2n} \\ \vdots & \vdots & \ddots & \vdots \\ a_{m1} & a_{m2} & \cdots & a_{mn} \end{pmatrix}$$

여기서 a_{ij}를 $(i,\ j)$ **요소**($(i,\ j)$ element)라고 부른다. 행렬 A의 수평선을 **행**(row), 수직선을 **열**(column)이라 부른다. 위 행렬은 m 개의 행과 n 개의 열로 구성되어 있다. 이와 같은 행렬을 간단히 $m\times n$ 행렬이라 부른다. 또한, 행의 수와 열의 수가 같은 행렬, 즉 $m=n$인 행렬을 **n 차 정사각행렬**(square matrix of degree n)이라 부른다. 즉, 수를 정사각형 모양으로 나열한 행렬이 정사각행렬이다.

주의

(1) 행렬 A는 (i, j) 요소에 의해서 결정된다. 따라서, 행렬을 $A=(a_{ij})$로 간단히 표기하기도 한다. 편의를 위하여 행렬 A의 (i, j) 요소 a_{ij}를 $ent_{ij}(A)$로 쓰기도 한다. 즉, $a_{ij}=ent_{ij}(A)$이다.

(2) 행렬 A에서 첫 번째 수평선을 첫 번째 행(first row), 두 번째 수평선을 두 번째 행(second row), ⋯, m번째 수평선을 m번째 행($m-$th row)라 부르자. 그러면, 각 행들은 $1\times n$ 행렬이다. 행렬 A의 i번째 행을 $Row_i(A)$로 표기하자. 즉, $Row_i(A)=(a_{i1} a_{i2} \cdots a_{in})$이다.

(3) 행렬 A에서 첫 번째 수직선을 첫 번째 열(first column), 두 번째 수직선을 두 번째 열(second column), ⋯, n번째 수직선을 n번째 열($n-$th column)로 부르자. 그러면, 각 열들은 $m\times 1$ 행렬이다. 행렬 A의 j번째 열을 $Col_j(A)$로 표기하자. 즉, $Col_j(A)=\begin{pmatrix} a_{1j} \\ a_{2j} \\ \vdots \\ a_{mj} \end{pmatrix}$이다.

정사각행렬에는 재미있고, 유용한 여러 가지 형태들이 있다. 여기서는 그 가운데 몇 가지만 소개하고, 나머지는 전개되는 내용에 따라 필요할 때마다 소개하기로 한다.

정의 1.3.2

n차 정사각행렬

$$A=\begin{pmatrix} a_{11} & a_{12} & \cdots & a_{1n} \\ a_{21} & a_{22} & \cdots & a_{2n} \\ \vdots & \vdots & \ddots & \vdots \\ a_{n1} & a_{n2} & \cdots & a_{nn} \end{pmatrix}$$

에서 정사각형의 대각선에 놓여있는 요소 a_{11}, a_{22}, ⋯, a_{nn}을 A의 **대각요소**(diagonal entries)라 부른다. 정사각행렬 A에서, 대각요소들 보다 위에 놓여있는 요소들이 모두 0인 경우, A를 **하삼각행렬**(lower triangular matrix), 대각요소들 보다 아래에 놓여있는 요소들이 모두 0인 경우, A를 **상삼각행렬**(upper triangular matrix)이라고 한다. 또한 대각요소를 제외한 모든 요소들이 0인 경우(0 아닌 요소는 대각선에만 있는 경우), A를 **대각행렬**(diagonal matrix)이라고 한다. 정사각행렬 A에서, 대각선에 대하여 서로 대칭인 위치에 있는 요소가 서로 같으면, A를 **대칭행렬**(symmetric matrix)이라 부르고, 각 대각요소가 0이고 대각선에 대하여 서로 대칭인 위치에 있는 요소의 절대값이 같고 부호가 서로 반대이면, A를 **교대행렬**(alternating matrix)이라 부른다.

위에서 정의된 각 종류의 정사각행렬들의 새로운 표현을 생각해 보자(때로는 이러한 표현

이 유용하게 사용될 때가 있다). 주어진 n차 정사각행렬 $A=(a_{ij})$에 대하여

(1) 행렬 A가 대각행렬이다 $\Leftrightarrow \forall i \neq j, \quad a_{ij}=0$

(2) 행렬 A가 하삼각행렬이다 $\Leftrightarrow \forall i < j, \quad a_{ij}=0$

(3) 행렬 A가 상삼각행렬이다 $\Leftrightarrow \forall i > j, \quad a_{ij}=0$

(4) 행렬 A가 대칭행렬이다 $\Leftrightarrow \forall i, j, \quad a_{ij}=a_{ji}$

(5) 행렬 A가 교대행렬이다 $\Leftrightarrow \forall i,j, \quad a_{ij}=-a_{ji}$

다음에서 L은 하삼각행렬, U는 상삼각행렬, D는 대각행렬, S는 대칭행렬, A는 교대행렬의 일반적인 형태이다.

$$L=\begin{pmatrix} a_{11} & 0 & \cdots & 0 \\ a_{21} & a_{22} & \cdots & 0 \\ \vdots & \vdots & \ddots & \vdots \\ a_{n1} & a_{n2} & \cdots & a_{nn} \end{pmatrix}, \quad U=\begin{pmatrix} a_{11} & a_{12} & \cdots & a_{1n} \\ 0 & a_{22} & \cdots & a_{2n} \\ \vdots & \vdots & \ddots & \vdots \\ 0 & 0 & \cdots & a_{nn} \end{pmatrix},$$

$$D=\begin{pmatrix} a_{11} & 0 & \cdots & 0 \\ 0 & a_{22} & \cdots & 0 \\ \vdots & \vdots & \ddots & \vdots \\ 0 & 0 & \cdots & a_{nn} \end{pmatrix}, \quad S=\begin{pmatrix} a_{11} & a_{12} & \cdots & a_{1n} \\ a_{12} & a_{22} & \cdots & a_{2n} \\ \vdots & \vdots & \ddots & \vdots \\ a_{1n} & a_{2n} & \cdots & a_{nn} \end{pmatrix},$$

$$A=\begin{pmatrix} 0 & a_{12} & \cdots & a_{1n} \\ -a_{12} & 0 & \cdots & a_{2n} \\ \vdots & \vdots & \ddots & \vdots \\ -a_{1n} & -a_{2n} & \cdots & 0 \end{pmatrix}$$

정의 1.3.3

두 행렬 A와 B에 대해, 두 행렬의 행의 수와 열의 수가 같고, 대응되는 요소가 같으면 두 행렬 A와 B가 **서로 같다**라고 정의하고 $A=B$로 표기한다. 즉, 모든 $1 \leq i \leq m, 1 \leq j \leq n$에 대하여 $ent_{ij}(A)=ent_{ij}(B)$일 때, $A=B$인 것으로 정의한다.

예제 1.3.4

행렬 A를 다음과 같이 두자.

$$A = \begin{pmatrix} 1 & 2 & 3 \\ 4 & 5 & 6 \\ 7 & 8 & 9 \end{pmatrix}$$

그러면, A는 3차 정사각행렬이고, $ent_{23}(A) = 6$, $Row_3(A) = (7\ \ 8\ \ 9)$이며,

$$Col_2(A) = \begin{pmatrix} 2 \\ 5 \\ 8 \end{pmatrix}$$

이다.

지금부터, 두 행렬의 덧셈에 대하여 알아보고자 한다. 먼저, 다음의 예를 생각하자. 두 공장 A와 B에서 세 가지 물건 α, β, γ에 대하여, 하루에 만들 수 있는 고급품과 중급품의 양을 조사하여 다음과 같은 표를 만들었다.

$$A\text{ 공장 : } \begin{matrix} \\ \text{고급} \\ \text{중급} \end{matrix} \begin{matrix} \alpha & \beta & \gamma \\ \begin{pmatrix} a & b & c \\ d & e & f \end{pmatrix} \end{matrix}, \quad B\text{ 공장 : } \begin{matrix} \\ \text{고급} \\ \text{중급} \end{matrix} \begin{matrix} \alpha & \beta & \gamma \\ \begin{pmatrix} a' & b' & c' \\ d' & e' & f' \end{pmatrix} \end{matrix}$$

이때, A 공장과 B 공장 모두를 가동하여 하루에 만들 수 있는 각 제품의 수를 구하여라. 그러면, 간단한 관찰에 의해서 다음과 같은 답을 얻을 수 있다.

$$\begin{matrix} & \alpha \quad\quad \beta \quad\quad \gamma \\ \begin{matrix} \text{고급} \\ \text{중급} \end{matrix} & \begin{pmatrix} a+a' & b+b' & c+c' \\ d+d' & e+e' & f+f' \end{pmatrix} \end{matrix}$$

또한, A 공장에서 이틀 동안에 만들 수 있는 각 제품의 수를 구하여라. 이 또한, 간단한 관찰에 의해서 다음과 같은 답을 얻는다.

$$\begin{matrix} & \alpha \quad \beta \quad \gamma \\ \begin{matrix} \text{고급} \\ \text{중급} \end{matrix} & \begin{pmatrix} 2a & 2b & 2c \\ 2d & 2e & 2f \end{pmatrix} \end{matrix}$$

위의 예제에서 볼 수 있듯이 두 행렬의 합과 상수와 행렬의 곱을 다음과 같이 정의하는 것이 유용하고 타당함을 알 수 있을 것이다.

정의 1.3.5

두 $m\times n$ 행렬 $A=(a_{ij})$와 $B=(b_{ij})$에 대하여, 두 행렬 $A=(a_{ij})$와 $B=(b_{ij})$를 합한 행렬 $A+B=C$는 $m\times n$ 행렬이고, 그것의 각 요소는

$$c_{ij}=ent_{ij}(A)+ent_{ij}(B)=a_{ij}+b_{ij},\quad \text{즉, } C=(a_{ij}+b_{ij})$$

이다. 또한, 상수 α에 대하여, α와 $A=(a_{ij})$의 곱 αA는 $m\times n$ 행렬이고, 그것의 각 요소는

$$ent_{ij}(\alpha A)=\alpha a_{ij},\quad \text{즉, } \alpha A=(\alpha a_{ij})$$

이다.

주의

(1) 행렬의 합은 두 행렬의 행의 수와 열의 수가 같을 때만 정의된다.

(2) 이제부터, 두 행렬의 합을 쓰면, 두 행렬의 합이 잘 정의되는 것으로 생각하자. 즉, 덧셈에 사용되는 행렬들은 행의 수와 열의 수가 각각 같아서 덧셈을 시행할 수 있는 것으로 생각하자.

모든 실수의 집합을 $\mathbb{R}$로, 모든 요소들이 실수인 $m\times n$ 행렬들의 모임을 $M_{m\times n}(\mathbb{R})$이라 표기하자. 그러면, 두 행렬의 덧셈, 상수와 행렬의 곱의 정의를 사용하면 다음이 성립함을 알 수 있다.

정리 1.3.6

$M_{m\times n}(\mathbb{R})$에 속하는 행렬들 A, B, C와 상수 α,β에 대하여 다음이 성립한다.

(1) **(교환법칙)** : $A+B=B+A$

(2) **(결합법칙)** : $(A+B)+C=A+(B+C)$

(3) **(행렬의 합에 관한 항등원의 존재성)** : $\boldsymbol{O}$을 모든 요소가 0인 행렬이라 두면, $\boldsymbol{O}+A=A=A+\boldsymbol{O}$ 이다.

(4) **(행렬의 합에 관한 역원의 존재성)** : $-A$를 $(-1)A$로 두면, $A+(-A)=\boldsymbol{O}=(-A)+A$가 성립한다.

(5) $1A=A$, $\alpha(A+B)=\alpha A+\alpha B$, $(\alpha+\beta)A=\alpha A+\beta A$, $(\alpha\beta)A=\alpha(\beta A)$

행렬의 합은 실수의 합의 성질을 그대로 만족하고 있다는 것을 정리 1.3.6을 통해서 확인할 수 있다. 모든 요소가 0인 행렬을 **영행렬**(zero matrix)이라 부르고 $\boldsymbol{O}$로 표기한다. 즉, 영행렬이 행렬의 합에 대한 항등원이다.

지금부터, 두 행렬의 곱에 대하여 생각해 보자. 이를 위하여 다음 선형연립방정식을 생각하자.

$$\begin{cases} a_{11}x_1 + a_{12}x_2 + a_{13}x_3 = k_1 \\ a_{21}x_1 + a_{22}x_2 + a_{23}x_3 = k_2 \end{cases}$$

이 선형연립방정식의 계수행렬은

$$A = \begin{pmatrix} a_{11} & a_{12} & a_{13} \\ a_{12} & a_{22} & a_{23} \end{pmatrix}$$

이다. 여기서

$$X = \begin{pmatrix} x_1 \\ x_2 \\ x_3 \end{pmatrix} : \text{미지수행렬}, \qquad K = \begin{pmatrix} k_1 \\ k_2 \end{pmatrix} : \text{상수행렬}$$

로 두고 $AX = K$로 표기해 보자. 그러면,

$$ent_{11}(AX) = ent_{11}(K) = k_1 = a_{11}x_1 + a_{12}x_2 + a_{13}x_3,$$
$$ent_{21}(AX) = ent_{21}(K) = k_2 = a_{21}x_1 + a_{22}x_2 + a_{23}x_3$$

이 된다.

다른 예를 생각해 보자. 비행기로 한국에서 일본으로 가는 방법과 일본에서 미국으로 가는 방법의 수가 다음 표와 같다. 여기서, a_{ij}와 b_{ij}는 i행의 왼쪽 도시에서 j열의 위쪽 도시로 가는 방법의 수를 뜻한다. 예를 들면, b_{31}은 후쿠오카에서 뉴욕으로 가는 방법의 수이다.

	동경	삿포로	후쿠오카
서울	a_{11}	a_{12}	a_{13}
부산	a_{21}	a_{22}	a_{23}

	뉴욕	로스앤젤레스
동경	b_{11}	b_{12}
삿포로	b_{21}	b_{22}
후쿠오카	b_{31}	b_{32}

이때, 한국에서 일본을 거쳐 미국에 가는 모든 방법의 수를 알아보자. 즉, 다음 표

	뉴욕	로스앤젤레스
서울	c_{11}	c_{12}
부산	c_{21}	c_{22}

의 각 요소 c_{ij}를 계산해 보자. 그러면, 서울에서 뉴욕으로 비행기를 타고 가는 방법의 수

'c_{11}'은 #(서울→동경→뉴욕) + #(서울→삿포로→뉴욕) + #(서울→후쿠오카→뉴욕)이다. 단, #($A \to B \to C$)는 A에서 B를 경유하여 C로 가는 방법의 수를 의미한다. 그러면, 우리가 구하고자 하는 수 'c_{11}'은 '$a_{11}b_{11} + a_{12}b_{21} + a_{13}b_{31}$' 과 같다. 이와 같은 방법을 사용하여 우리는 다음을 얻는다.

$$
\begin{aligned}
\#(\text{서울} \to \text{뉴욕}) &= c_{11} = a_{11}b_{11} + a_{12}b_{21} + a_{13}b_{31} \\
\#(\text{서울} \to \text{로스앤젤레스}) &= c_{12} = a_{11}b_{12} + a_{12}b_{22} + a_{13}b_{32} \\
\#(\text{부산} \to \text{뉴욕}) &= c_{21} = a_{21}b_{11} + a_{22}b_{21} + a_{23}b_{31} \\
\#(\text{부산} \to \text{로스앤젤레스}) &= c_{22} = a_{21}b_{12} + a_{22}b_{22} + a_{23}b_{32}
\end{aligned}
$$

단, #($A \to C$)는 A 도시에서 일본을 경유하여 C 도시로 비행기로 갈 수 있는 모든 방법의 수를 의미한다. 이제, 행렬을 다음과 같이 두고

$$
A = \begin{pmatrix} a_{11} & a_{12} & a_{13} \\ a_{21} & a_{22} & a_{23} \end{pmatrix}, \quad B = \begin{pmatrix} b_{11} & b_{12} \\ b_{21} & b_{22} \\ b_{31} & b_{32} \end{pmatrix}, \quad C = \begin{pmatrix} c_{11} & c_{12} \\ c_{21} & c_{22} \end{pmatrix}
$$

$AB = C$로 표기해 보자. 그러면, 다음을 얻는다.

$$
\begin{aligned}
ent_{11}(AB) &= ent_{11}(C) = c_{11} = a_{11}b_{11} + a_{12}b_{21} + a_{13}b_{31} \\
ent_{12}(AB) &= ent_{12}(C) = c_{12} = a_{11}b_{12} + a_{12}b_{22} + a_{13}b_{32} \\
ent_{21}(AB) &= ent_{21}(C) = c_{21} = a_{21}b_{11} + a_{22}b_{21} + a_{23}b_{31} \\
ent_{22}(AB) &= ent_{22}(C) = c_{22} = a_{21}b_{12} + a_{22}b_{22} + a_{23}b_{32}
\end{aligned}
$$

여러 분야에서 제기되는 문제들을 행렬을 이용하여 해결하려 할 때, 행렬들 사이에 위와 같은 관계를 나타내는 경우가 많다. 따라서, 행렬의 곱을 다음과 같이 정의한다.

정의 1.3.7

행행렬 $R = (r_1 \quad r_2 \quad \cdots \ r_m)$과 열행렬 $S = \begin{pmatrix} s_1 \\ s_2 \\ \vdots \\ s_m \end{pmatrix}$에 대하여 이 행렬들의 곱 RS를 다음과 같이 정의한다.

$$RS = r_1 s_1 + r_2 s_2 + \cdots + r_m s_m$$

$m \times n$ 행렬 $A=(a_{ij})$와 $n \times p$ 행렬 $B=(b_{ij})$의 곱 AB를 다음과 같이 정의한다. 행렬 AB를 $C=(c_{ij})$ 라 하였을 때, C는 $m \times p$ 행렬로서, $1 \le i \le m$, $1 \le j \le p$인 모든 i, j에 대하여

$$c_{ij} = ent_{ij}(C) = ent_{ij}(AB) = Row_i(A)\,Col_j(B) = (a_{i1}\ a_{i2}\ \cdots\ a_{in})\begin{pmatrix} b_{1j} \\ b_{2j} \\ \vdots \\ b_{nj} \end{pmatrix}$$

$$= a_{i1}b_{1j} + a_{i2}b_{2j} + \cdots + a_{in}b_{nj} = \sum_{k=1}^{n} a_{ik}b_{kj}$$

이다.

예제 1.3.8

행렬 A와 B를 다음과 같이 두자.

$$A = \begin{pmatrix} 2 & -1 & 0 \\ 4 & 3 & -2 \end{pmatrix}, \qquad B = \begin{pmatrix} -4 & 0 \\ 6 & -4 \\ 1 & 6 \end{pmatrix}$$

그러면, 두 행렬의 곱 AB는 2×2행렬이고,

$$AB = \begin{pmatrix} Row_1(A)\,Col_1(B) & Row_1(A)\,Col_2(B) \\ Row_2(A)\,Col_1(B) & Row_2(A)\,Col_2(B) \end{pmatrix}$$

$$= \begin{pmatrix} (2\ \ -1\ \ 0)\begin{pmatrix} -4 \\ 6 \\ 1 \end{pmatrix} & (2\ \ -1\ \ 0)\begin{pmatrix} 0 \\ -4 \\ 6 \end{pmatrix} \\ (4\ \ 3\ \ -2)\begin{pmatrix} -4 \\ 6 \\ 1 \end{pmatrix} & (4\ \ 3\ \ -2)\begin{pmatrix} 0 \\ -4 \\ 6 \end{pmatrix} \end{pmatrix}$$

$$= \begin{pmatrix} -14 & 4 \\ 0 & -24 \end{pmatrix}$$

이다. 또한 두 행렬의 곱 BA는 3×3행렬이고,

$$BA = \begin{pmatrix} Row_1(B)\,Col_1(A) & Row_1(B)\,Col_2(A) & Row_1(B)\,Col_3(A) \\ Row_2(B)\,Col_1(A) & Row_2(B)\,Col_2(A) & Row_2(B)\,Col_3(A) \\ Row_3(B)\,Col_1(A) & Row_3(B)\,Col_2(A) & Row_3(B)\,Col_3(A) \end{pmatrix}$$

$$= \begin{pmatrix} -8 & 4 & 0 \\ -4 & -18 & 8 \\ 26 & 17 & -12 \end{pmatrix}$$

이다.

주의

A를 $m \times n$ 행렬이라 두고 B를 $s \times p$ 행렬이라 두자. 그러면 다음이 성립한다.

(1) 'AB가 정의된다'는 뜻은 '$n=$ A의 열의 수$=$ B의 행의 수$=s$'라는 것과 같고, 이 경우 AB는 $m \times p$ 행렬이 된다.

(2) AB가 정의되어도 BA가 정의되지 않을 수가 있다. 만약, BA가 정의되려면, '$p=$ B의 열의 수 $=$ A의 행의 수 $= m$'이어야 한다.

(3) AB와 BA가 정의되어도, AB와 BA는 다른 행렬일 수 있다. 즉, 일반적으로 AB와 BA는 같지 않다.

(4) AB와 BA가 모두 정의되고, 두 행렬의 크기가 같으려면 $m=s=n=p$, 즉, A와 B가 정사각행렬로서 크기가 같아야 한다. 즉, $AB=BA$가 되려면 A와 B가 정사각행렬로서 크기가 같아야 한다. 하지만, A와 B가 정사각행렬로서 크기가 같다고 $AB=BA$가 항상 성립하는 것은 아니다.

(5) 각 $m \times n$ 행렬 A는 동차선형연립방정식의 계수행렬로 생각할 수 있다. 이 경우 열의 수 n은 미지수의 수를 의미한다. 따라서A를 계수행렬로 하는 동차선형연립방정식에서 다음이 성립한다.

(행렬 A의 계수) + ($AX=O$의 자유변수의 개수) = n.

실수의 곱과 행렬의 곱을 비교해 보자. 행렬의 곱에서는 교환법칙이 성립하지 않는다는 것을 위의 주의에서 살펴보았다. 실수의 곱의 성질 중 행렬의 곱에서도 만족하는 것은 무엇이 있는가? 다음 정리로부터, 행렬의 곱에서 결합법칙이 성립함을 알 수 있다.

정리 1.3.9

$A=(a_{ij})$를 $m \times n$ 행렬, $B=(b_{ij})$를 $n \times p$ 행렬, $C=(c_{ij})$를 $p \times q$ 행렬로 두자. 임의의 실수 α에 대하여, 다음이 성립한다.

(1) $\alpha(BC)=(\alpha B)C=B(\alpha C)$이다.

(2) $(AB)C=A(BC)$이다.

증명 (1)은 증명이 비교적 간단하므로, (2)만 증명한다. 행렬$(AB)C$와 행렬 $A(BC)$는 모두 $m \times q$ 행렬이다. 이제 두 행렬의 각 요소를 비교해 보자.

$$\begin{aligned} ent_{ij}((AB)C) &= \sum_{k=1}^{p} ent_{ik}(AB)c_{kj} = \sum_{k=1}^{p}\left(\sum_{r=1}^{n} a_{ir}b_{rk}\right)c_{kj} \\ &= \sum_{k=1}^{p}\sum_{r=1}^{n} a_{ir}b_{rk}c_{kj} = \sum_{r=1}^{n}\sum_{k=1}^{p} a_{ir}b_{rk}c_{kj} \\ &= \sum_{r=1}^{n} a_{ir}\left(\sum_{k=1}^{p} b_{rk}c_{kj}\right) \\ &= \sum_{r=1}^{n} a_{ir}\, ent_{rj}(BC) \\ &= ent_{ij}(A(BC)) \end{aligned}$$

정의 1.3.3에 의해서 $(AB)C = A(BC)$이다.

주의

세 행렬 A, B, C에 대해서 $(AB)C = A(BC)$가 성립한다는 것은 세 행렬의 곱을 ABC로 표기하여도 혼동이 없다는 뜻이다.

다음 정리로부터, 행렬의 곱과 합 사이에 분배법칙(distributive law)이 성립함을 알 수 있다.

정리 1.3.10

합과 곱이 정의되는 행렬들 A, B, C에 대해서

$$A(B+C) = AB + AC,\ (B+C)A = BA + CA$$

이다.

정의 1.3.11

모든 자연수 n에 대하여, n차 정사각행렬 I_n을 다음과 같이 정의하자.

$$I_n = \begin{pmatrix} 1 & 0 & \cdots & 0 \\ 0 & 1 & \cdots & 0 \\ \vdots & \vdots & \ddots & \vdots \\ 0 & 0 & \cdots & 1 \end{pmatrix}, \qquad \text{즉, } ent_{ij}(I_n) = \begin{cases} 1 & i = j \\ 0 & i \neq j \end{cases}$$

이 행렬을 **n차 단위행렬**(unit matrix) 또는 **n차 항등행렬**(identity matrix)이라 부른다.

다음 정리로부터, 모든 정사각행렬은 곱에 대한 항등원을 가짐을 알 수 있다. 즉, 정사각행렬 A에 대하여 $IA = A = AI$인 행렬 I가 존재한다.

정리 1.3.12

모든 $m \times n$ 행렬 A에 대하여 $I_m A = A = A I_n$ 이다. 특히, $m = n$이면 I_n이 곱에 대한 항등원이다.

이제, 주어진 행렬의 곱에 대한 역원을 정의하자.

정의 1.3.13

주어진 n차 정사각행렬 A에 대하여, n차 정사각행렬 B가 A의 곱에 대한 역원이라는 말은 $AB = I_n = BA$를 만족한다는 것이다. 이 경우 B를 A^{-1}로 표기하고, B를 A의 **역행렬**(inverse matrix)이라 부른다. 그리고, 역행렬을 가지는 행렬A를 **정칙행렬**(regular matrix)이라 부른다.

주의

0 아닌 모든 실수는 곱에 대하여 역원을 가진다. 그러나, 영행렬이 아닌 모든 행렬이 역행렬을 가지는 것은 아니다. 예를 들면, 행렬

$$A = \begin{pmatrix} 1 & 0 \\ 0 & 0 \end{pmatrix}$$

는 역행렬을 갖지 않는다.

지금부터 행렬의 곱에 대한 역원의 존재성을 알아보자. 곱에 대한 역원의 존재성은 주어진 행렬이 정사각행렬일 때만 생각한다(왜 그럴까?).

정리 1.3.14

(1) A가 역행렬을 가지면, 그 역행렬은 오직 하나이다.

(2) A와 B가 역행렬을 가지면 AB도 역행렬을 가진다. 더욱이 $(AB)^{-1} = B^{-1}A^{-1}$이다.

(3) A가 역행렬을 가지면, 그 역행렬의 역행렬은 A이다. 즉, $(A^{-1})^{-1} = A$

(4) A가 역행렬을 가지고 k가 0이 아닌 실수라 하자. 그러면, 행렬 kA는 역행렬을 가지고, $(kA)^{-1} = \dfrac{1}{k}A^{-1}$이다.

증명 (1) B와 C를 A의 역행렬이라 두자. 그러면

$$B = I_n B = (CA)B = C(AB) = CI_n = C$$

이다. 그리고, (3)와 (4)는 자명하다. (2)의 증명은 문제로 남긴다.

선형연립방정식

$$\begin{cases} a_{11}x_1 + a_{12}x_2 + \cdots + a_{1n}x_n = b_1 \\ a_{21}x_1 + a_{22}x_2 + \cdots + a_{2n}x_n = b_2 \\ \qquad\qquad\vdots \\ a_{m1}x_1 + a_{m2}x_2 + \cdots + a_{mn}x_n = b_m \end{cases}$$

은 아래의 계수행렬 A와 $n \times 1$ 행렬 $\boldsymbol{X}$, $\boldsymbol{B}$을 이용하여 $A\boldsymbol{X} = \boldsymbol{B}$로 표시된다.

$$A = \begin{pmatrix} a_{11} & a_{12} & \cdots & a_{1n} \\ a_{21} & a_{22} & \cdots & a_{2n} \\ \vdots & \vdots & & \vdots \\ a_{m1} & a_{m2} & \cdots & a_{mn} \end{pmatrix} \qquad \boldsymbol{X} = \begin{pmatrix} x_1 \\ x_2 \\ \vdots \\ x_n \end{pmatrix} \qquad \boldsymbol{B} = \begin{pmatrix} b_1 \\ b_2 \\ \vdots \\ b_m \end{pmatrix}$$

선형연립방정식 $AX = B$를 생각하자. 만약 행렬 A가 역행렬을 가지면

$$X = (A^{-1}A)X = A^{-1}(AX) = A^{-1}B$$

가 된다. 즉, 선형연립방정식의 해가 오직 하나만 존재하게 되며, 이를 역행렬을 이용하여 구할 수 있다.

행렬은 기하학적으로도 많은 의미를 가진다. 그래서, 주어진 행렬의 역행렬이 존재하느냐? 하는 문제는 선형대수학과 기하학에서 중요한 문제가 된다. 자세한 것은 이 책의 나머지 부분을 공부하다 보면 저절로 알게 될 것이다.

선형연립방정식의 해법을 이용하여 주어진 행렬의 역행렬의 존재성과 그것을 찾는 방법을 알아보려고 한다. 이를 위하여 다음 행렬들을 생각하자.

$$\begin{pmatrix} 1 & -3 \\ 0 & 1 \end{pmatrix}, \quad \begin{pmatrix} 1 & 0 & 0 \\ 0 & 0 & 1 \\ 0 & 1 & 0 \end{pmatrix}, \quad \begin{pmatrix} \alpha & 0 & 0 \\ 0 & 1 & 0 \\ 0 & 0 & 1 \end{pmatrix}$$

이 행렬들의 특징은 단위행렬에서 기본행연산을 단 한번 시행하여 얻어지는 것이다. 예를 들면, 첫 번째 행렬은 2차 단위행렬의 두 번째 행에 -3배하여 첫 번째 행에 더한 것이다.

정의 1.3.15

항등행렬에 기본행연산을 한번 시행하여 얻어지는 행렬을 '**기본행렬**(elementary matrix)' 또는 '**기본행행렬**(elementary row matrix)'이라 부른다.

예제 1.3.16

주어진 행렬 $A=\begin{pmatrix} a & b & c \\ d & e & f \end{pmatrix}$에 대하여 기본행렬들을 왼쪽에 곱해보자.

$$\begin{pmatrix} 1 & -3 \\ 0 & 1 \end{pmatrix}\begin{pmatrix} a & b & c \\ d & e & f \end{pmatrix} = \begin{pmatrix} a-3d & b-3e & c-3f \\ d & e & f \end{pmatrix}$$

$$\begin{pmatrix} 0 & 1 \\ 1 & 0 \end{pmatrix}\begin{pmatrix} a & b & c \\ d & e & f \end{pmatrix} = \begin{pmatrix} d & e & f \\ a & b & c \end{pmatrix}$$

$$\begin{pmatrix} \alpha & 0 \\ 0 & 1 \end{pmatrix}\begin{pmatrix} a & b & c \\ d & e & f \end{pmatrix} = \begin{pmatrix} \alpha a & \alpha b & \alpha c \\ d & e & f \end{pmatrix}$$

이것을 살펴보면, 기본행렬 E를 행렬 A의 왼쪽에 곱하여 얻어진 행렬은 단위행렬 I에서 E를 만들기 위하여 수행한 기본행연산을 A에 수행한 행렬임을 알 수 있다.

위 예제에서 살펴본 성질이 항상 성립함을 증명할 수 있다. 따라서, 우리는 다음 정리를 얻는다.

정리 1.3.17

기본행렬 E를 어떤 행렬A의 왼쪽에 곱하여 얻어진 행렬은 단위행렬 I에서 E를 만들기 위하여 수행한 기본행연산을 A에 수행하여 얻어진 행렬과 같다.

E를 기본행렬이라 두자. 그러면 다음의 표를 얻는다.

I에 작용하여 E를 얻는 기본행연산	E에 작용하여 I를 얻는 기본행연산
i 행에 c배 $(c \neq 0)$	i 행에 $\frac{1}{c}$배 $(c \neq 0)$
i 행과 j 행을 바꾼다.	i 행과 j 행을 바꾼다.
i 행에 c배하여 j 행에 더한다.	i 행에 $-c$배하여 j 행에 더한다.

위의 표와 정리 1.3.17에 의하여 다음을 알 수 있다.

따름정리 1.3.18

기본행렬은 역행렬을 가지며, 그 역행렬도 기본행렬이다.

정의 1.3.19

두 행렬이 **행 동치**(row equivalent)라는 것은 한 행렬에서 유한 번의 기본행연산을 수행하여 다른 행렬을 얻을 수 있다는 것으로 정의하자. 즉, 유한 개의 기본행렬을 한 행렬의 왼쪽에 곱하여 다른 행렬로 변환할 수 있음을 의미한다.

이제, 주어진 정사각행렬의 역행렬이 존재할 동치조건을 찾아보자.

정리 1.3.20

A를 n차 정사각행렬이라 두자. 그러면 다음이 동치이다.

(1) A가 역행렬을 가진다.

(2) 잘 정의된 행렬방정식 $AX=B$는 항상 오직 하나의 해만을 가진다.

(3) $AX=\boldsymbol{O}$의 해는 $X=\boldsymbol{O}$이다. 즉, $AX=\boldsymbol{O}$가 자명해만을 가진다.

(4) A에 기본행연산을 유한 번 시행하여 단위행렬 I_n를 얻을 수 있다. 즉, A와 I_n는 행 동치이다.

증명 (1)$\Rightarrow$(2) 행렬방정식 $AX=\boldsymbol{B}$에 대하여 양변에 A^{-1}을 곱하면,

$$X=(A^{-1}A)X=A^{-1}(AX)=A^{-1}B$$

만이 $AX=\boldsymbol{B}$의 해가 된다.

(2)$\Rightarrow$(3) (2)에서 $B=\boldsymbol{O}$인 특별한 경우이므로, $X=\boldsymbol{O}$만이 $AX=\boldsymbol{O}$의 해이다.

(3)$\Rightarrow$(4) $AX=\boldsymbol{O}$으로 표시될 수 있는 동차선형연립방정식

$$\begin{cases} a_{11}x_1+a_{12}x_2+\cdots+a_{1n}x_n=0 \\ a_{21}x_1+a_{22}x_2+\cdots+a_{2n}x_n=0 \\ \qquad\vdots \\ a_{m1}x_1+a_{m2}x_2+\cdots+a_{mn}x_n=0 \end{cases} \Leftrightarrow \ (A:\boldsymbol{O}) \text{ (: 첨가행렬)}$$

이 자명해만을 가지므로 이 방정식의 첨가행렬$(A:\boldsymbol{O})$은 기본행연산에 의하여 다음 행렬로 변환되어야만 한다(가우스-조단 소거법).

$$\left(\begin{array}{cccc|c} 1 & 0 & \cdots & 0 & 0 \\ 0 & 1 & \cdots & 0 & 0 \\ \vdots & \vdots & \ddots & \vdots & \vdots \\ 0 & 0 & \cdots & 1 & 0 \end{array}\right).$$

따라서, A와 I_n은 행 동치이다.

(4)$\Rightarrow$(1) A와 I_n이 행 동치이므로, 유한 개의 기본행렬 E_1, E_2, $\cdots$, E_k가 존재하여 $E_k \cdots E_2 E_1 A = I_n$이 된다. 정리 1.3.14 (2)와 따름정리 1.3.18에 의해서

$$A = (E_k \cdots E_2 E_1)^{-1}(E_k \cdots E_2 E_1)A = (E_k \cdots E_2 E_1)^{-1} I_n = E_1^{-1} E_2^{-1} \cdots E_k^{-1}$$

이다. 이는 A가 역행렬을 가지는 행렬들의 곱이라는 것을 의미한다. 따라서, A는 역행렬을 가진다.

주의

A를 n차 정사각행렬이라 두자. 그러면 다음이 성립한다.

(1) 'A가 역행렬을 가진다'와 '유한개의 기본행렬 $E_1, E_2, \cdots, E_k$가 존재하여 $E_k \cdots E_2 E_1 A = I_n$이 된다'가 동치이다. 이 경우 $A^{-1} = E_k \cdots E_2 E_1$임을 알 수 있다(정리 1.3.14 (2)와 따름정리 1.3.18 참조). 또한, 행렬 $(A|I_n)$에 기본행연산을 시행하여 $(I_n|B)$로 변환되었다면, B가 A의 역행렬이라는 뜻을 내포하고 있다. 즉,

$$(A \mid I_n) \rightarrow (E_1 A \mid E_1 I_n) \rightarrow (E_2 E_1 A \mid E_2 E_1) \rightarrow$$
$$\cdots \rightarrow (E_k \cdots E_2 E_1 A \mid E_k \cdots E_2 E_1) = (I_n \mid A^{-1})$$

임을 의미한다.

(2) 'A가 역행렬을 가지지 않는다'와 '행렬$(A \mid I_n)$에 기본행연산을 수행하여 계단행렬형을 만들면 다음 형태의 행렬이 된다'와 동치이다.

$$\left(\begin{array}{cccc|ccc} * & * & \cdots & * & * & \cdots & * \\ \vdots & \vdots & \vdots & \vdots & \vdots & & \vdots \\ 0 & 0 & \cdots & 0 & * & \cdots & * \end{array}\right)$$

여기서 살펴본 바와 같이 가우스-조단 소거법을 이용하여 주어진 행렬의 역행렬의 존재성 유무를 알 수 있다. 또한, 역행렬이 존재하는 경우에 그 역행렬을 구할 수 있다.

예제 1.3.21

다음 행렬들의 역행렬을 구하여라.

$$A = \begin{pmatrix} 1 & 4 \\ 2 & 3 \end{pmatrix}, \qquad B = \begin{pmatrix} 1 & 3 \\ 2 & 6 \end{pmatrix}$$

풀이 행렬 A의 역행렬을 구하기 위하여 가우스-조단 소거법을 사용하자. 그러면

$$\left(\begin{array}{cc|cc} 1 & 4 & 1 & 0 \\ 2 & 3 & 0 & 1 \end{array}\right) \rightarrow \left(\begin{array}{cc|cc} 1 & 4 & 1 & 0 \\ 0 & -5 & -2 & 1 \end{array}\right)$$

$$\rightarrow \left(\begin{array}{cc|cc} 1 & 4 & 1 & 0 \\ 0 & 1 & \frac{2}{5} & -\frac{1}{5} \end{array}\right) \rightarrow \left(\begin{array}{cc|cc} 1 & 0 & -\frac{3}{5} & \frac{4}{5} \\ 0 & 1 & \frac{2}{5} & -\frac{1}{5} \end{array}\right)$$

을 얻는다. 따라서

$$A^{-1} = \begin{pmatrix} -\frac{3}{5} & \frac{4}{5} \\ \frac{2}{5} & -\frac{1}{5} \end{pmatrix}$$

이다. 이제, B행렬의 역행렬을 구하기 위하여 가우스-조단 소거법을 사용하자. 그러면

$$\left(\begin{array}{cc|cc} 1 & 3 & 1 & 0 \\ 2 & 6 & 0 & 1 \end{array}\right) \rightarrow \left(\begin{array}{cc|cc} 1 & 3 & 1 & 0 \\ 0 & 0 & -2 & 1 \end{array}\right)$$

을 얻는다. 이는 B^{-1}가 존재하지 않음을 의미한다.

행렬의 연산을 이용하여 선형연립방정식 $AX = B$의 해를 구하는 방법을 생각해보자.

정리 1.3.22

X_B가 $AX = B$의 한 해이면, $AX = B$의 해들은 $X_B + X_O$ 형태로 표현된다. 여기서 X_O는 $AX = O$ 의 해이다.

증명 Y를 $AX = B$의 한 해라고 두자. 그러면,

$$A(Y - X_B) = AY - AX_B = B - B = O$$

이다. 즉, $Y - X_B$는 $AX = O$의 해이다. $Y - X_B = X_O$로 두면,

$$Y = X_B + (Y - X_B) = X_B + X_O$$

이다.

주의

위의 정리 1.3.22는 선형연립방정식 $AX = B$의 일반해를 구하는 방법을 제시하고 있다. 즉, $AX = B$의 해를 구하기 위해서는

(1) $AX = B$ 를 만족하는 해를 하나 찾는다.

(2) $AX = O$ 를 만족하는 해를 모두 찾는다.

(3) (1)과 (2)에서 구한 해의 덧셈 형태가 우리가 원하는 모든 해이다.

정의 1.3.23

$m \times n$ 행렬

$$A = \begin{pmatrix} a_{11} & a_{12} & \cdots & a_{1n} \\ a_{21} & a_{22} & \cdots & a_{2n} \\ \vdots & \vdots & \ddots & \vdots \\ a_{m1} & a_{m2} & \cdots & a_{mn} \end{pmatrix}$$

의 행과 열을 바꾼 행렬을 A^T라 표기하고 이를 A의 **전치행렬**(transposed matrix)이라 부른다. 즉

$$A^T = \begin{pmatrix} a_{11} & a_{21} & \cdots & a_{m1} \\ a_{12} & a_{22} & \cdots & a_{m2} \\ \vdots & \vdots & \ddots & \vdots \\ a_{1n} & a_{2n} & \cdots & a_{mn} \end{pmatrix}$$

이고 $ent_{ij}(A^T) = a_{ji} = ent_{ji}(A)$이다.

주의

전치행렬이란 정의를 사용하면, 대칭행렬은 $A = A^T$를 만족하는 행렬 A이고, 교대행렬은 $-A = A^T$를 만족하는 행렬 A임을 알 수 있다. 행렬의 전치행렬을 취하는 것은 $M_{m \times n}(\mathbb{R})$에서 $M_{n \times m}(\mathbb{R})$로 대응시키는 연산으로 생각할 수 있다. 행렬의 전치행렬을 취하는 연산과 행렬의 다른 연산과의 관계는 연습문제에서 다루겠다.

전치행렬의 행은 처음 행렬의 열이다. 따라서 전치행렬에서의 행에 대한 연산은 원래 행렬에서의 열에 대한 연산이다. 전치 행렬에 대한 기본행연산을 원래 행렬에서의 기본열연산으로 정의하자. 즉,

(1) 한 열에 0이 아닌 수를 곱한다.
(2) 두 열을 서로 교환한다.
(3) 한 열의 상수배를 다른 열에 더한다.

이를 행렬의 **기본열연산**(elementary column operation)이라 부르고, 단위행렬에 기본열연산을 한 번 수행하여 얻어지는 행렬을 '**기본열행렬**(elementary column matrix)'이라 부른다.

한편, $(AB)^T = B^T A^T$이고 $(A^T)^T = A$이므로(연습문제 1.3.10 참조), 기본열행렬 E를

어떤 행렬의 A의 오른쪽에 곱하여 얻어진 행렬은 단위행렬 I에서 E를 만들기 위하여 수행한 기본열 연산을 A에 수행하여 얻어진 행렬과 같다.

예제 1.3.24

다음 행렬

$$A=\begin{pmatrix} 1 & 2 & -2 & 3 & -4 & -3 \\ 2 & 4 & -5 & 6 & -5 & -1 \\ -1 & -2 & 0 & -3 & 11 & 15 \\ 2 & 4 & -4 & 6 & -8 & -6 \end{pmatrix}$$

의 기약계단행렬형은

$$\begin{pmatrix} 1 & 2 & 0 & 3 & 0 & 7 \\ 0 & 0 & 1 & 0 & 0 & 1 \\ 0 & 0 & 0 & 0 & 1 & 2 \\ 0 & 0 & 0 & 0 & 0 & 0 \end{pmatrix}$$

이다. 이제, 기본열연산을 시행하자. 먼저, 2열과 3열을 교환하면

$$\begin{pmatrix} 1 & 0 & 2 & 3 & 0 & 7 \\ 0 & 1 & 0 & 0 & 0 & 1 \\ 0 & 0 & 0 & 0 & 1 & 2 \\ 0 & 0 & 0 & 0 & 0 & 0 \end{pmatrix}$$

을 얻는다. 이 행렬에서 3열과 5열을 교환하자. 그러면,

$$\begin{pmatrix} 1 & 0 & 0 & 3 & 2 & 7 \\ 0 & 1 & 0 & 0 & 0 & 1 \\ 0 & 0 & 1 & 0 & 0 & 2 \\ 0 & 0 & 0 & 0 & 0 & 0 \end{pmatrix}$$

을 얻는다. 마지막으로, 1열에 -3배하여 4열에 더하고, 1열에 -2배하여 5열에 더하고, …, 3열에 -2배하여 6열에 더하면,

$$\begin{pmatrix} 1 & 0 & 0 & 0 & 0 & 0 \\ 0 & 1 & 0 & 0 & 0 & 0 \\ 0 & 0 & 1 & 0 & 0 & 0 \\ 0 & 0 & 0 & 0 & 0 & 0 \end{pmatrix}$$

을 얻는다. 이제는 기본행연산과 기본열연산을 수행하여 더 간단한 행렬을 얻을 수 없다. 즉, 마지막으로 얻은 행렬 및 그것의 전치행렬이 기약계단행렬이다. 이렇게 하여 마지막으로 얻은 행렬은 3차 단위행렬 I_3를 부분행렬로 가지고 있고 4차 단위행렬 I_4을 부분행렬로 가지고 있지는 않다. 이는, 행렬 A의 계수가 3이라는 것과 동치이다. 기본열연산은 0이 아닌 요소를 포함하는 행의 수(계수)를 보존하므로, '주어진 행렬에 기본행연산과 기본열연산을 수행하여 얻어진 가장 간단한 행

렬이 m차 단위행렬 I_m을 부분행렬로 가지고 있고 $m+1$차 단위행렬을 부분행렬로 가지고 있지 않다.'라는 것과 '주어진 행렬의 계수가 m이다.'라는 것은 동치이다. 즉, 다음 정리를 얻을 수 있다.

정리 1.3.25

A가 $r\times s$ 행렬일 때, $rank(A)=m$일 필요충분조건은 A에 기본행연산과 기본열연산을 수행하여 얻은 기약계단행렬은 I_m을 부분행렬로 품고 I_{m+1}을 부분행렬로 품지 않는다는 것이다.

예제 1.3.24에서 A대신에 이것의 전치행렬 A^T을 생각하면, 대응되는 가장 간단한 행렬은 A에 대응되는 가장 간단한 행렬의 전치행렬이 된다. 따라서, 행렬 A의 계수와 그것의 전치행렬 A^T의 계수는 같다.

정리 1.3.26

행렬 A의 계수와 그것의 전치행렬 A^T의 계수는 같다.

연습문제 1.3

01. 다음 명제들의 참, 거짓을 판정하여라.

(1) A와 B는 행 동치인 행렬들이라 두자. 그러면 A가 역행렬을 가질 필요충분조건은 B가 역행렬을 가지는 것이다.

(2) $AA=A$을 만족하는 정사각행렬은 I뿐이다.

(3) 2×1의 행렬 A와 1×2의 행렬 B에 대하여, 곱 AB는 역행렬을 갖지 않는다.

(4) $A^2=I$이고 $B^2=I$인 두 행렬 A와 B에 대하여, $(AB)^{-1}=BA$이 성립한다.

(5) A와 B가 역행렬을 가지면, $A+B$도 역행렬을 가진다.

(6) A, B 그리고 AB가 모두 대칭행렬이면 $AB=BA$이다.

(7) 같은 크기의 두 행렬 A와 B가 대칭이면, AB도 대칭이다.

(8) 기본행렬 E_1과 E_2에 대하여, $E_1E_2=E_2E_1$가 성립한다.

(9) 상삼각행렬의 역행렬도 상삼각행렬이다.

(10) 행렬 A가 대칭이고 역행렬을 가지면 A^{-1}도 대칭이다.

(11) 정사각행렬 A에 대하여, $A+A^T$는 대칭이다.

02. 다음에서 기본행렬을 찾아라.

$$A=\begin{pmatrix}2&0\\0&1\end{pmatrix},\qquad B=\begin{pmatrix}1&0\\3&1\end{pmatrix},\qquad C=\begin{pmatrix}2&0\\0&2\end{pmatrix},$$

$$D=\begin{pmatrix}0&1&0\\1&0&0\\0&0&1\end{pmatrix},\qquad E=\begin{pmatrix}0&1&0\\0&0&1\\0&0&1\end{pmatrix},\qquad F=\begin{pmatrix}1&0&0\\0&1&3\\0&0&1\end{pmatrix},$$

$$G=\begin{pmatrix}1&0&0&0\\0&1&0&0\\0&1&1&0\\0&0&0&1\end{pmatrix},\qquad H=\begin{pmatrix}1&0&0&0\\0&0&0&1\\0&0&1&0\\0&1&0&0\end{pmatrix}.$$

03. 다음 행렬들에 대하여 ABC와 CAB를 구하여라.

$$A=\begin{pmatrix}2&3&-1\\2&-1&4\end{pmatrix},\qquad B=\begin{pmatrix}3\\2\\1\end{pmatrix},\qquad C=(-1\quad 1)$$

04. 행렬 $A=\begin{pmatrix}1&2&0\\0&1&3\\0&0&1\end{pmatrix}$라 두자. 모든 정수 k에 대해 A^k를 찾아라.

05. 행렬 $A=\begin{pmatrix}1&-1&0&2\\2&1&3&1\\2&8&4&0\end{pmatrix}$에 대하여 AA^T와 A^TA를 찾아라.

06. $A^{-1}=\begin{pmatrix}1&1&2\\0&1&3\\4&2&1\end{pmatrix}$라 두자.

(1) $AB=\begin{pmatrix}1&2\\0&1\\4&1\end{pmatrix}$을 만족하는 행렬 B를 찾아라.

(2) $AC=A^2+A$를 만족하는 행렬 C를 찾아라.

07. 행렬 $A=\begin{pmatrix}a&b\\c&0\end{pmatrix}$에 대하여 $A^{-1}=A$를 만족하는 a, b, c의 조건을 찾아라.

08. 다음 각 행렬이 역행렬을 가지는지를 조사하고, 가지는 것에 대하여 역행렬을 구하여라.

$$A=\begin{pmatrix}1&2&3&4\\0&2&3&4\\0&0&3&4\\0&0&0&4\end{pmatrix},\qquad B=\begin{pmatrix}1&1&1\\0&2&3\\5&5&1\end{pmatrix},\qquad C=\begin{pmatrix}1&2&-1\\3&2&3\\2&2&1\end{pmatrix}.$$

09. 다음 선형연립방정식을 행렬 방정식 $A\mathbf{x}=\mathrm{b}$와 같이 표현할 때, $A^{-1}\mathrm{b}$ 의 계산을 이용하여 해를 구하여라.

(1) $\begin{cases}2x - y + 3z = 2,\\ \quad\;\; y - 4z = 5,\\ 2x + y - 2z = 7.\end{cases}$

(2) $\begin{cases}x - y + z = 5,\\ x + y - z = -1,\\ 4x - 3y + 2z = -3.\end{cases}$

10. 다음을 증명하여라.

(1) $(A^T)^T = A$.

(2) $(A+B)^T = A^T + B^T$.

(3) $(kA)^T = kA^T$, k는 임의의 상수.

(4) $(AB)^T = B^TA^T$.

(5) $(A^{-1})^T = (A^T)^{-1}$.

11. $(A^TB^T)^T = BA$ 임을 증명하여라.

12. 정사각행렬 B에 대하여 다음을 증명하여라.

(1) BB^T와 $B+B^T$는 대칭행렬이다.

(2) $B-B^T$는 교대행렬이다.

13. 정리 1.3.10을 증명하여라(정리 1.3.9의 증명과 유사함).

14. 정리 1.3.14(2)를 증명하여라.

15. 행렬 $A=\begin{pmatrix}2&3\\4&5\\6&7\end{pmatrix}$, $B=\begin{pmatrix}1&2&3\\4&5&6\end{pmatrix}$, $D=\begin{pmatrix}1&2\\3&4\end{pmatrix}$일 때, 다음 물음에 답하여라.

(1) $(AB)^T$ (2) $2A^T+3B$ (3) $D-I_2$

16. A가 영행렬이 아닌 n차 정사각행렬이고 $A^5=\boldsymbol{O}$을 만족하면 I_n-A가 정칙임을 보이고

그 역행렬을 구하여라(단, I_n은 n차 단위행렬).

17. $A=\begin{pmatrix}1 & 3\\2 & 4\end{pmatrix}$이라 둘 때, A의 역행렬 A^{-1}을 구하고 A^{-1}을 기본행렬들의 곱으로 표현하여라.

18. 행렬 $A=\begin{pmatrix}1 & 0\\2 & -5\end{pmatrix}$에 대하여, $A=E_1E_2$를 만족하는 기본행렬 E_1과 E_2를 구하여라.

19. n차 정사각행렬 A가 정칙행렬이고 $A^2=A$를 만족하면 $A=I_n$임을 보여라(단, I_n은 n차 단위행렬).

종합문제 1

01. 가우스-조단소거법을 이용하여 x'과 y'을 x, y를 써서 나타내 보아라.

(1) $\begin{cases} x = \dfrac{3}{5}x' - \dfrac{4}{5}y', \\ y = \dfrac{4}{5}x' + \dfrac{3}{5}y'. \end{cases}$ (2) $\begin{cases} x = x'\cos\theta - y'\sin\theta, \\ y = x'\sin\theta + y'\cos\theta. \end{cases}$

02. 다음 선형연립방정식을 풀어라.

(1) $\begin{cases} x_1 + x_2 + x_3 = 3, \\ -3x_1 - 17x_2 + x_3 + 2x_4 = 1, \\ 4x_1 - 17x_2 + 8x_3 - 5x_4 = 1, \\ -5x_2 - 2x_3 + x_4 = 1. \end{cases}$

(2) $\begin{cases} 3x_1 + x_2 + x_3 + x_4 = 0, \\ 5x_1 - x_2 + x_3 - x_4 = 0. \end{cases}$

03. 다음 선형연립방정식을 만족하는 정수해를 구하여라.

$$\begin{cases} x + y + z = 9, \\ x + 5y + 10z = 44. \end{cases}$$

04. 첨가행렬 $\begin{pmatrix} a & 0 & b & 2 \\ a & a & 4 & 4 \\ 0 & a & 2 & b \end{pmatrix}$의 선형연립방정식의 해가 각 항의 조건에 맞도록 a와 b의 값을 구하여라.

(1) 오직 한 쌍의 해

(2) 자유변수를 한 개 가지는 무수히 많은 해

(3) 자유변수를 두 개 가지는 무수히 많은 해

(4) 해가 없다.

05. $AKB = C$를 만족하는 K를 찾아라.

$$A = \begin{pmatrix} 1 & 4 \\ -2 & 3 \\ 1 & -2 \end{pmatrix}, \quad B = \begin{pmatrix} 2 & 0 & 0 \\ 0 & 1 & -1 \end{pmatrix}, \quad C = \begin{pmatrix} 8 & 6 & -6 \\ 6 & -1 & 1 \\ -4 & 0 & 0 \end{pmatrix}.$$

06. 행렬들 $A=\begin{pmatrix}1&2&3\\4&5&6\\7&8&9\end{pmatrix}$, $B=\begin{pmatrix}7&8&9\\4&5&6\\1&2&3\end{pmatrix}$, $C=\begin{pmatrix}1&2&3\\4&5&6\\9&12&15\end{pmatrix}$에 대하여, 다음을 만족하는 기본 행렬 E_1, E_2, E_3 그리고 E_4를 찾아라.

(1) $E_1A=B$,　　(2) $E_2B=A$,

(3) $E_3A=C$,　　(4) $E_4C=A$.

07. $A^2=\boldsymbol{O}$, $A\neq\boldsymbol{O}$인 2×2 행렬 A를 두 개 이상 찾아보아라.

08. 대각행렬 $A=\begin{pmatrix}a_{11}&0&0&\cdots&0\\0&a_{22}&0&\cdots&0\\\vdots&\vdots&\vdots&&\vdots\\0&0&0&\cdots&a_{nn}\end{pmatrix}$에서 $a_{11}a_{22}\cdots a_{nn}\neq 0$이면 A는 역행렬을 가짐을 보이고, 역행렬을 구하여라.

09. 행렬 $A=\begin{pmatrix}1&1&1\\2&3&4\end{pmatrix}$, $B=\begin{pmatrix}1&2\\3&4\\5&6\end{pmatrix}$일 때 물음에 답하여라.

(1) AB를 구하여라.

(2) $3A^T+2B$를 구하여라.

10. 행렬 $A=\begin{pmatrix}1&2&3\\2&3&5\\1&0&2\end{pmatrix}$의 역행렬을 기본행연산을 이용하여 구하여라.

Chapter 02 행렬식

2.1 행렬식의 기본성질

제 1장에서는 선형연립방정식 $A\mathbf{x}=\mathbf{b}$의 해를 구하는 방법에 대하여 학습하였다. 이때, 행렬 A가 정사각행렬이고 역행렬을 가지면, 임의의 $\mathbf{b}$에 대하여 $A\mathbf{x}=\mathbf{b}$는 유일한 해를 가지고 그 해는 $\mathbf{x}=A^{-1}\mathbf{b}$이다. 1장에서는 기본행연산을 이용하여 행렬 A의 역행렬의 존재성을 판단하고 역행렬을 구하였다. 2장에서는 주어진 정사각행렬 A에 실수값을 대응시켜서, 그 실수값으로부터 역행렬의 존재성을 판단하고 역행렬을 가질 경우 실수값을 대응시키는 방법을 이용하여 그 역행렬을 구하는 방법에 대하여 알아본다.

우리는 고등학교 교육과정에서 2차 정사각행렬 $A=\begin{pmatrix} a & b \\ c & d \end{pmatrix}$가 역행렬을 가질 필요충분조건이 실수 $ad-bc\neq 0$임을 학습하였다. 이는 2차 정사각행렬 $A=\begin{pmatrix} a & b \\ c & d \end{pmatrix}$에 실수를 대응시키고 그 실수값으로부터 역행렬의 존재성을 판단할 수 있다는 것이다. 편의상 $ad-bc$를 $\det(A)$로 표기하고 이를 행렬 $A=\begin{pmatrix} a & b \\ c & d \end{pmatrix}$의 행렬식이라 부르자. 그러면, $n(n>2)$차 정사각행렬 A의 역행렬의 존재성을 판단할 수 있도록 행렬 A에 실수를 대응시키는 방법은 무엇인가? 이를 알아보자. 즉, n차 정사각행렬 A에 대하여 $\det(A)$를 정의하는 방법에 대하여 알아보자. 이를 위하여, 먼저 행렬 $A=\begin{pmatrix} a & b \\ c & d \end{pmatrix}$의 행렬식 $ad-bc$의 성질을 살펴보자. 좌표평면 $\mathbb{R}^2$의 제1사분면 상의 두 점 $P(a,b)$와 $Q(c,d)$를 생각하고, M을 선분 $\overline{OP}$와 선분 $\overline{OQ}$를 변으로 하는 평행사변형이라고 두자(M을 두 점 P, Q에 의해서 결정되는 평행사변형이라 하자).

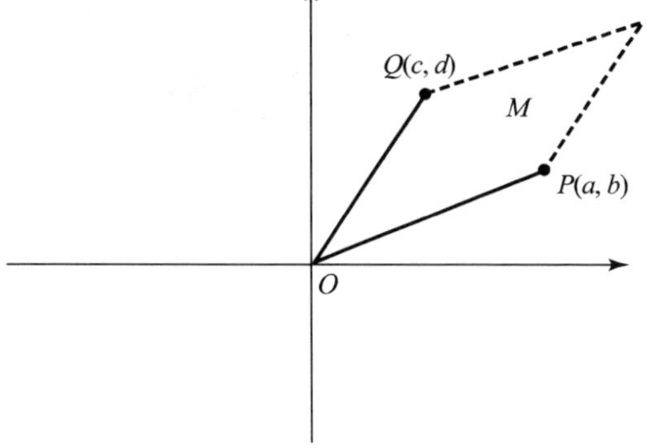

그림 2.1 P, Q에 의해서 결정되는 평행사변형 M

그러면 M의 넓이 $A(M)$은 간단한 계산에 의해서 $\det(A)=ad-bc$임을 알 수가 있다. 이제, 좌표평면 $\mathbb{R}^2$ 상의 임의의 두점 $P(a, b)$와 $Q(c, d)$를 생각하자. 그러면, 두 점 P, Q에 의해서 결정되는 평행사변형 M의 넓이 $A(M)$은 선분 $\overline{OP}$와 선분 $\overline{OQ}$ 사이의 각 ($\overline{OP}$에서 반시계방향으로 $\overline{OQ}$ 까지의 각을 잼)을 θ로 두면

$$A(M)=\begin{cases} \det(A) & 0\le\theta\le 180^\circ \\ -\det(A) & 180\le\theta\le 360^\circ \end{cases}$$

이 됨을 알 수 있다. 넓이의 성질과 각을 고려하면, 즉 기하학적인 성질을 고려하면, 다음의 성질을 얻는다.

보조정리 2.1.1

(1) 단위행렬의 행렬식은 1이다. 즉, $\det\begin{pmatrix}1&0\\0&1\end{pmatrix}=1$

(2) 두 행을 서로 교환하면 행렬식은 부호가 반대가 된다. 즉, $\det\begin{pmatrix}c&d\\a&b\end{pmatrix}=-\det\begin{pmatrix}a&b\\c&d\end{pmatrix}$

(3) 모든 실수 α에 대하여, 실수 α를 1행에 곱하여 얻은 행렬을 B라 두면 B의 행렬식은 A의 행렬식의 α배이다. 즉, $\det\begin{pmatrix}\alpha a&\alpha b\\c&d\end{pmatrix}=\alpha\det\begin{pmatrix}a&b\\c&d\end{pmatrix}$이다. 또한, 1행이 두 벡터의 합으로 표현되어 있으면, $\det\begin{pmatrix}a+a'&b+b'\\c&d\end{pmatrix}=\det\begin{pmatrix}a&b\\c&d\end{pmatrix}+\det\begin{pmatrix}a'&b'\\c&d\end{pmatrix}$이다.

보조정리 2.1.1의 (3)을 다음과 같이 한 식으로 표현할 수도 있다.

(3') 모든 실수 α, β에 대하여, $\det\begin{pmatrix}\alpha a+\beta a' & \alpha b+\beta b' \\ c & d\end{pmatrix} = \alpha\det\begin{pmatrix}a & b \\ c & d\end{pmatrix} + \beta\det\begin{pmatrix}a' & b' \\ c & d\end{pmatrix}$

이를 "2차 정사각행렬에 관한 행렬식은 제1행에 대하여 선형성을 가진다"라고 말한다. 한편, 보조정리 2.1.1의 (2)를 이용하면, 2차 정사각행렬에 관한 행렬식은 제 2행에 대하여서도 선형성을 가짐을 알 수 있다. 따라서, 2차 정사각행렬에 관한 행렬식은 각 행에 대하여 선형성을 가진다. 보조정리 2.1.1의 증명은 직접적인 계산에 의해서도 가능함에 유의하자.

보조정리 2.1.1을 일반화하여 n차 정사각행렬 A의 행렬식 $\det(A)$를 다음과 같이 정의하자.

정의 2.1.2

n차 정사각행렬의 집합 $M_n(\mathbb{R})$에 대하여, $\det : M_n(\mathbb{R}) \to \mathbb{R}$ 을 다음과 같은 성질을 만족시키는 함수로 정의하자. 이때, 이 함수에 의한 행렬 A의 값 $\det(A)$를 행렬 A의 행렬식이라 한다.

(C1) 단위행렬 I_n의 행렬식은 1이다. 즉, $\det(I_n) = 1$.

(C2) 행렬 A에서 서로 다른 두 행을 서로 교환하면, 행렬식의 부호는 반대이다. 즉, 모든 i, j $(1 \le i < j \le n)$에 대하여 r_i를 행렬 A의 i-번째행 $Row_i(A)$를 나타내는 행벡터로 두면,

$$\det\begin{pmatrix}\mathbf{r}_1 \\ \vdots \\ \mathbf{r}_j \\ \vdots \\ \mathbf{r}_i \\ \vdots \\ \mathbf{r}_n\end{pmatrix} = -\det\begin{pmatrix}\mathbf{r}_1 \\ \vdots \\ \mathbf{r}_i \\ \vdots \\ \mathbf{r}_j \\ \vdots \\ \mathbf{r}_n\end{pmatrix}$$

이다.

(C3) 행렬식은 1행에 대하여 선형성을 가진다. 즉, 두 실수 α, β와 두 행벡터 r_1, $r_1{}'$에 대하여 다음 식을 만족시킨다.

$$\det\begin{pmatrix}\alpha r_1 + \beta r_1{}' \\ r_2 \\ \vdots \\ r_n\end{pmatrix} = \alpha\det\begin{pmatrix}r_1 \\ r_2 \\ \vdots \\ r_n\end{pmatrix} + \beta\det\begin{pmatrix}r_1{}' \\ r_2 \\ \vdots \\ r_n\end{pmatrix}.$$

편의상, n차 정사각행렬의 행렬식을 n차 행렬식이라 하고, $\det(A)$를 $|A|$로도 표기한다. 즉, $\det(A) = |A|$이다.

주의

(1) 정의 2.1.2의 성질 (C1), (C2), (C3)을 모두 만족시키는 함수는 오직 하나 뿐이다. 즉, 행렬식은 잘 정의된다(이를 행렬식의 정의로부터 보일 수 있으나 여기서는 생략한다. 그리고, 이 장을 학습해 나가면 학생 스스로 그 증명을 찾을 수 있을 것으로 기대된다).

(2) 여기서는 기하학적인 방법을 이용하여 행렬식을 정의 하였는데, 대수적인 방법을 이용하여(치환군을 이용하여) 행렬식을 정의할 수도 있다(부록 A참조).

다음은 행렬식의 정의로부터 얻을 수 있는 행렬식의 성질이다.

정리 2.1.3

(1) 행렬식은 모든 행에 대하여 선형성을 가진다.

(2) 행렬 A가 모든 요소가 0인 행(0행이라 부른다)을 가지거나 서로 같은 두 행을 가지면 $\det(A) = |A| = 0$이다.

(3) 서로 다른 i, j와 상수 α에 대하여, 행렬 A의 i행에 α배하여 j행에 더하여 얻은 행렬을 B라 두면, $|B| = |A|$이다.

(4) 임의의 기본행렬 E와 임의의 정사각행렬 A에 대하여 $|EA| = |E|\,|A|$이다.

증명 (1) 각 $i(1 \le i \le n)$와 두 실수 α, β에 대하여,

$$\det\begin{pmatrix} \mathbf{r}_1 \\ \vdots \\ \alpha\mathbf{r}_i + \beta\mathbf{r}_i' \\ \vdots \\ \mathbf{r}_n \end{pmatrix} = -\det\begin{pmatrix} \alpha\mathbf{r}_i + \beta\mathbf{r}_i' \\ \vdots \\ \mathbf{r}_1 \\ \vdots \\ \mathbf{r}_n \end{pmatrix} = -\left\{\alpha\det\begin{pmatrix} \mathbf{r}_i \\ \vdots \\ \mathbf{r}_1 \\ \vdots \\ \mathbf{r}_n \end{pmatrix} + \beta\det\begin{pmatrix} \mathbf{r}_i' \\ \vdots \\ \mathbf{r}_1 \\ \vdots \\ \mathbf{r}_n \end{pmatrix}\right\}$$

$$= \alpha\det\begin{pmatrix} \mathbf{r}_1 \\ \vdots \\ \mathbf{r}_i \\ \vdots \\ \mathbf{r}_n \end{pmatrix} + \beta\det\begin{pmatrix} \mathbf{r}_1 \\ \vdots \\ \mathbf{r}_i' \\ \vdots \\ \mathbf{r}_n \end{pmatrix}$$

이다. 즉, $i(1 \le i \le n)$행에 대해서도 선형성을 가진다.

(2) 행렬 A가 0행을 가지면, 그 행에 상수 $\alpha = 0$이 곱해진 것으로 생각할 수 있고, 그 행에 대하여 선형성을 사용하면, 행렬식 $\det(A) = 0$임을 보일 수 있다. 만약, 행렬 A의 i행과 j행이 서로 같으면, 행렬 A에서 i행과 j행을 서로 교환한 행렬도 A이다. 행렬식의 정의 (C2)로부터 $|A| = -|A|$을 얻는다. 따라서, $\det(A) = |A| = 0$이다.

(3) $A=\begin{pmatrix}\mathbf{r}_1\\ \vdots\\ \mathbf{r}_i\\ \vdots\\ \mathbf{r}_j\\ \vdots\\ \mathbf{r}_n\end{pmatrix}$라 두면, $B=\begin{pmatrix}\mathbf{r}_1\\ \vdots\\ \mathbf{r}_i\\ \vdots\\ \alpha\mathbf{r}_i+\mathbf{r}_j\\ \vdots\\ \mathbf{r}_n\end{pmatrix}$이고, (1)과 (2)번 사실을 사용하면

$$\det(B)=\det\begin{pmatrix}\mathbf{r}_1\\ \vdots\\ \mathbf{r}_i\\ \vdots\\ \alpha\mathbf{r}_i+\mathbf{r}_j\\ \vdots\\ \mathbf{r}_n\end{pmatrix}=\alpha\det\begin{pmatrix}\mathbf{r}_1\\ \vdots\\ \mathbf{r}_i\\ \vdots\\ \mathbf{r}_i\\ \vdots\\ \mathbf{r}_n\end{pmatrix}+\det\begin{pmatrix}\mathbf{r}_1\\ \vdots\\ \mathbf{r}_i\\ \vdots\\ \mathbf{r}_j\\ \vdots\\ \mathbf{r}_n\end{pmatrix}=0+\det\begin{pmatrix}\mathbf{r}_1\\ \vdots\\ \mathbf{r}_i\\ \vdots\\ \mathbf{r}_j\\ \vdots\\ \mathbf{r}_n\end{pmatrix}=\det(A)$$

임을 알 수 있다.

(4) 먼저 E가 한 행에 상수배(α 배)하는 기본행렬이면 행렬식의 정의 (C1)과 (C3)에 의해서 $|E|=\alpha|I_n|=\alpha$이고, (C3)에 의해서($\beta=0$인 경우) $|EA|=\alpha|A|$이므로 $|EA|=|E|\,|A|$이다. 다음으로 E가 두 행을 교환하는 기본행렬이면 행렬식의 정의 (C1)과 (C2)에 의해서 $|E|=-|I_n|=-1$이고, (C2)에 의해서 $|EA|=(-1)|A|$이므로 $|EA|=|E|\,|A|$이다. 마지막으로, E가 한 행에 상수배(α 배)하여 다른 행에 더하는 기본행렬이면 행렬식의 정의 (C1)과 정리 2.1.3(3)에 의해서 $|E|=|I_n|=1$이고, 정리 2.1.3(3)에 의해서 $|EA|=|A|$이므로 $|EA|=|E|\,|A|$이다.

예제 2.1.4

행렬 $A=\begin{pmatrix}1 & 1 & 1\\ a & b & c\\ b+c & a+c & a+b\end{pmatrix}$의 행렬식을 구하여라.

풀이 행렬 A의 2행에 1배하여 3행에 더한 후에, 다시 1행에 $-(a+b+c)$배하여 3행에 더하면 0행을 가지는 행렬 B를 얻는다. 한편, 정리 2.1.3의 (3)에 의해서 $|A|=|B|$이고 정리 2.1.3의 (2)에 의해서 $|B|=0$이므로, $|A|=0$이다. 이를 수식으로 표현하면 다음과 같다.

$$|A|=\begin{vmatrix}1 & 1 & 1\\ a & b & c\\ b+c & a+c & a+b\end{vmatrix}=\begin{vmatrix}1 & 1 & 1\\ a & b & c\\ a+b+c & a+b+c & a+b+c\end{vmatrix}=\begin{vmatrix}1 & 1 & 1\\ a & b & c\\ 0 & 0 & 0\end{vmatrix}=0$$

정리 2.1.5

(1) 삼각행렬 A 의 행렬식은 대각선 요소의 곱 $a_{11}a_{22}\cdots a_{nn}$ 이다.

(2) 정사각행렬 A가 역행렬을 가질 필요충분조건은 $\det(A)\neq 0$이다.

(3) 임의의 두 n차 정사각행렬 A, B에 대하여, $|AB| = |A||B|$ 이다.

(4) 정사각행렬 A에 대하여, A와 그것의 전치행렬 A^T의 행렬식은 같다. 즉, $|A^T| = |A|$이다.

(5) $\begin{vmatrix} 1 & * & \cdots & * \\ 0 & a_{11} & \cdots & a_{1n} \\ 0 & a_{21} & \cdots & a_{2n} \\ \vdots & \vdots & \cdots & \vdots \\ 0 & a_{n1} & \cdots & a_{nn} \end{vmatrix} = \begin{vmatrix} a_{11} & \cdots & a_{1n} \\ a_{21} & \cdots & a_{2n} \\ \vdots & \cdots & \vdots \\ a_{n1} & \cdots & a_{nn} \end{vmatrix}$

증명 (1) 먼저 A가 대각행렬이면, 행렬식의 선형성을 각행에 대하여 적용하고 단위행렬의 행렬식이 1임을 사용하면 $|A| = a_{11}a_{22}\cdots a_{nn}$이다. 이를 수식으로 표현하면 다음과 같다.

$$|A| = \begin{vmatrix} a_{11} & 0 & \cdots & 0 \\ 0 & a_{22} & \cdots & 0 \\ \vdots & \vdots & \ddots & \vdots \\ 0 & 0 & \cdots & a_{nn} \end{vmatrix} = a_{11}a_{22}\cdots a_{nn} \begin{vmatrix} 1 & 0 & \cdots & 0 \\ 0 & 1 & \cdots & 0 \\ \vdots & \vdots & \ddots & \vdots \\ 0 & 0 & \cdots & 1 \end{vmatrix} = a_{11}a_{22}\cdots a_{nn}$$

다음으로, A가 하삼각행렬이라 두자. 만약 A의 대각요소 가운데 적어도 1개가 0이라면, 전방소거법에 의해서 A를 0행을 가지는 행렬 B로 변행시킬 수 있다. 한편, 전방소거법은 정리 2.1.3 (3)의 변환으로 표현 되므로 $|A| = |B| = 0 = a_{11}a_{22}\cdots a_{nn}$이다. 만약, A의 각 대각요소가 0이 아니면, 전방소거법에 의해서 각 대각요소가 A와 같은 대각행렬 D를 얻을 수 있다. 한편, 대각행렬의 행렬식은 대각요소의 곱이므로, $|A| = |D| = a_{11}a_{22}\cdots a_{nn}$이다. 끝으로, A가 상삼각행렬인 경우에도 하삼각행렬인 경우와 같은 방법으로

$$|A| = a_{11}a_{22}\cdots a_{nn}$$

을 얻는다.

(2) 정사각행렬 A는 두 행을 교환하거나 한 행에 상수배하여 다른 행에 더하는 기본행연산을 유한번 수행하여 상삼각행렬 U로 변환시킬 수 있다. 즉, 행렬식이 ± 1인 k개의 기본행렬 $E_1, \cdots, E_k$가 존재하여 $E_1E_2\cdots E_kA = U$이다. 기본행렬은 역행렬을 가지므로, A의 역행렬의 존재성은 U의 역행렬의 존재성과 같다. 한편, 상삼각행렬 U가 역행렬을 가질 필요충분조건은 각 대각요소가 0이 아니다 이고 상삼각행렬 U의 행렬식은 대각요소의 곱이므로, A가 역행렬을 가질 필요충분조건은 $|A| = \pm|U| \neq 0$이다.

(3) A가 역행렬을 가지지 않으면 AB도 역행렬을 가지지 않는다(방정식과 연관시켜서 생각해보자). 따라서, $|AB| = 0 = 0|B| = |A||B|$이다. A가 역행렬을 가지면, A는 m개의

기본행렬 $E_1, \cdots, E_m$의 곱으로 표현된다. 즉, $A = E_1 E_2 \cdots E_m$이다. 따라서,

$$|AB| = |E_1 E_2 \cdots E_m B| = |E_1||E_2 \cdots E_m B| = \cdots$$

$$= |E_1||E_2| \cdots |E_m||B| = |E_1 E_2 \cdots E_m||B| = |A||B|$$

이다.

(4) A가 역행렬을 가지지 않으면 A^T도 역행렬을 가지지 않는다. 따라서, 이 경우 $|A| = 0 = |A^T|$이다. A가 역행렬을 가지면, A는 m개의 기본행렬 $E_1, \cdots, E_m$의 곱으로 표현된다. 즉, $A = E_1 E_2 \cdots E_m$이다.

E가 두 행을 교환하는 기본행렬이면 $E = E^T$이고, E가 나머지 두 형태의 기본행연산에 대응되는 기본행렬이면 E와 E^T는 삼각행렬이고 대각요소가 같다. 이로부터 모든 기본행렬 E에 대하여 $|E| = |E^T|$임을 알 수 있다. 이 경우 A의 전치행렬 A^T의 행렬식 $|A^T|$를 계산해 보면

$$|A^T| = |E_m^T \cdots E_2^T E_1^T| = |E_m^T| \cdots |E_2^T||E_1^T|$$

$$= |E_m| \cdots |E_2||E_1| = |E_1| \cdots |E_m| = |E_1 E_2 \cdots E_m| = |A|$$

이다. 따라서, 모든 행렬 A에 대하여 $|A^T| = |A|$이다.

(5) 두 행렬 $\begin{pmatrix} 1 & * & \cdots & * \\ 0 & a_{11} & \cdots & a_{1n} \\ 0 & a_{21} & \cdots & a_{2n} \\ \vdots & \vdots & \cdots & \vdots \\ 0 & a_{n1} & \cdots & a_{nn} \end{pmatrix}$, $\begin{pmatrix} a_{11} & \cdots & a_{1n} \\ a_{21} & \cdots & a_{2n} \\ \vdots & \cdots & \vdots \\ a_{n1} & \cdots & a_{nn} \end{pmatrix}$에 기본행연산을 수행하여 상삼각행렬로 변형하자.

(이 과정에서 첫 번째 행렬의 1행을 무시하면, 두 행렬에 사용하는 행변환은 같은 것으로 이해하여도 된다.) 얻어진 상삼각행렬에서, 첫 번째 행렬의 대각요소가 $1, d_{11}, \cdots, d_{nn}$이면, 두 번째 행렬의 대각요소는 $d_{11}, \cdots, d_{nn}$이다. 이제 2.1.5 (1)을 적용하면, 증명이 완성된다.

주의

(1) A의 행연산은 A^T의 열연산이므로, 정리 2.1.5 (4)에 의하여, 행렬식의 행에 대한 모든 성질은 열에 대해서도 그대로 성립함을 알 수 있다.

(2) n차 정사각행렬 A가 역행렬을 가지면, 정리 2.1.5 (3)에 의해 $1 = |I_n| = |AA^{-1}| = |A||A^{-1}|$이다. 따라서, $|A^{-1}| = \dfrac{1}{|A|}$이다.

예제 2.1.6

다음 행렬식을 구하여라.

(1) $\begin{vmatrix} 1 & 4 & -7 \\ 2 & 5 & 8 \\ 3 & -6 & 9 \end{vmatrix}$ (2) $\begin{vmatrix} 2 & 8 & 7 \\ 1 & 1 & 2 \\ -3 & 5 & 1 \end{vmatrix}$ (3) $\begin{vmatrix} 1 & 4 & 7 \\ 2 & 5 & 8 \\ 3 & 6 & 9 \end{vmatrix}$

풀이 (1) $\begin{vmatrix} 1 & 4 & -7 \\ 2 & 5 & 8 \\ 3 & -6 & 9 \end{vmatrix} = 3\begin{vmatrix} 1 & 4 & -7 \\ 2 & 5 & 8 \\ 1 & -2 & 3 \end{vmatrix}$ ($\because$ (C3) 이용)

$= 3\begin{vmatrix} 1 & 4 & -7 \\ 0 & -3 & 22 \\ 1 & -2 & 3 \end{vmatrix}$ ($\because$ 정리 2.1.3 (3) 이용, 즉 1행$\times(-2)+$2행)

$= 3\begin{vmatrix} 1 & 4 & -7 \\ 0 & -3 & 22 \\ 0 & -6 & 10 \end{vmatrix}$ ($\because$ 정리 2.1.3 (3) 이용, 즉 1행$\times(-1)+$3행)

$= 3\begin{vmatrix} 1 & 4 & -7 \\ 0 & -3 & 22 \\ 0 & 0 & -34 \end{vmatrix}$ ($\because$ 정리 2.1.3 (3) 이용, 즉 2행$\times(-2)+$3행)

$= 3\times(1)\times(-3)\times(-34) = 306.$ ($\because$정리 2.1.5 (1) 이용)

(2) $\begin{vmatrix} 2 & 8 & 7 \\ 1 & 1 & 2 \\ -3 & 5 & 1 \end{vmatrix} = -\begin{vmatrix} 1 & 1 & 2 \\ 2 & 8 & 7 \\ -3 & 5 & 1 \end{vmatrix}$ ($\because$ (C2), 1행과 2행 교환)

$= -\begin{vmatrix} 1 & 1 & 2 \\ 0 & 6 & 3 \\ 0 & 8 & 7 \end{vmatrix}$ ($\because$ 정리 2.1.3 (3) 이용) $= -3\begin{vmatrix} 1 & 1 & 2 \\ 0 & 2 & 1 \\ 0 & 8 & 7 \end{vmatrix}$ ($\because$ (C3) 이용)

$= -3\begin{vmatrix} 1 & 1 & 2 \\ 0 & 2 & 1 \\ 0 & 0 & 3 \end{vmatrix}$ ($\because$ 정리 2.1.3 (3) 이용)

$= -18.$ ($\because$정리 2.1.5 (1) 이용)

(3) $\begin{vmatrix} 1 & 4 & 7 \\ 2 & 5 & 8 \\ 3 & 6 & 9 \end{vmatrix} = \begin{vmatrix} 1 & 3 & 6 \\ 2 & 3 & 6 \\ 3 & 3 & 6 \end{vmatrix}$ ($\because$ 정리 2.1.5 (4) 이용, 2열$-$1열, 3열$-$1열)

$= (3\times 6)\begin{vmatrix} 1 & 1 & 1 \\ 2 & 1 & 1 \\ 3 & 1 & 1 \end{vmatrix}$ ($\because$ (C3)와 정리 2.1.5 (4) 이용)

$= 0$ ($\because$ 정리 2.1.3 (2)와 정리 2.1.5 (4) 이용).

예제 2.1.7

$\begin{vmatrix} 1+ax & 1+ay & 1+az \\ 1+bx & 1+by & 1+bz \\ 1+cx & 1+cy & 1+cz \end{vmatrix} = 0$을 증명하여라.

풀이 정리 2.1.5를 이용하면

$$\begin{vmatrix} 1+ax & 1+ay & 1+az \\ 1+bx & 1+by & 1+bz \\ 1+cx & 1+cy & 1+cz \end{vmatrix} = \begin{vmatrix} 1 & a & 0 \\ 1 & b & 0 \\ 1 & c & 0 \end{vmatrix} \begin{vmatrix} 1 & 1 & 1 \\ x & y & z \\ 0 & 0 & 0 \end{vmatrix} = 0.$$

예제 2.1.8

다음 3차 행렬식을 구하여라.

$$A = \begin{pmatrix} a_{11} & a_{12} & a_{13} \\ a_{21} & a_{22} & a_{23} \\ a_{31} & a_{32} & a_{33} \end{pmatrix}$$

풀이 A의 행렬식을 구하기 위하여, 각 행의 선형성을 사용하면 27개의 3차 행렬식의 합으로 표현 된다. 행렬식의 정의와 성질(정리 2.1.3과 2.1.6)을 이용하면, 이 27개의 행렬식 가운데 0이 아닐 가능성이 있는 것은 6개 이다. 이를 표현하면,

$$|A| = \begin{vmatrix} a_{11} & a_{12} & a_{13} \\ a_{21} & a_{22} & a_{23} \\ a_{31} & a_{32} & a_{33} \end{vmatrix} = \begin{vmatrix} a_{11} & 0 & 0 \\ 0 & a_{22} & 0 \\ 0 & 0 & a_{33} \end{vmatrix} + \begin{vmatrix} 0 & a_{12} & 0 \\ 0 & 0 & a_{23} \\ a_{31} & 0 & 0 \end{vmatrix} + \begin{vmatrix} a_{11} & 0 & 0 \\ 0 & 0 & a_{23} \\ 0 & a_{32} & 0 \end{vmatrix} + \begin{vmatrix} 0 & a_{12} & 0 \\ a_{21} & 0 & 0 \\ 0 & 0 & a_{33} \end{vmatrix} + \begin{vmatrix} 0 & 0 & a_{13} \\ 0 & a_{22} & 0 \\ a_{31} & 0 & 0 \end{vmatrix}$$

이다. 이제, 행렬식의 정의를 사용하여 이 6개의 행렬식을 계산하면,

$$|A| = (a_{11}a_{22}a_{33} + a_{12}a_{23}a_{31} + a_{13}a_{21}a_{32}) - (a_{11}a_{23}a_{32} + a_{12}a_{21}a_{33} + a_{13}a_{22}a_{31})$$

이다.

2차 행렬식과 위의 예제 2.1.8에서 구한 3차 행렬식은 다음의 그림과 같은 방법이 표현할 수 있다. 이 표현을 이용하여 행렬식을 구하는 방법을 **Sarrus의 방법**이라고 한다. 그러나 4차 이상의 행렬식에는 Sarrus의 방법을 적용할 수 없다.

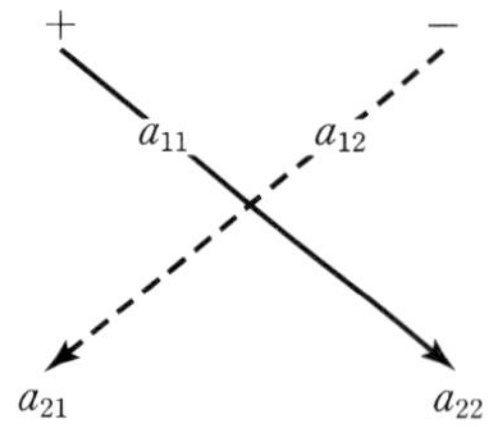

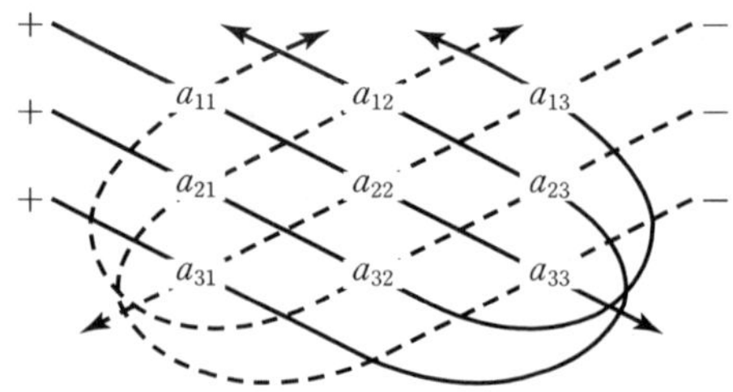

예제 2.1.9

Sarrus의 방법을 이용하여 다음 행렬의 행렬식을 구하여라.

(1) $A=\begin{pmatrix} 2 & 4 \\ -3 & 7 \end{pmatrix}$ (2) $B=\begin{pmatrix} 2 & 4 & 1 \\ 3 & 2 & 3 \\ 5 & -4 & 4 \end{pmatrix}$ (3) $C=\begin{pmatrix} 1 & 2 & 3 \\ 4 & 5 & -6 \\ -7 & 8 & 9 \end{pmatrix}$

풀이 (1) $|A|=2\times 7-4\times(-3)=14+12=26.$

(2) $|B|=2\times 2\times 4+4\times 3\times 5+1\times 3\times(-4)-2\times 3$
$\times(-4)-4\times 3\times 4-1\times 2\times 5$
$=16+60-12+24-48-10=30.$

(3) $|C|=1\times 5\times 9+2\times(-6)\times(-7)+3\times 4\times 8-1$
$\times(-6)\times 8-2\times 4\times 9-3\times 5\times(-7)$
$=45+84+96+48-72+105=306.$

예제 2.1.10

다음의 3차 행렬식을 구하여라.

$$\begin{vmatrix} b+c & a & a \\ b & c+a & b \\ c & c & a+b \end{vmatrix}$$

풀이
$$\begin{vmatrix} b+c & a & a \\ b & c+a & b \\ c & c & a+b \end{vmatrix} \underset{\substack{1\text{행}+2\text{행} \\ 1\text{행}+3\text{행}}}{=} \begin{vmatrix} 2(b+c) & 2(a+c) & 2(a+b) \\ b & c+a & b \\ c & c & a+b \end{vmatrix}$$

$$=2\begin{vmatrix} b+c & a+c & a+b \\ b & c+a & b \\ c & c & a+b \end{vmatrix} \underset{\substack{1\text{행}-2\text{행} \\ 1\text{행}-3\text{행}}}{=} 2\begin{vmatrix} 0 & -c & -b \\ b & c+a & b \\ c & c & a+b \end{vmatrix}$$

$$\underset{\substack{2\text{행}+1\text{행} \\ 3\text{행}+1\text{행}}}{=} 2\begin{vmatrix} 0 & -c & -b \\ b & a & 0 \\ c & 0 & a \end{vmatrix}$$

$$=2[-(-c)ba-(-b)ac]=4abc.$$

연습문제 2.1

01. 다음 명제들의 참, 거짓을 판정하여라.

(1) 단위 행렬을 k배한 행렬의 행렬식은 k이다.

(2) 대각 원소가 모두 0인 행렬의 행렬식은 0이다.

(3) 영 행렬이 아닌 정사각행렬의 행렬식은 0이 아니다.

02. 다음의 행렬식을 계산하여라.

(1) $\begin{vmatrix} 1 & 1 & 1 \\ 2 & -1 & 1 \\ 3 & 2 & -1 \end{vmatrix}$ (2) $\begin{vmatrix} a & b & c \\ c & a & b \\ b & c & a \end{vmatrix}$ (3) $\begin{vmatrix} 1 & 1 & 1 \\ a & b & c \\ a^2 & b^2 & c^2 \end{vmatrix}$

03. $A=\begin{pmatrix} 3 & 1 & 0 \\ -2 & -4 & 3 \\ 5 & 4 & -2 \end{pmatrix}$일 때, $|A|$를 이용하여 $|3A|$를 계산하여라

04. 다음의 각 등식을 증명하여라.

(1) $\begin{vmatrix} 1 & 1 & 1 \\ a & b & c \\ a^3 & b^3 & c^3 \end{vmatrix} = (a+b+c)(b-a)(c-a)(a-b).$

(2) $\begin{vmatrix} 1 & a^2 & (b+c)^2 \\ 1 & b^2 & (c+a)^2 \\ 1 & c^2 & (a+b)^2 \end{vmatrix} = 2(a+b+c)(b-c)(c-a)(a-b).$

(3) $\begin{vmatrix} b+c+2a & b & c \\ a & c+a+2b & c \\ a & b & a+b+2c \end{vmatrix} = 2(a+b+c)^3.$

05. $\begin{vmatrix} a & b & c \\ d & e & f \\ g & h & i \end{vmatrix} = 5$일 때, 다음을 계산하여라.

(1) $\begin{vmatrix} -a & -b & -c \\ 2d & 2e & 2f \\ -g & -h & -i \end{vmatrix}$ (2) $\begin{vmatrix} a & b & c \\ d-3a & e-3b & f-3c \\ 2g & 2h & 2i \end{vmatrix}$

(3) $\begin{vmatrix} a & d-a & g \\ b & e-b & h \\ c & f-c & i \end{vmatrix}$

06. 다음을 증명하여라.

(1) $\begin{vmatrix} a_1+b_1 & a_1-b_1 & c_1 \\ a_2+b_2 & a_2-b_2 & c_2 \\ a_3+b_3 & a_3-b_3 & c_3 \end{vmatrix} = -2\begin{vmatrix} a_1 & b_1 & c_1 \\ a_2 & b_2 & c_2 \\ a_3 & b_3 & c_3 \end{vmatrix}$.

(2) $\begin{vmatrix} a_1+b_1t & a_2+b_2t & a_3+b_3t \\ a_1t+b_1 & a_2t+b_2 & a_3t+b_3 \\ c_1 & c_2 & c_3 \end{vmatrix} = (1-t^2)\begin{vmatrix} a_1 & a_2 & a_3 \\ b_1 & b_2 & b_3 \\ c_1 & c_2 & c_3 \end{vmatrix}$.

07. $A=(a_{ij})$가 5차 정사각행렬이고 $B=\begin{pmatrix} a_{51} & a_{52} & a_{53} & a_{54} & a_{55} \\ a_{11} & a_{12} & a_{13} & a_{14} & a_{15} \\ a_{21} & a_{22} & a_{23} & a_{24} & a_{25} \\ a_{41} & a_{42} & a_{43} & a_{44} & a_{45} \\ a_{31} & a_{32} & a_{33} & a_{34} & a_{35} \end{pmatrix}$, $|A|=3$일 때

$|-2A|-|B|$의 값을 구하여라.

08. 143, 325, 923이 13으로 나누어짐을 이용하여 다음 행렬식이 13으로 나누어짐을 보여라.

$$\begin{vmatrix} 1 & 4 & 3 \\ 3 & 2 & 5 \\ 9 & 2 & 3 \end{vmatrix}$$

2.2 행렬식의 전개

3차 정사각행렬 $A=\begin{pmatrix} a_{11} & a_{12} & a_{13} \\ a_{21} & a_{22} & a_{23} \\ a_{31} & a_{32} & a_{33} \end{pmatrix}$의 행렬식이

$$|A| = (a_{11}a_{22}a_{33}+a_{12}a_{23}a_{31}+a_{13}a_{21}a_{32})-(a_{11}a_{23}a_{32}+a_{12}a_{21}a_{33}+a_{13}a_{22}a_{31})$$

임을 예제 2.1.8에서 계산하였다. 이것을 다음과 같이

$$\begin{aligned} |A| &= a_{11}(a_{22}\,a_{33}-a_{23}\,a_{32})-a_{12}(a_{21}\,a_{33}-a_{23}\,a_{31})+a_{13}(a_{21}\,a_{32}-a_{22}\,a_{31}) \\ &= a_{11}\begin{vmatrix} a_{22} & a_{23} \\ a_{32} & a_{33} \end{vmatrix} - a_{12}\begin{vmatrix} a_{21} & a_{23} \\ a_{31} & a_{33} \end{vmatrix} + a_{13}\begin{vmatrix} a_{21} & a_{22} \\ a_{31} & a_{32} \end{vmatrix} \end{aligned} \qquad (1)$$

나타낼 수 있다. 여기서, $\begin{vmatrix} a_{22} & a_{23} \\ a_{32} & a_{33} \end{vmatrix}$는 행렬 A에서 a_{11}을 포함하는 행과 열을 제거하고 남은 2차행렬의 행렬식이고, $\begin{vmatrix} a_{21} & a_{23} \\ a_{31} & a_{33} \end{vmatrix}$는 행렬 A에서 a_{12}을 포함하는 행과 열을 제거하고 남은 2차행렬의 행렬식이며, $\begin{vmatrix} a_{21} & a_{22} \\ a_{31} & a_{32} \end{vmatrix}$는 행렬 A에서 a_{13}을 포함하는 행과 열을 제거하고 남은 2차행렬의 행렬식이다. 따라서, 식 (1)은 3차행렬의 행렬식은 그 행렬에 포함되어 있는 3개의 2차행렬의 행렬식의 계산에 의하여 구할 수 있음을 의미한다. n차의 행렬의 행렬식도 이와 같은 성질을 만족시킴을 보이려고 한다. 편의를 위하여 다음을 정의하자.

정의 2.2.1

(1) n차 정사각행렬 A에 대하여, A의 제 i행과 j열을 제외한 $(n-1)$차의 행렬식을 원소 a_{ij}에 대한 소행렬식(minor)이라고 하고 D_{ij}로 적는다. 즉,

$$D_{ij} = \begin{vmatrix} a_{11} & \cdots & a_{1j-1} & a_{1j+1} & \cdots & a_{1n} \\ \vdots & & \vdots & \vdots & & \vdots \\ a_{i-11} & \ldots & a_{i-1j-1} & a_{i-1j+1} & \cdots & a_{i-1n} \\ a_{i+11} & \ldots & a_{i+1j-1} & a_{i+1j+1} & \cdots & a_{i+1n} \\ \vdots & & \vdots & \vdots & & \vdots \\ a_{n1} & \cdots & a_{nj-1} & a_{nj+1} & \cdots & a_{nn} \end{vmatrix}$$

(2) $A_{ij} = (-1)^{i+j} D_{ij}$라 하고 A_{ij}를 원소 a_{ij}에 대한 여인수(cofactor)라고 한다.

앞의 (1)식을 소행렬식과 여인수로 표현하면

$$|A| = a_{11} D_{11} - a_{12} D_{12} + a_{13} D_{13} = a_{11} A_{11} + a_{12} A_{12} + a_{13} A_{13}$$

이다. 또한, 이 사실을 1열에 적용하면

$$|A| = a_{11} D_{11} - a_{21} D_{21} + a_{31} D_{31} = a_{11} A_{11} + a_{21} A_{21} + a_{31} A_{31}$$

임을 알 수 있다. 다음 정리는 이처럼 n차 행렬식이 여인수로써 표현됨을 알려준다.

정리 2.2.2

n차 행렬식 $|A|$는

$$|A| = a_{i1}A_{i1} + a_{i2}A_{i2} + \cdots + a_{in}A_{in} \qquad \text{(제}i\text{ 행에 관한 전개)}$$

$$\left(= a_{i1}(-1)^{i+1}D_{i1} + a_{i2}(-1)^{i+2}D_{i2} + \cdots + a_{in}(-1)^{i+n}D_{in}\right)$$

$$= a_{1j}A_{1j} + a_{2j}A_{2j} + \cdots + a_{nj}A_{nj} \qquad \text{(제}j\text{ 열에 관한 전개)}$$

$$\left(= a_{1j}(-1)^{1+j}D_{1j} + a_{2j}(-1)^{2+j}D_{2j} + \cdots + a_{nj}(-1)^{n+j}D_{nj}\right)$$

이다.

증명 임의의 i, j에 대하여, A의 행렬식의 계산에서 a_{ij}항을 포함하고 있는 항을 생각하자. 이를 위하여 A의 i행을 $a_{i1}+0+\cdots+0$, $0+a_{i2}+\cdots+0$, $\cdots$, $0+0+\cdots+a_{in}$의 합으로 표현하고 i행 대한 선형성을 사용하면

$$\det(A) = \begin{vmatrix} a_{11} & \cdots & a_{1j} & \cdots & a_{1n} \\ \vdots & \vdots & \vdots & \vdots & \vdots \\ a_{i1} & \cdots & a_{ij} & \cdots & a_{in} \\ \vdots & \vdots & \vdots & \vdots & \vdots \\ a_{n1} & \cdots & a_{nj} & \cdots & a_{nn} \end{vmatrix}$$

$$= \begin{vmatrix} a_{11} & \cdots & a_{1j} & \cdots & a_{1n} \\ \vdots & \vdots & \vdots & \vdots & \vdots \\ a_{i1} & \cdots & 0 & \cdots & 0 \\ \vdots & \vdots & \vdots & \vdots & \vdots \\ a_{n1} & \cdots & a_{nj} & \cdots & a_{nn} \end{vmatrix} + \cdots + \begin{vmatrix} a_{11} & \cdots & a_{1j} & \cdots & a_{1n} \\ \vdots & \vdots & \vdots & \vdots & \vdots \\ 0 & \cdots & a_{ij} & \cdots & 0 \\ \vdots & \vdots & \vdots & \vdots & \vdots \\ a_{n1} & \cdots & a_{nj} & \cdots & a_{nn} \end{vmatrix} + \cdots + \begin{vmatrix} a_{11} & \cdots & a_{1j} & \cdots & a_{1n} \\ \vdots & \vdots & \vdots & \vdots & \vdots \\ 0 & \cdots & 0 & \cdots & a_{in} \\ \vdots & \vdots & \vdots & \vdots & \vdots \\ a_{n1} & \cdots & a_{nj} & \cdots & a_{nn} \end{vmatrix}$$

로 표현된다. a_{ij}를 미지수로 생각하면, a_{ij}를 포함하는 항은 $\begin{vmatrix} a_{11} & \cdots & a_{1j} & \cdots & a_{1n} \\ \vdots & \vdots & \vdots & \vdots & \vdots \\ 0 & \cdots & a_{ij} & \cdots & 0 \\ \vdots & \vdots & \vdots & \vdots & \vdots \\ a_{n1} & \cdots & a_{nj} & \cdots & a_{nn} \end{vmatrix}$에서 만 나타난다.

행렬 $\begin{pmatrix} a_{11} & \cdots & a_{1j} & \cdots & a_{1n} \\ \vdots & \vdots & \vdots & \vdots & \vdots \\ 0 & \cdots & a_{ij} & \cdots & 0 \\ \vdots & \vdots & \vdots & \vdots & \vdots \\ a_{n1} & \cdots & a_{nj} & \cdots & a_{nn} \end{pmatrix}$에서 행을 $(i-1)$번, 열을 $(j-1)$번 교환하면 행렬

$$B=\begin{pmatrix} a_{ij} & 0 & \cdots & 0 & 0 & \cdots & 0 \\ a_{1j} & a_{11} & \cdots & a_{1(j-1)} & a_{1(j+1)} & \cdots & a_{1n} \\ \vdots & \vdots & & \vdots & \vdots & & \vdots \\ a_{(i-1)j} & a_{(i-1)1} & \ldots & a_{(i-1)(j-1)} & a_{(i-1)(j+1)} & \cdots & a_{(i-1)n} \\ a_{(i+1)j} & a_{(i+1)1} & \ldots & a_{(i+1)(j-1)} & a_{(i+1)(j+1)} & \cdots & a_{(i+1)n} \\ \vdots & \vdots & & \vdots & \vdots & & \vdots \\ a_{nj} & a_{n1} & \cdots & a_{n(j-1)} & a_{n(j+1)} & \cdots & a_{nn} \end{pmatrix}$$ 를 얻는다.

정리 2.1.5 (5)에 의해서 다음식의 두 번째 등호가 성립한다.

$$|B|=a_{ij}\begin{vmatrix} 1 & 0 & \cdots & 0 & 0 & \cdots & 0 \\ a_{1j} & a_{11} & \cdots & a_{1(j-1)} & a_{1(j+1)} & \cdots & a_{1n} \\ \vdots & \vdots & & \vdots & \vdots & & \vdots \\ a_{(i-1)j} & a_{(i-1)1} & \ldots & a_{(i-1)(j-1)} & a_{(i-1)(j+1)} & \cdots & a_{(i-1)n} \\ a_{(i+1)j} & a_{(i+1)1} & \ldots & a_{(i+1)(j-1)} & a_{(i+1)(j+1)} & \cdots & a_{(i+1)n} \\ \vdots & \vdots & & \vdots & \vdots & & \vdots \\ a_{nj} & a_{n1} & \cdots & a_{n(j-1)} & a_{n(j+1)} & \cdots & a_{nn} \end{vmatrix}$$

$$=a_{ij}\begin{vmatrix} a_{11} & \cdots & a_{1(j-1)} & a_{1(j+1)} & \cdots & a_{1n} \\ \vdots & & \vdots & \vdots & & \vdots \\ a_{(i-1)1} & \cdots & a_{(i-1)(j-1)} & a_{(i-1)(j+1)} & \cdots & a_{(i-1)n} \\ a_{(i+1)1} & \cdots & a_{(i+1)(j-1)} & a_{(i+1)(j+1)} & \cdots & a_{(i+1)n} \\ \vdots & & \vdots & \vdots & & \vdots \\ a_{n1} & \cdots & a_{n(j-1)} & a_{n(j+1)} & \cdots & a_{nn} \end{vmatrix}=a_{ij}D_{ij}$$

따라서,

$$\begin{vmatrix} a_{11} & \cdots & a_{1i} & \cdots & a_{1n} \\ \vdots & \vdots & \vdots & \vdots & \vdots \\ 0 & \cdots & a_{ij} & \cdots & 0 \\ \vdots & \vdots & \vdots & \vdots & \vdots \\ a_{n1} & \cdots & a_{nj} & \cdots & a_{nn} \end{vmatrix}=(-1)^{(i-1)+(j-1)}|B|$$

$$=(-1)^{(i-1)+(j-1)}a_{ij}D_{ij}=(-1)^{i+j}a_{ij}D_{ij}=a_{ij}A_{ij}$$

이다. 즉, 행렬식 $|A|$를 i행에 대한 선형성을 사용하여 계산해 보면,

$$\det(A)=\begin{vmatrix} a_{11} & \cdots & a_{1i} & \cdots & a_{1n} \\ \vdots & \vdots & \vdots & \vdots & \vdots \\ a_{i1} & \cdots & a_{ij} & \cdots & a_{in} \\ \vdots & \vdots & \vdots & \vdots & \vdots \\ a_{n1} & \cdots & a_{nj} & \cdots & a_{nn} \end{vmatrix}=\begin{vmatrix} a_{11} & \cdots & a_{1i} & \cdots & a_{1n} \\ \vdots & \vdots & \vdots & \vdots & \vdots \\ a_{i1} & \cdots & 0 & \cdots & 0 \\ \vdots & \vdots & \vdots & \vdots & \vdots \\ a_{n1} & \cdots & a_{nj} & \cdots & a_{nn} \end{vmatrix}+\cdots+\begin{vmatrix} a_{11} & \cdots & a_{1i} & \cdots & a_{1n} \\ \vdots & \vdots & \vdots & \vdots & \vdots \\ 0 & \cdots & a_{ij} & \cdots & 0 \\ \vdots & \vdots & \vdots & \vdots & \vdots \\ a_{n1} & \cdots & a_{nj} & \cdots & a_{nn} \end{vmatrix}$$

$$
+\cdots+\begin{vmatrix} a_{11} & \cdots & a_{1i} & \cdots & a_{1n} \\ \vdots & \vdots & \vdots & \vdots & \vdots \\ 0 & \cdots & 0 & \cdots & a_{in} \\ \vdots & \vdots & \vdots & \vdots & \vdots \\ a_{n1} & \cdots & a_{nj} & \cdots & a_{nn} \end{vmatrix} = a_{i1}A_{i1}+a_{i2}A_{i2}+\cdots+a_{in}A_{in}
$$

임을 알 수 있다. 이를 i 행에 대한 전개라고 한다. 한편, 행에서 성립하는 행렬식의 성질은 열에서도 성립하므로, j 열에 대한 전개식이 $|A|=a_{1j}A_{1j}+a_{2j}A_{2j}+\cdots+a_{nj}A_{nj}$ 임을 알 수 있다.

예제 2.2.3

다음 행렬식을 구하여라

$$
\begin{vmatrix} 1 & 3 & 2 & -1 \\ 2 & 0 & 1 & -2 \\ -1 & 5 & 1 & 1 \\ 2 & 7 & -6 & 3 \end{vmatrix}
$$

풀이 (i) 먼저 제 2행에 관한 전개를 하기 위하여, 행렬식의 성질을 이용하여 2행의 원소 중에 0의 개수가 많도록 한다.

$$
\begin{vmatrix} 1 & 3 & 2 & -1 \\ 2 & 0 & 1 & -2 \\ -1 & 5 & 1 & 1 \\ 2 & 7 & -6 & 3 \end{vmatrix} \underset{\substack{1열-2\cdot 3열 \\ 4열+2\cdot 3열}}{=} \begin{vmatrix} -3 & 3 & 2 & 3 \\ 0 & 0 & 1 & 0 \\ -3 & 5 & 1 & 3 \\ 14 & 7 & -6 & -9 \end{vmatrix}
$$

$$
\underset{2행에\ 관한\ 전개}{=} 0\cdot A_{21}+0\cdot A_{22}+1\cdot A_{23}+0\cdot A_{24}
$$

$$
=(-1)\begin{vmatrix} -3 & 3 & 3 \\ -3 & 5 & 3 \\ 14 & 7 & -9 \end{vmatrix} \underset{\substack{2열+1열 \\ 3열+1열}}{=} (-1)\begin{vmatrix} -3 & 0 & 0 \\ -3 & 2 & 0 \\ 14 & 21 & 5 \end{vmatrix}
$$

$$
=-(-3)\times 2\times 5=30.
$$

(ii) 먼저 제 1열에 관한 전개를 하기 위하여, 행렬식의 성질을 이용하여 1열의 원소 중에 0의 개수가 많도록 한다.

$$
\begin{vmatrix} 1 & 3 & 2 & -1 \\ 2 & 0 & 1 & -2 \\ -1 & 5 & 1 & 1 \\ 2 & 7 & -6 & 3 \end{vmatrix} \underset{\substack{2행-2\cdot 1행 \\ 3행+1행 \\ 4행-2\cdot 1행}}{=} \begin{vmatrix} 1 & 3 & 2 & -1 \\ 0 & -6 & -3 & 0 \\ 0 & 8 & 3 & 0 \\ 0 & 1 & -10 & 5 \end{vmatrix}
$$

$$
\underset{1열에\ 관한\ 전개}{=} 1\cdot A_{11}+0\cdot A_{21}+0\cdot A_{31}+0\cdot A_{41}
$$

$$= 1 \cdot \begin{vmatrix} -6 & -3 & 0 \\ 8 & 3 & 0 \\ 1 & -10 & 5 \end{vmatrix} \underset{\text{3열에 관한 전개}}{=} 5 \begin{vmatrix} -6 & -3 \\ 8 & 3 \end{vmatrix}$$

$$= 5 \times (-16 + 24) = 30.$$

예제 2.2.4

다음 행렬식을 구하여라.

(1) $\begin{vmatrix} 2 & 1 & 5 & 7 \\ -3 & 0 & 1 & 1 \\ 2 & 0 & 0 & 0 \\ 1 & 0 & 3 & 2 \end{vmatrix}$ (2) $\begin{vmatrix} 3 & 5 & 3 & -1 \\ 4 & 0 & 3 & 1 \\ 5 & 3 & 1 & 4 \\ -1 & 2 & -3 & 6 \end{vmatrix}$

풀이 (1) $\begin{vmatrix} 2 & 1 & 5 & 7 \\ -3 & 0 & 1 & 1 \\ 2 & 0 & 0 & 0 \\ 1 & 0 & 3 & 2 \end{vmatrix} \underset{\text{1행과 3행을 교환}}{=} -1 \begin{vmatrix} 2 & 0 & 0 & 0 \\ -3 & 0 & 1 & 1 \\ 2 & 1 & 5 & 7 \\ 1 & 0 & 3 & 2 \end{vmatrix}$

$$\underset{\text{1행에 관한 전개}}{=} -2 \cdot \begin{vmatrix} 0 & 1 & 1 \\ 1 & 5 & 7 \\ 0 & 3 & 2 \end{vmatrix}$$

$$\underset{\text{1행에 관한 전개}}{=} -2 \left(0 \cdot \begin{vmatrix} 5 & 7 \\ 3 & 2 \end{vmatrix} - 1 \cdot \begin{vmatrix} 1 & 7 \\ 0 & 2 \end{vmatrix} + 1 \cdot \begin{vmatrix} 1 & 5 \\ 0 & 3 \end{vmatrix} \right)$$

$$= -2\,[(-1) \times 1 \times 2 + 1 \times 1 \times 3] = -2.$$

(2) $\begin{vmatrix} 3 & 5 & 3 & -1 \\ 4 & 0 & 3 & 1 \\ 5 & 3 & 1 & 4 \\ -1 & 2 & -3 & 6 \end{vmatrix} \underset{\substack{\text{1열} - 4 \cdot \text{4열} \\ \text{3열} - 3 \cdot \text{4열}}}{=} \begin{vmatrix} 7 & 5 & 6 & -1 \\ 0 & 0 & 0 & 1 \\ -11 & 3 & -11 & 4 \\ -25 & 2 & -21 & 6 \end{vmatrix}$

$$\underset{\text{2행에관한전개}}{=} 1 \cdot \begin{vmatrix} 7 & 5 & 6 \\ -11 & 3 & -11 \\ -25 & 2 & -21 \end{vmatrix}$$

$$\underset{\text{3열} - \text{1열}}{=} \begin{vmatrix} 7 & 5 & -1 \\ -11 & 3 & 0 \\ -25 & 2 & 4 \end{vmatrix}$$

$$\underset{\text{3행} + 4 \times \text{1행}}{=} \begin{vmatrix} 7 & 5 & -1 \\ -11 & 3 & 0 \\ 3 & 22 & 0 \end{vmatrix}$$

$$\underset{\text{3열에 관한 전개}}{=} (-1) \begin{vmatrix} -11 & 3 \\ 3 & 22 \end{vmatrix} = 251.$$

예제 2.2.5

다음 행렬식을 인수분해하여라.

$$\begin{vmatrix} 1 & 1 & 1 \\ a & b & c \\ a^2 & b^2 & c^2 \end{vmatrix}$$

풀이

$$\begin{vmatrix} 1 & 1 & 1 \\ a & b & c \\ a^2 & b^2 & c^2 \end{vmatrix} = \begin{vmatrix} 1 & 0 & 0 \\ a & b-a & c-a \\ a^2 & b^2-a^2 & c^2-a^2 \end{vmatrix} = \begin{vmatrix} b-a & c-a \\ b^2-a^2 & c^2-a^2 \end{vmatrix}$$

$$= \begin{vmatrix} b-a & c-a \\ (b-a)(b+a) & (c-a)(c+a) \end{vmatrix} = (b-a)(c-a)\begin{vmatrix} 1 & 1 \\ (b+a) & (c+a) \end{vmatrix}$$

$$= (b-a)(c-a)(c-b) = (a-b)(b-c)(c-a).$$

별해 행렬식의 성질을 이용하여, $a=b$이면 1열과 2열이 같으므로 행렬식이 0이 되어 행렬식이 $(a-b)$인 인수를 가짐을 알고, 또 $b=c$이면 2열과 3열이 같으므로 행렬식이 0이 되어 $(b-c)$인 인수를 가지고, $c=a$이면 3열과 1열이 같으므로 행렬식이 0이 되어 행렬식이 $(c-a)$인 인수를 가진다는 것을 알 수 있다. 한편 주어진 행렬식이 문자에 대한 3차식이므로 $(a-b)(b-c)(c-a)$와 부호를 일치시키면 되므로 결과는 같다.

우리는 $|A| \neq 0$이면, A가 역행렬을 가짐을 알고 있다. 그리고, 1장에서는 기본행연산을 이용하여 역행렬을 구하는 방법을 학습하였다. 행렬식을 이용하여서도 역행렬을 구할 수 있는데, 지금부터 그 방법에 대하여 알아보자. 이를 위하여 다음 보조정리를 소개한다.

보조정리 2.2.6

n차 행렬 $A=(a_{ij})$에서 만약, $i \neq j$이면 다음이 성립한다.

(1) $a_{i1}A_{j1} + a_{i2}A_{j2} + \cdots + a_{in}A_{jn} = 0$,

(2) $a_{1i}A_{1j} + a_{2i}A_{2j} + \cdots + a_{ni}A_{nj} = 0$.

증명 $a_{i1}A_{j1} + a_{i2}A_{j2} + \cdots + a_{in}A_{jn} = 0$만 증명한다. 같은 방법으로 두 번째의 경우도 쉽게 증명할 수 있다. 먼저 주어진 행렬 A의 j행을 i행으로 대체한 행렬을 B라 하자. 즉 행렬 B는 다음과 같다.

$$B = \begin{pmatrix} a_{11} & a_{12} & \cdots & a_{1n} \\ \vdots & \vdots & \vdots & \vdots \\ a_{i1} & a_{i2} & \cdots & a_{in} \\ \vdots & \vdots & \vdots & \vdots \\ a_{i1} & a_{i2} & \cdots & a_{in} \\ \vdots & \vdots & \vdots & \vdots \\ a_{n1} & a_{n2} & \cdots & a_{nn} \end{pmatrix} \begin{matrix} \\ \\ i \text{ 행} \\ \\ j \text{ 행} \\ \\ \\ \end{matrix}$$

행렬 B는 i 행과 j 행이 같으므로 행렬식의 성질에 의해 행렬식 $|B|=0$이다. 여기서 행렬식 $|B|$를 j 행에 관하여 전개해 보면

$$|B| = a_{i1}\,B_{j1} + a_{i2}\,B_{j2} + \cdots + a_{in}\,B_{jn}$$

이다. 그러나 실제로 행렬 A와 B의 $(j,\,k)-$원소의 여인수 A_{jk}와 B_{jk}는 $k=1,2,\cdots,n$에 대하여 같으므로 $|B| = a_{i1}A_{j1} + a_{i2}A_{j2} + \cdots + a_{in}A_{jn} = 0$이다.

다음 정리는 행렬식을 이용하여 역행렬을 구하는 방법을 제시한다.

정리 2.2.7

행렬 A의 행렬식 $|A| \neq 0$이면, A의 역행렬 A^{-1}는 다음 공식에 의하여 구할 수 있다.

$$A^{-1} = \frac{1}{|A|}\begin{pmatrix} A_{11} & A_{21} & \cdots & A_{n1} \\ A_{12} & A_{22} & \cdots & A_{n2} \\ \vdots & \vdots & \vdots & \vdots \\ A_{1n} & A_{2n} & \cdots & A_{nn} \end{pmatrix} = \frac{1}{|A|}\,(A_{ij})^T.$$

증명 정사각행렬 $A=(a_{ij})$의 행렬식이 $|A| \neq 0$일 때,

$$C = \frac{1}{|A|}\begin{pmatrix} A_{11} & A_{21} & \cdots & A_{n1} \\ A_{12} & A_{22} & \cdots & A_{n2} \\ \vdots & \vdots & \vdots & \vdots \\ A_{1n} & A_{2n} & \cdots & A_{nn} \end{pmatrix} \qquad (A_{ij}\text{는 } A\text{의 } a_{ij}\text{의 여인수})$$

라 두자. 그러면, 보조정리 2.2.6에 의하여

$$AC = \begin{pmatrix} a_{11} & a_{12} & \cdots & a_{1n} \\ a_{21} & a_{22} & \cdots & a_{2n} \\ \vdots & \vdots & & \vdots \\ a_{n1} & a_{n2} & \cdots & a_{nn} \end{pmatrix} \left(\frac{1}{|A|}\begin{pmatrix} A_{11} & A_{21} & \cdots & A_{n1} \\ A_{12} & A_{22} & \cdots & A_{n2} \\ \vdots & \vdots & \vdots & \vdots \\ A_{1n} & A_{2n} & \cdots & A_{nn} \end{pmatrix} \right)$$

$$= \frac{1}{|A|}\begin{pmatrix} a_{11} & a_{12} & \cdots & a_{1n} \\ a_{21} & a_{22} & \cdots & a_{2n} \\ \vdots & \vdots & & \vdots \\ a_{n1} & a_{n2} & \cdots & a_{nn} \end{pmatrix}\begin{pmatrix} A_{11} & A_{21} & \cdots & A_{n1} \\ A_{12} & A_{22} & \cdots & A_{n2} \\ \vdots & \vdots & \vdots & \vdots \\ A_{1n} & A_{2n} & \cdots & A_{nn} \end{pmatrix}$$

$$= \frac{1}{|A|}\begin{pmatrix} |A| & 0 & \cdots & 0 \\ 0 & |A| & \cdots & 0 \\ \vdots & \vdots & \vdots & \vdots \\ 0 & 0 & \cdots & |A| \end{pmatrix} = I_n$$

이다. 같은 방법으로 $CA = I_n$이다. 그러므로 C가 A의 역행렬이다.

정의 2.2.8

n차 정사각행렬 $A = (a_{ij})$에서 다음 행렬

$$adj\,A = \begin{pmatrix} A_{11} & A_{21} & \cdots & A_{n1} \\ A_{12} & A_{22} & \cdots & A_{n2} \\ \vdots & \vdots & \vdots & \vdots \\ A_{1n} & A_{2n} & \cdots & A_{nn} \end{pmatrix} = (A_{ij})^T$$

를 행렬 A의 **수반행렬(adjoint matrix)**이라 부른다.

이 표기법을 이용하면, 정리 2.2.7을 다음과 같이 표현할 수 있다. n차 정사각행렬 $A = (a_{ij})$가 정칙이면 $A^{-1} = \dfrac{1}{|A|}adj\,A$이다.

예제 2.2.9

다음 행렬이 역행렬을 가지는지를 판단하고, 역행렬을 가지면 그 역행렬을 구하여라.

(1) $A = \begin{pmatrix} a & b \\ c & d \end{pmatrix}$ (2) $B = \begin{pmatrix} 1 & -2 & 3 \\ -4 & 5 & -6 \\ 7 & -8 & 9 \end{pmatrix}$ (3) $C = \begin{pmatrix} 1 & 2 & 4 \\ 3 & 1 & 0 \\ 1 & 1 & 2 \end{pmatrix}$

풀이 (1) $|A| = ad - bc = 0$이면 역행렬을 가지지 않고, $|A| = ad - bc \neq 0$이면 A^{-1}가 존재하고, 이 경우 $A^{-1} = \dfrac{1}{ad - bc}\begin{pmatrix} d & -b \\ -c & a \end{pmatrix}$.

(2) $|B| = 0$이므로 B는 정칙행렬이 아니다. 즉, 역행렬이 존재하지 않는다.

(3) $|C| = \begin{vmatrix} 1 & 2 & 4 \\ 3 & 1 & 0 \\ 1 & 1 & 2 \end{vmatrix} = -2$, $A_{11} = \begin{vmatrix} 1 & 0 \\ 1 & 2 \end{vmatrix} = 2$, $A_{21} = -\begin{vmatrix} 2 & 4 \\ 1 & 2 \end{vmatrix} = 0$,

$A_{31} = \begin{vmatrix} 2 & 4 \\ 1 & 0 \end{vmatrix} = -4$, $A_{12} = -6$, $A_{22} = -2$, $A_{13} = 2$, $A_{23} = 1$,

$A_{32} = 12$, $A_{33} = -5$이므로,

$$A^{-1} = -\frac{1}{2}\begin{pmatrix} 2 & 0 & -4 \\ -6 & -2 & 12 \\ 2 & 1 & -5 \end{pmatrix} = \begin{pmatrix} -1 & 0 & 2 \\ 3 & 1 & -6 \\ -1 & -\frac{1}{2} & \frac{5}{2} \end{pmatrix}.$$

예제 2.2.10

2차 행렬 $A = \begin{pmatrix} a & b \\ c & d \end{pmatrix}$에 대하여

(1) $adjA$를 구하여라.

(2) $adj(adjA) = A$임을 증명하여라.

풀이 (1) $adjA = \begin{pmatrix} d & -b \\ -c & a \end{pmatrix}$.

(2) $adj\,(adjA) = adj\begin{pmatrix} d & -b \\ -c & a \end{pmatrix} = \begin{pmatrix} a & b \\ c & d \end{pmatrix} = A$.

연습문제 2.2

01. 다음 명제들의 참, 거짓을 판정하여라.

(1) n차 정사각행렬 A, B에 대하여 $|A+B| = |A| + |B|$이다.

(2) n차 정사각행렬 A에 대하여 $|\alpha A| = |\alpha||A|$이다.

(3) A가 정칙행렬이면 A^T도 정칙행렬이다.

02. $\begin{pmatrix} \cos\theta & -\sin\theta \\ \sin\theta & \cos\theta \end{pmatrix}$의 역행렬을 구하여라.

03. 다음의 행렬식을 구하여라.

(1) $\begin{vmatrix} 1 & 1 & 1 & 1 & 1 \\ 1 & 2 & 2 & 2 & 2 \\ 1 & 2 & 3 & 3 & 3 \\ 1 & 2 & 3 & 4 & 4 \\ 1 & 2 & 3 & 4 & 5 \end{vmatrix}$　　　(2) $\begin{vmatrix} 4 & 3 & 1 & 9 & 2 \\ 0 & 3 & 2 & 4 & 2 \\ 0 & 3 & 4 & 6 & 4 \\ 1 & -1 & 2 & 2 & 2 \\ 0 & 0 & 3 & 3 & 3 \end{vmatrix}$

(3) $\begin{vmatrix} 0 & 1 & 1 & \cdots & 1 \\ 1 & 0 & 1 & \cdots & 1 \\ 1 & 1 & 0 & \cdots & 1 \\ \vdots & \vdots & \vdots & \vdots & \vdots \\ 1 & 1 & 1 & \cdots & 0 \end{vmatrix}$

04. $\begin{vmatrix} 3 & 5 & 3 & -1 \\ 4 & 0 & 3 & 1 \\ 5 & 3 & 1 & 4 \\ -1 & 2 & -3 & 6 \end{vmatrix}$에서 다음을 구하여라.

(1) D_{13}과 A_{13}　　　(2) D_{23}과 A_{23}.

05. 다음 등식을 증명하여라.

$$\begin{vmatrix} 1+a & 1 & 1 & 1 \\ 1 & 1+b & 1 & 1 \\ 1 & 1 & 1+c & 1 \\ 1 & 1 & 1 & 1+d \end{vmatrix} = abcd\left(1+\frac{1}{a}+\frac{1}{b}+\frac{1}{c}+\frac{1}{d}\right).$$

06. n차 정사각행렬 $A=(a_{ij})$와 $B=(b_{ij})$에 대하여 다음 사실을 증명하여라.

(1) $adj(AB)=(adjB)(adjA)$

(2) $adj(\alpha A)=\alpha^{n-1}adjA$ (α : 실수)

(3) $adj(A^{-1})=(adjA)^{-1}=|A|^{-1}A$

(4) $adj\,(adjA)=|A|^{n-2}A$

07. 다음 각 방정식을 풀어라.

(1) $\begin{vmatrix} 1 & 1 & 1 \\ 1 & x & 2 \\ 1 & x^2 & 4 \end{vmatrix}=0$　　　(2) $\begin{vmatrix} 0 & 1 & \sin x \\ \cos x & 0 & \sin x \\ \cos x & 1 & 0 \end{vmatrix}=1.$

08. 다음 각 행렬식을 인수분해하여라.

(1) $\begin{vmatrix} 1 & a & a^4 \\ 1 & b & b^4 \\ 1 & c & c^4 \end{vmatrix}$　　　(2) $\begin{vmatrix} 1 & b+c & bc \\ 1 & c+a & ca \\ 1 & a+b & ab \end{vmatrix}$

(3) $\begin{vmatrix} 1 & a & (b+c)^2 \\ 1 & b & (c+a)^2 \\ 1 & c & (a+b)^2 \end{vmatrix}$　　(4) $\begin{vmatrix} a & a^2 & b+c \\ b & b^2 & c+a \\ c & c^2 & a+b \end{vmatrix}$

(5) $\begin{vmatrix} a+b+c & -c & -b \\ -c & a+b+c & -a \\ -b & -a & a+b+c \end{vmatrix}$

(6) $\begin{vmatrix} 1 & 1 & 1 & 1 \\ a & x & a & a \\ b & b & x & b \\ c & c & c & x \end{vmatrix}$　　(7) $\begin{vmatrix} 1 & 1 & 1 & 1 \\ a & b & c & d \\ a^2 & b^2 & c^2 & d^2 \\ bcd & acd & abd & abc \end{vmatrix}$

09. n차 정사각행렬 A가 교대행렬일 때, n이 홀수이면 $|A|=0$임을 증명하여라.

10. $f(t)$, $g(t)$가 2차 미분가능한 함수이다. $\psi(t)$를 아래와 같이 행렬식으로 나타나는 함수라 할 때,

$$\psi(t)=\begin{vmatrix} f(t) & g(t) \\ f'(t) & g'(t) \end{vmatrix}$$

그 도함수는

$$\psi'(t)=\begin{vmatrix} f(t) & g(t) \\ f''(t) & g''(t) \end{vmatrix}$$

임을 밝혀라.

11. 4차 정사각행렬 A, B에 대하여, 행렬식 $|A|=3$, $|B|=-2$이다. 다음 값을 구하여라.

(1) $|2A|$　　(2) $|adj(A)|$　　(3) $|A^{-1}|$

(4) $|AB(A^{-1})^2B|$　　(5) $|3(B^{-1})|$

12. A가 n차 정사각행렬일 때 $|(-2A)^{-1}|$와 $|A|$의 관계식을 구하여라.

13. 다음 행렬들의 역행렬을 구하여라.

(1) $A=\begin{pmatrix} 0 & 1 & 1 \\ 1 & 0 & 1 \\ 1 & 1 & 0 \end{pmatrix}$　　(2) $A=\begin{pmatrix} 2 & 0 & -1 \\ 1 & -1 & -2 \\ 2 & -2 & -5 \end{pmatrix}$

14. (1) A가 모든 요소가 정수인 n차 정사각행렬이고 A의 행렬식이 1 또는 -1이면 A^{-1}의 모든 요소도 정수임을 보여라.

(2) A와 A^{-1}의 모든 요소가 정수이면 A의 행렬식이 1 또는 -1임을 보여라.

15. A가 n차 정사각행렬이고 $A^{-1} = A^T$일 때 A를 직교행렬이라 한다. 다음 물음에 답하여라.

(1) A가 직교행렬이면 $|A|^2 = 1$임을 보여라.

(2) $\begin{pmatrix} 0 & a \\ b & c \end{pmatrix}$ 형태의 직교행렬을 모두 구하여라.

2.3 Cramer의 정리

1장에서 Gauss-Jordan 소거법을 이용하여 선형연립방정식의 해를 구하는 방법을 학습하였다. 이 절에서는 행렬식을 이용하여 n개의 미지수 $x_1, x_2, \cdots, x_n$에 관한 다음 선형연립방정식의 해를 구하는 방법에 대하여 학습한다.

$$\begin{cases} a_{11}x_1 + a_{12}x_2 + \cdots + a_{1n}x_n = b_1 \\ a_{21}x_1 + a_{22}x_2 + \cdots + a_{2n}x_n = b_2 \\ \qquad\qquad \vdots \\ a_{n1}x_1 + a_{n2}x_2 + \cdots + a_{nn}x_n = b_n \end{cases} \qquad (a_{ij},\ b_i\text{는 상수})$$

선형연립방정식의 계수행렬을 A, 미지수 x_i로 이루어지는 행렬을 X, 그리고 상수 b_i로 이루어지는 행렬을 B라 하자. 즉

$$A = \begin{pmatrix} a_{11} & a_{12} & \cdots & a_{1n} \\ a_{21} & a_{22} & \cdots & a_{2n} \\ \vdots & \vdots & & \vdots \\ a_{n1} & a_{n2} & \cdots & a_{nn} \end{pmatrix}, \quad X = \begin{pmatrix} x_1 \\ x_2 \\ \vdots \\ x_n \end{pmatrix}, \quad B = \begin{pmatrix} b_1 \\ b_2 \\ \vdots \\ b_n \end{pmatrix}$$

라 두면, 주어진 연립방정식은 간단하게 $AX = B$로 나타낼 수 있다. 여기서 만약 A가 정칙행렬이면 $A^{-1}(AX) = A^{-1}B$, 즉 $X = A^{-1}B$이다. 따라서 A의 역행렬을 구하여 행렬 B의 왼쪽에 곱함으로써 주어진 연립 방정식의 해를 구할 수 있다. 이 과정을 구체적으로 적어보면

$$X = \frac{1}{|A|}\begin{pmatrix} A_{11} & A_{21} & \cdots & A_{n1} \\ A_{12} & A_{22} & \cdots & A_{n2} \\ \vdots & \vdots & \vdots & \vdots \\ A_{1n} & A_{2n} & \cdots & A_{nn} \end{pmatrix}\begin{pmatrix} b_1 \\ b_2 \\ \vdots \\ b_n \end{pmatrix}$$

$$= \frac{1}{|A|}\begin{pmatrix} b_1A_{11} + b_2A_{21} + \cdots + b_nA_{n1} \\ b_1A_{12} + b_2A_{22} + \cdots + b_nA_{n2} \\ \vdots \qquad\quad \vdots \qquad\quad \vdots \qquad\quad \vdots \\ b_1A_{1n} + b_2A_{2n} + \cdots + b_nA_{nn} \end{pmatrix}$$

이다. 즉,

$$x_i = \frac{1}{|A|}(b_1A_{1i} + b_2A_{2i} + \cdots + b_nA_{ni})$$

이다. 윗식의 오른편의 $b_1A_{1i} + b_2A_{2i} + \cdots + b_nA_{ni}$는

$$\begin{vmatrix} a_{11} & a_{12} & \cdots & a_{1(i-1)} & b_1 & a_{1(i+1)} & \cdots & a_{1n} \\ a_{21} & a_{22} & \cdots & a_{2(i-1)} & b_2 & a_{2(i+1)} & \cdots & a_{2n} \\ \vdots & \vdots & \vdots & \vdots & \vdots & \vdots & \vdots & \vdots \\ a_{n1} & a_{n2} & \cdots & a_{n(i-1)} & b_n & a_{n(i+1)} & \cdots & a_{nn} \end{vmatrix}$$

인데, 이것은 계수로써 이루어진 행렬 A의 i 열을 B와 바꾸어 얻은 행렬의 행렬식이다. 이를 요약하여 다음의 정리를 얻는다.

정리 2.3.1 (Cramer의 공식)

선형연립방정식

$$\begin{cases} a_{11}x_1 + a_{12}x_2 + \cdots + a_{1n}x_n = b_1 \\ a_{21}x_1 + a_{22}x_2 + \cdots + a_{2n}x_n = b_2 \\ \qquad\qquad\vdots \\ a_{n1}x_1 + a_{n2}x_2 + \cdots + a_{nn}x_n = b_n \end{cases} \qquad (a_{ij},\ b_i\text{는 상수})$$

의 계수행렬 $A = (a_{ij})$가 정칙이면, 임의의 $i = 1, 2, \cdots, n$에 대하여

$$x_i = \frac{1}{|A|}\begin{vmatrix} a_{11} & a_{12} & \cdots & a_{1(i-1)} & b_1 & a_{1(i+1)} & \cdots & a_{1n} \\ a_{21} & a_{22} & \cdots & a_{2(i-1)} & b_2 & a_{2(i+1)} & \cdots & a_{2n} \\ \vdots & \vdots & \vdots & \vdots & \vdots & \vdots & \vdots & \vdots \\ a_{n1} & a_{n2} & \cdots & a_{n(i-1)} & \underset{i\text{열}}{b_n} & a_{n(i+1)} & \cdots & a_{nn} \end{vmatrix}$$

이다.

예제 2.3.2

다음 연립방정식을 Cramer의 공식을 이용하여 풀어라.

$$\begin{cases} 2x + 4y + z = 7 \\ 3x + 2y + 3z = 7 \\ 5x - 4y + 4z = 9 \end{cases}$$

풀이 $|A|=\begin{vmatrix} 2 & 4 & 1 \\ 3 & 2 & 3 \\ 5 & -4 & 4 \end{vmatrix}=30 \neq 0$이다. 그러므로

$$x=\frac{1}{30}\begin{vmatrix} 7 & 4 & 1 \\ 7 & 2 & 3 \\ 9 & -4 & 4 \end{vmatrix}=3,\ y=\frac{1}{30}\begin{vmatrix} 2 & 7 & 1 \\ 3 & 7 & 3 \\ 5 & 9 & 4 \end{vmatrix}=\frac{1}{2},\quad z=\frac{1}{30}\begin{vmatrix} 2 & 4 & 7 \\ 3 & 2 & 7 \\ 5 & -4 & 9 \end{vmatrix}=-1$$

이다.

1장에서 다음 형태의 동차(제차)연립방정식

$$\begin{cases} a_{11}x_1+a_{12}x_2+\cdots+a_{1n}x_n=0 \\ a_{21}x_1+a_{22}x_2+\cdots+a_{2n}x_n=0 \\ \quad\vdots \\ a_{n1}x_1+a_{n2}x_2+\cdots+a_{nn}x_n=0 \end{cases} \qquad (a_{ij}\text{는 상수})$$

이 자명해 ($x_1=x_2=\cdots=x_n=0$인 해)만을 가질 필요충분조건이 계수행렬 $A=(a_{ij})$가 정칙임을 알았다. 2장에서 학습한 행렬식을 이용하여 다음을 얻는다.

따름정리 2.3.3

동차(제차)연립방정식

$$\begin{cases} a_{11}x_1+a_{12}x_2+\cdots+a_{1n}x_n=0 \\ a_{21}x_1+a_{22}x_2+\cdots+a_{2n}x_n=0 \\ \quad\vdots \\ a_{n1}x_1+a_{n2}x_2+\cdots+a_{nn}x_n=0 \end{cases} \qquad (a_{ij}\text{는 상수})$$

이 자명해 ($x_1=x_2=\cdots=x_n=0$인 해)만을 가질 필요충분조건은 계수행렬 A의 행렬식이 0이 아니다. 따라서, 비 자명해를 가질 필요충분조건은 계수행렬 A의 행렬식이 0이다.

예제 2.3.4

다음 연립방정식이 자명해 이외의 해(비 자명해)를 가진다면 k의 값이 얼마일 때인가?

$$\begin{cases} 3x_1+x_2=kx_1 \\ 2x_1+2x_2=kx_2 \end{cases}$$

풀이 주어진 연립방정식은 아래와 같은 동차연립방정식이다.

$$\begin{cases} (3-k)\,x_1 + x_2 = 0 \\ 2x_1 + (2-k)x_2 = 0 \end{cases}$$

따름정리 2.3.3에 의해, 이 연립방정식이 자명해 이외의 해를 가질 필요충분조건은

$$\begin{vmatrix} 3-k & 1 \\ 2 & 2-k \end{vmatrix} = 0,$$

즉, $(k-1)(k-4)=0$이다. 따라서 $k=1$ 또는 $k=4$이다.

예제 2.3.5

$a_1x+b_1y+c_1=0$, $a_2x+b_2y+c_2=0$, $a_3x+b_3y+c_3=0$에서 x와 y를 소거하여라. 즉, 계수들 사이의 관계식으로 x, y를 포함하지 않는 것을 하나 유도해 보아라.

풀이 위의 식을 정리하면 다음과 같다.

$$\begin{cases} a_1x+b_1y+c_1=0 \\ a_2x+b_2y+c_2=0 \\ a_3x+b_3y+c_3=0 \end{cases}$$

따라서, $x=x$, $y=y$, $z=1$이 선형연립방정식

$$\begin{cases} a_1x+b_1y+c_1z=0 \\ a_2x+b_2y+c_2z=0 \\ a_3x+b_3y+c_3z=0 \end{cases}$$

의 한 해가 된다. 이는 비 자명해이므로, 계수행렬의 행렬식이 0이어야 한다. 따름정리 2.3.3에 의해,

$$\begin{vmatrix} a_1 & b_1 & c_1 \\ a_2 & b_2 & c_2 \\ a_3 & b_3 & c_3 \end{vmatrix} = 0$$

이다. 이는 계수들 사이의 관계식으로 x, y를 포함하지 않는 것이다.

연습문제 2.3

01. 다음 명제들의 참, 거짓을 판정하여라.

(1) 동차 연립방정식 $AX=O$가 비자명해를 가지면 $|A|=0$이다.

(2) n차 정사각행렬 A, B와 어떤 행렬 X에 대하여, $AX=BX$이면 $A=B$이다.

(3) n차 정사각행렬 A, B와 어떤 행렬 X에 대하여, $AX=BX$이면 $|A|=|B|$이다.

02. 다음의 각 연립방정식을 Cramer공식을 이용하여 풀어라.

(1) $\begin{cases} x+y+z=6 \\ 2x-y+z=3 \\ 3x+2y-z=4 \end{cases}$

(2) $\begin{cases} 3x+4y-5z=32 \\ 4x-5y+3z=18 \\ 5x-3y-4z=2 \end{cases}$

(3) $\begin{cases} 3x-y+2z=-7 \\ -x+5y-3z=35 \\ x-y+3z=-19 \end{cases}$

(4) $\begin{cases} x-2y-4=0 \\ 5y+2z-3=0 \\ 3x+4z-20=0 \end{cases}$

(5) $\begin{cases} 3x+4y+z-w=2 \\ x-y+2z+w=0 \\ 2x-3y-z-w=-1 \\ 5x+2y+3z+2w=13 \end{cases}$

(6) $\begin{cases} x+y-2z+w=10 \\ 2x-y+z-w=-7 \\ x+3y+2z-w=0 \\ 3x+y+3z+2w=19 \end{cases}$

03. 다음의 각 관계식에서 x, y, z를 소거하여라.

$$\begin{cases} x+y+z=1 \\ ax+by+cz=k \\ a^2x+b^2y+c^2z=k^2 \qquad (a\neq b,\ b\neq c,\ c\neq a) \\ a^3x+b^3y+c^3z=k^3 \end{cases}$$

04. 다음의 각 연립방정식이 비 자명해를 가지기 위한 계수 a, b, c의 관계식을 구하여라.

(1) $\begin{cases} ax+by+c=0 \\ cx+ay+b=0 \\ bx+cy+a=0 \end{cases}$

(2) $\begin{cases} ax+b(x-1)+c(x-y)=0 \\ a(y-1)+by+c(y-x)=0 \\ a(1-y)+b(1-x)+c=0 \end{cases}$

05. 세 개의 직선 $x-2y+3=0$, $3x+y-5=0$, $x+ay-a=0$이 한 점에서 만나도록 a의 값을 구하여라.

06. 다음 선형 연립방정식의 해의 y값이 -1이 될 k의 값을 구하여라.

$$\begin{cases} x + y + z = k \\ x - y - 2z = k^2 \\ x + 2y + 2z = 1 \end{cases}$$

종합문제 2

01. 연습문제 1의 (4)를 이용하여, $A=(a_{ij})$인 4차 정사각행렬의 행렬식에 대한 공식을 만들어 보아라.

02. 3차 정사각행렬 A에 대하여 $|A|=-7$이라 할 때, 다음을 구하여라.

(1) $|3A|$ (2) $|A^{-1}|$

(3) $|2A^{-1}|$ (4) $|(2A)^{-1}|$

03. 다음 등식이 성립함을 증명하여라.

(1) $\begin{vmatrix} a_1+b_1 & a_1-b_1 & c_1 \\ a_2+b_2 & a_2-b_2 & c_2 \\ a_3+b_3 & a_3-b_3 & c_3 \end{vmatrix} = -2\begin{vmatrix} a_1 & b_1 & c_1 \\ a_2 & b_2 & c_2 \\ a_3 & b_3 & c_3 \end{vmatrix}$.

(2) $\begin{vmatrix} a_1+b_1t & a_2+b_2t & a_3+b_3t \\ a_1t+b_1 & a_2t+b_2 & a_3t+b_3 \\ c_1 & c_2 & c_3 \end{vmatrix} = (1-t^2)\begin{vmatrix} a_1 & a_2 & a_3 \\ b_1 & b_2 & b_3 \\ c_1 & c_2 & c_3 \end{vmatrix}$.

04. 행렬 $A=\begin{pmatrix} \cos\theta & \sin\theta & 0 \\ -\sin\theta & \cos\theta & 0 \\ 0 & 0 & 1 \end{pmatrix}$은 θ의 모든 값에 대하여 정칙임을 밝히고, 정리 2.2.7을 이용하여 A^{-1}을 구하여라.

05. 다음 그림에서

$$b\cos\gamma + c\cos\beta = a$$
$$c\cos\alpha + a\cos\gamma = b$$
$$a\cos\beta + b\cos\alpha = c$$

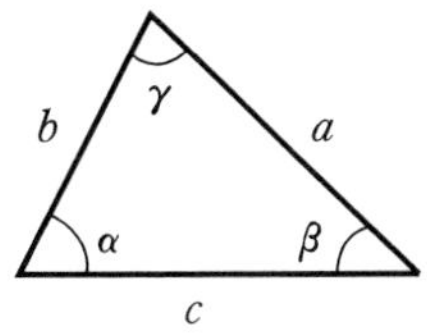

임을 증명하고, Cramer 공식을 이용하여 $\cos\alpha = \dfrac{b^2+c^2-a^2}{2bc}$ 임을 밝혀라.

06. 세 점 $(x_1,\, y_1), (x_2,\, y_2), (x_3,\, y_3)$가 동일 직선상에 있기 위한 필요충분조건은 $\begin{vmatrix} x_1 & y_1 & 1 \\ x_2 & y_2 & 1 \\ x_3 & y_3 & 1 \end{vmatrix} = 0$ 임을 증명하여라.

07. 행렬 $\begin{pmatrix} a & 1 & 1 \\ 1 & a & 1 \\ 1 & 1 & a \end{pmatrix}$이 정칙행렬이 될 a의 값을 모두 구하여라.

08. 행렬 $A = \begin{pmatrix} a & b & c \\ d & e & f \\ g & h & i \end{pmatrix}$의 행렬식이 3일 때, 행렬 $B = \begin{pmatrix} a & b & c \\ 2g & 2h & 2i \\ d+2a & e+2b & f+2c \end{pmatrix}$의 행렬식은?

09. 선형 연립방정식 $\begin{cases} x + y + kz = -7 \\ -2x - y - z = 0 \\ -x + 2y + kz = -2 \end{cases}$의 해의 z값을 Cramer 공식을 이용하여 구했을 때, $z = 3$이 되도록 k의 값을 구하여라.

10. 다음 행렬의 행렬식을 구하여라.

(1) $A = \begin{pmatrix} 1 & 2 & 0 & 0 \\ 2 & 5 & 3 & 1 \\ 4 & 8 & 2 & 1 \\ 8 & 17 & 4 & 1 \end{pmatrix}$

(2) $A = \begin{pmatrix} 1 & -2 & 0 & 2 \\ 2 & -3 & -1 & 5 \\ 1 & 3 & 2 & 5 \\ 1 & 1 & -1 & 2 \end{pmatrix}$

(3) $A = \begin{pmatrix} 4 & 0 & 3 & 1 \\ 3 & 5 & 3 & -1 \\ -1 & 2 & -3 & 6 \\ 5 & 3 & 1 & 4 \end{pmatrix}$

* 부 록

A1 행렬식의 다른 정의

정의 A1.1

X를 n개의 자연수의 집합 $\{1, 2, \cdots, n\}$이라 할 때, X에서 X 위로 대응하는 일대일 함수를 X의 치환(permutation)이라 하고 σ, τ, $\rho\cdots$ 등으로 나타낸다.

자연수 $i\,(1 \le i \le n)$에 대한 하나의 치환 σ의 상 $\sigma(i)$를 간단하게 σ_i로 적고, 치환 σ를

$$\sigma = \begin{pmatrix} 1 & 2 & \cdots & n \\ \sigma_1 & \sigma_2 & \cdots & \sigma_n \end{pmatrix}$$

으로 적는다. 예를 들어 $1 \to 3$, $2 \to 1$, $3 \to 2$로 대응하는 치환 τ는 $\tau = \begin{pmatrix} 1 & 2 & 3 \\ 3 & 1 & 2 \end{pmatrix}$인데, 이것은

$$\tau = \begin{pmatrix} 1 & 2 & 3 \\ 3 & 1 & 2 \end{pmatrix} = \begin{pmatrix} 2 & 1 & 3 \\ 1 & 3 & 2 \end{pmatrix} = \begin{pmatrix} 3 & 1 & 2 \\ 2 & 3 & 1 \end{pmatrix}$$

등으로 나타낼 수도 있다.

정의 A1.2

(1) 치환들 중에서 $\begin{pmatrix} p_1 & p_2 & \cdots & p_m & p_{m+1} & \cdots & p_n \\ p_2 & p_3 & \cdots & p_1 & p_{m+1} & \cdots & p_n \end{pmatrix}$인 모양의 치환을 순회(순환)치환(cyclic permutation)이라 하고, 기호로 $(p_1\ p_2\ \cdots\ p_m)$으로 적는다.

단, 여기서 $\{p_1, p_2, \cdots, p_n\} = \{1, 2, \cdots, n\}$이다.

(2) 순회치환 중에서 특히 $\begin{pmatrix} p_1 & p_2 & p_3 & \cdots & p_n \\ p_2 & p_1 & p_3 & \cdots & p_n \end{pmatrix}$인 치환을 호환(transposition)이라 하고, 기호로 $(p_1\ p_2)$로 적는다.

예를 들면,

$\begin{pmatrix} 1 & 2 & 3 & 4 & 5 & 6 \\ 3 & 5 & 2 & 4 & 1 & 6 \end{pmatrix} = \begin{pmatrix} 1 & 3 & 2 & 5 & 4 & 6 \\ 3 & 2 & 5 & 1 & 4 & 6 \end{pmatrix} = (1\ 3\ 2\ 5)$는 순회치환이고 $\begin{pmatrix} 1 & 2 & 3 & 4 & 5 \\ 1 & 4 & 3 & 2 & 5 \end{pmatrix} = (2\ \ 4)$는 호환이다.

정의 A1.3

두 개의 치환 σ와 τ에 대하여, 먼저 σ인 치환을 하고 계속해서 다음에 τ인 치환을 하는 것을 σ와 τ의 곱(product) 또는 합성(composition)이라 하며 $\tau\sigma$로 적는다.

두 개의 치환 $\sigma=\begin{pmatrix}1&2&3&4&5\\3&1&4&5&2\end{pmatrix}$, $\tau=\begin{pmatrix}1&2&3&4&5\\4&1&5&2&3\end{pmatrix}=\begin{pmatrix}3&1&4&5&2\\5&4&2&3&1\end{pmatrix}$에 대하여

$$\tau\sigma=\begin{pmatrix}1&2&3&4&5\\4&1&5&2&3\end{pmatrix}\begin{pmatrix}1&2&3&4&5\\3&1&4&5&2\end{pmatrix}=\begin{pmatrix}1&2&3&4&5\\5&4&2&3&1\end{pmatrix}$$

이고,

$$\sigma\tau=\begin{pmatrix}1&2&3&4&5\\3&1&4&5&2\end{pmatrix}\begin{pmatrix}1&2&3&4&5\\4&1&5&2&3\end{pmatrix}=\begin{pmatrix}1&2&3&4&5\\5&3&2&1&4\end{pmatrix}$$

이다. 이로부터, 치환의 곱은 교환법칙이 성립하지 않음을 알 수 있다. 그러나 치환의 곱에 대하여 결합법칙은 성립한다.

정의 A1.4

$\epsilon=\begin{pmatrix}1&2&\cdots&n\\1&2&\cdots&n\end{pmatrix}$인 치환을 항등치환(identity permutation) 또는 단위치환(unit permutation)이라 한다.

항등치환 ϵ과 임의의 치환 σ에 대하여

$$\epsilon\sigma=\sigma\epsilon=\sigma \qquad (*)$$

가 성립하는 것은 명백하다. S_n을 집합 $X=\{1,\ 2,\cdots,n\}$상의 모든 치환들의 집합이라 하면 다음 성질이 성립한다.

정리 A1.5

모든 치환은 순회치환들의 곱으로 나타낼 수 있고, 모든 순회치환은 호환들의 곱으로 나타낼 수 있다. 따라서, 모든 치환은 호환들의 곱으로 나타낼 수 있다.

정리 A1.6

하나의 치환을 호환들의 곱으로 나타내는 방법은 하나 뿐이라고 할 수 없으나, 곱해지는 호환의 개수는 나타내는 방법에 관계없이 짝수이면 언제나 짝수, 홀수이면 언제나 홀수이다. 짝수 개의 호환들의 곱으로 나타내어지는 치환을 우치환(even permutation)이라 하고, 홀수 개의 호환들의 곱으로 나타내어 지는 치환을 기치환(odd permutation)이라 한다. 각 치환 σ 에 대하여

$$sgn(\sigma) \equiv \begin{cases} 1 : \sigma \text{ 가 우치환일 때} \\ -1 : \sigma \text{ 가 기치환일 때} \end{cases}$$

로 하고, $sgn(\sigma)$를 σ의 부호(sign)라 한다.

이제, 치환을 이용하여 행렬식을 다음과 같이 정의할 수 있다.

정의 A1.7

n차 정사각행렬 $A=(a_{ij})(i,\ j=1,2,\ \cdots,\ n)$에 대하여 a_{ij}에 관한 다항식

$$\begin{vmatrix} a_{11} & a_{12} & \cdots & a_{1n} \\ a_{21} & a_{22} & \cdots & a_{2n} \\ \vdots & \vdots & & \vdots \\ a_{n1} & a_{n2} & \cdots & a_{nn} \end{vmatrix} = \sum_{\sigma \in S_n} sgn(\sigma)\, a_{1\sigma_1} a_{2\sigma_2} \cdots a_{n\sigma_n}$$

를 A의 행렬식(determinant)이라 하며 기호로 $|A|$ 혹은 $\det(A)$로 적는다(n차 정사각행렬에 대한 행렬식을 일반적으로 n차 행렬식이라 한다).

주의

정의 A1.7에서 정의된 함수가 2.1절에서 정의한 행렬식의 조건 (C1), (C2), (C3)을 만족시키므로 행렬식에 대한 두 정의는 일치한다. 따라서 행렬식의 정의로 두 가지 가운데 어느 것을 사용하여도 무방하다.

Chapter 03

점의 좌표와 기하 벡터

3.1 점의 좌표

이 장에서는 2차원 평면과 3차원 공간상에 점과 벡터의 표현 방법과 간단한 성질을 알아본다.

여기서 점이란 길이와 넓이, 부피가 없고 오직 위치만 있는 것을 나타내는 수학적 용어이다.

점의 위치를 숫자들로 표현할 수 있는 방법을 간단히 보자. 기본적인 원리는 기준점(원점이라 함)과 기준선을 정하고 그 기준점으로부터 상대적인 위치를 숫자들로 표현하는 것이다. 직선상에서는 원점을 정하고 점의 위치를 숫자(좌표)로 표현한 것을 수직선이라 한다(그림 3.1.1 참조). 이 때 수직선과 실수의 집합 $\mathbb{R}$은 동일시 될 수 있다.

평면과 공간상의 점은 다양한 방법으로 표현할 수 있는데 여기서는 직교좌표 표시법을 다룬다.

먼저 평면상에 기준이 되는 원점 O를 정하고 원점 O를 공유하는 2개의 직교하는 수직선을 정하고 이 수직선을 좌표축(axis)이라 한다. 2개의 축 중에서 한 축의 양(positive)부분이 나머지 축의 양부분의 오른편에 있을 때, 그 축을 첫째 축 또는 흔히 x-축이라 하고 나머지 축을 둘째 축 또는 y-축이라 한다. 이와 같은 좌표축 구성을 우수계라 한다(그림 3.1.2 참조).

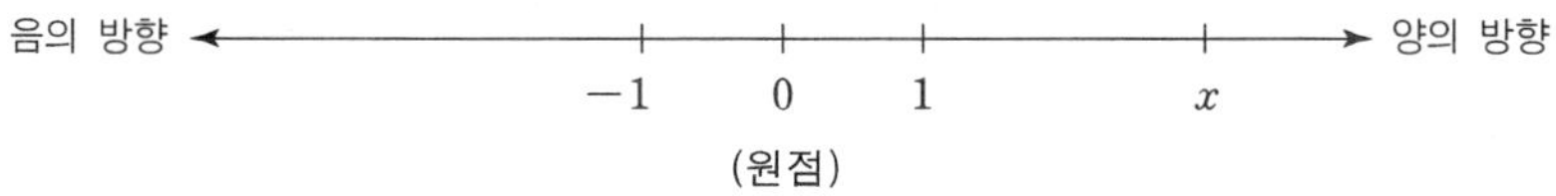

그림 3.1.1

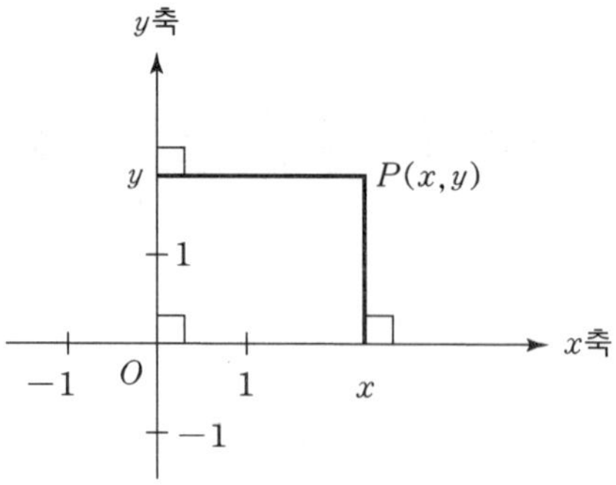

그림 3.1.2

평면상의 한 점 P에서 x-축, y-축에 수선을 긋고, x-축, y-축 상의 교점의 좌표를 각각 점 P의 x-좌표 그리고 y-좌표라 하고 순서쌍(x-좌표, y-좌표)을 점 P의 (우수계)직교좌표라 한다. 그림 3.1.2는 평면에서 점 P의 우수계 직교좌표를 표현해 준다.

이렇게 좌표를 도입한 평면을 좌표 평면(흔히 xy-평면)이라 한다.

좌표 평면과 $\mathbb{R}^2 \equiv \mathbb{R} \times \mathbb{R} = \{(x, y) \mid x, y \text{는 실수}\}$는 동일시 될 수 있다.

이제 평면에서와 같은 요령으로 공간에 직교좌표를 도입하자.

공간상에 기준이 되는 원점 O를 정하고 원점 O를 공유하는 3개의 서로 직교하는 수직선을 정하여, 이들을 각각 x-축, y-축, z-축이라 한다.

오른손의 엄지와, 인지와 중지를 서로 수직이 되도록 펼 때 엄지를 x-축의 양의 부분, 인지를 y-축의 양의 부분, 중지를 z-축의 양의 부분이 되도록 정한 xyz-축을 우수계 직교 좌표축이라 한다. 또는 오른쪽 나사못을 원점 O에 두고 x-축에서 y-축으로 돌릴 때, 나사가 나아가는 방향을 z-축의 양의 방향이라 기억해도 된다. 그래서 우수계란 명칭이 붙었다.

공간상의 한 점 P에서 x-축, y-축 또는 z-축에 수선을 긋고 각 축상의 교점의 좌표를 각각 점 P의 x-좌표, y-좌표와 z-좌표라 한다.

순서쌍(x-좌표, y-좌표, z-좌표)을 점 P의 (우수계)직교좌표라 한다.

그림 3.1.3은 공간상의 점 P의 우수계 직교좌표를 표현해 준다.

이렇게 좌표를 도입한(xyz-)공간과 집합 $\mathbb{R}^3 \equiv \mathbb{R} \times \mathbb{R} \times \mathbb{R} = \{(x, y, z) \mid x, y, z \text{는 실수}\}$는 동일시 될 수 있다.

좌수계 좌표를 우수계와 같은 요령으로 생각할 수 있으나, 우리는 관습적으로 우수계 좌표를 사용한다.

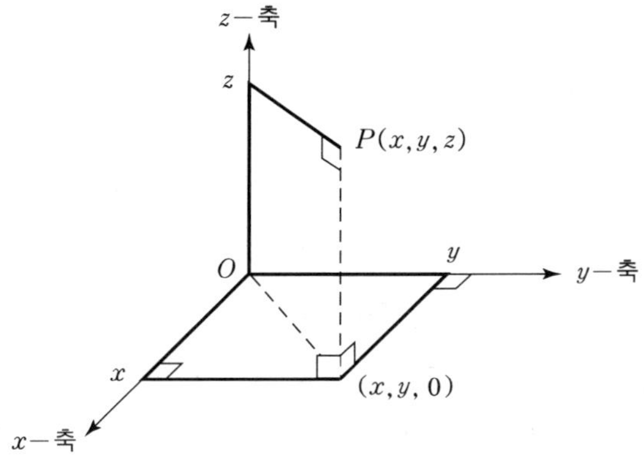

그림 3.1.3

평면과 공간에 좌표를 도입함으로써, 기하적 대상을 수식으로 표현할 수 있게 되었으며, 그 성질을 수식으로 연구할 수 있게 되었다. 예를 들면, 곡선, 원, 타원, 포물선, 쌍곡선 등과 곡면, 구면, 타원면, 포물면, 쌍곡면 등을 좌표(x,y,z)의 수식으로 간편히 표현할 수 있다.

앞으로 xy-평면은 xyz-공간에서 x축과 y축을 포함하는 평면이라 간주하면 편리하다.

연습문제 3.1

01. 평면에서 직교좌표계외에 다음의 좌표계에 대해서 설명하여라.

(1) 극좌표계

(2) 극좌표계와 직교좌표계 간의 관계

02. **(3차원)**공간에서 직교좌표계 외에 다음의 좌표계에 대해서 설명하여라.

(1) 원주좌표계(Cylindrical Coordinate System).

(2) 구면(극)좌표계(Spherical Coordinate System 또는 Polar Coordinate System).

(3) 각 좌표계와 직교좌표계 간의 관계

3.2 기하벡터

우리가 사용하는 양(量)에는 2가지가 있다. 하나는 크기(Magnitude)만을 가진 양인데 이것을 스칼라(Scalar)라 하고, 다른 하나는 크기와 방향(Direction)을 동시에 가진 양인데 이것을 벡터(Vector)라 한다. 여기서 공간 $\mathbb{R}^3$ 상에서 벡터의 간단한 성질을 알아보자.

벡터의 크기와 방향을 동시에 그림으로 표현하기 위하여 유향선분(또는 화살표)을 사용한다. 즉, 유향선분의 길이로써 벡터의 크기를 나타내고 유향선분의 방향으로써 벡터의 방향을 나타낸다.

공간 상에서 점 P에서 점 Q로 향하는 벡터를 $\overrightarrow{PQ}$로 나타내고 (이것을 흔히 기하벡터라 한다), 점 P를 시점(Initial point), 점 Q를 종점(Terminal point)이라 한다.

이때 벡터 $\overrightarrow{PQ}$의 크기(선분 $\overline{PQ}$의 길이)를 $\| \overrightarrow{PQ} \|$로 표기한다.

벡터는 크기와 방향에 의해서만 결정되므로, 크기와 방향이 같은 벡터는 시점에 상관없이 동일한 벡터로 간주된다. 즉 한 벡터를 평행이동하여도 동일한 벡터로 간주한다. 그림 3.2.1에 주어진 $\mathbf{u}$와 $\mathbf{v}$는 같은 벡터를 표시해 준다.

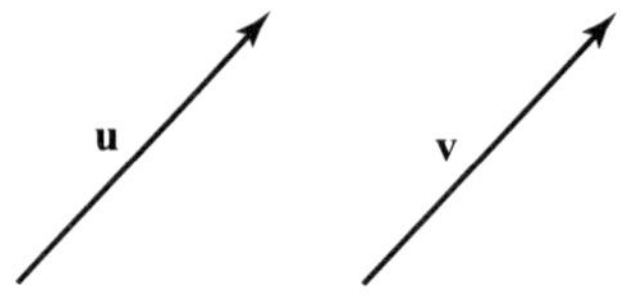

그림 3.2.1

정의 3.2.1 (벡터의 합)

2개의 벡터 $\mathbf{u}$와 $\mathbf{v}$의 합 $\mathbf{u}+\mathbf{v}$는 $\mathbf{u}$의 종점이 $\mathbf{v}$의 시점이 되도록 $\mathbf{v}$를 평행이동할 때, $\mathbf{u}$의 시점에서 $\mathbf{v}$의 종점으로 향하는 벡터이다. 그림 3.2.2는 두 기하벡터 $\mathbf{u}$, $\mathbf{v}$의 합 $\mathbf{u}+\mathbf{v}$를 표현해 준다.

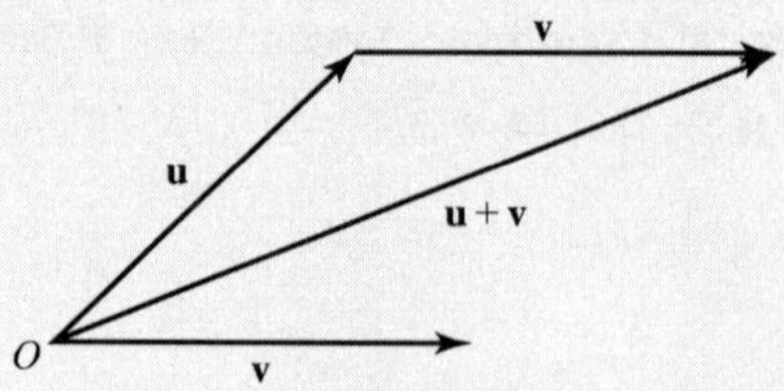

그림 3.2.2

그러면 $\mathbf{u}+\mathbf{v}=\mathbf{v}+\mathbf{u}$임을 알 수 있다.

크기가 0인 벡터(시점과 종점이 같은 벡터)를 $\mathbf{0}$로 표시하고 영벡터(zero vector)라 하며, 벡터 $\mathbf{u}$와 크기가 같고 방향이 반대인 벡터를 $-\mathbf{u}$로 표시한다. 그러면 $\mathbf{u}+(-\mathbf{u})=\mathbf{0}$임을 알 수 있다. 벡터와 스칼라의 곱을 정의하자.

정의 3.2.2

스칼라(실수) k와 벡터 $\mathbf{u}$에 대해서,

(1) $k \geq 0$이면, $k\mathbf{u}$는 크기가 $\mathbf{u}$의 크기의 k배이고 방향은 $\mathbf{u}$의 방향과 같은 벡터이다. 즉, $\|k\mathbf{u}\|= k\|\mathbf{u}\|$이고, $\mathbf{u}$와 $k\mathbf{u}$는 같은 방향을 가진다.

(2) $k < 0$이면, $k\mathbf{u}$는 크기가 $\mathbf{u}$의 크기의 $|k|$배이고 방향은 $\mathbf{u}$의 방향과 반대인 벡터이다. 즉, $\|k\mathbf{u}\| = |k|\,\|\mathbf{u}\|$이고, $\mathbf{u}$와 $k\mathbf{u}$는 서로 반대 방향을 가진다.

여기서 명제 「$k=0$ 또는 $\mathbf{u}=\mathbf{0}$」와 $k\mathbf{u} = \mathbf{0}$는 동치임을 쉽게 알 수 있다. 또한 $-\mathbf{u} = -1\mathbf{u}$이다.

정의 3.2.3

벡터 $\mathbf{u}$와 $\mathbf{v}$에 대해서, 다음과 같이 정의한다.

$$\mathbf{u}-\mathbf{v}= \mathbf{u}+(-\mathbf{v})$$

이제 직교 좌표 공간 $\mathbb{R}^3$에서 벡터를 간편하게 표현하는 방법을 보자.

공간 $\mathbb{R}^3$상의 임의의 두 점 $P_1(x_1, y_1, z_1)$과 $P_2(x_2, y_2, z_2)$에 대해서, 벡터 $\overrightarrow{P_1P_2}$를 시점이 원점 O가 되도록 평행이동해 보자.

그러면, 점 $Q(x_2-x_1, y_2-y_1, z_2-z_1)$에 대해서, $\overrightarrow{P_1P_2}=\overrightarrow{OQ}$임을 알 수 있다.

따라서 (3차원)공간 $\mathbb{R}^3$상의 모든 벡터들의 집합은 $\{\overrightarrow{OP} \mid P=(x, y, z) \in\mathbb{R}^3\}$이다.

한편 $\overrightarrow{OP}$의 시점은 항상 원점이므로, 벡터 $\overrightarrow{OP}$는 종점 $P(x, y, z)$에 의해서 결정된다. 그러므로 벡터 $\overrightarrow{OP}$를 종점 P의 좌표로 표기하면 편리하다. 즉 점 $P(x, y, z)$에 대해서,

$$\overrightarrow{OP} \equiv (x, y, z) \tag{3.2.1}$$

이 때, x를 $\overrightarrow{OP}$의 첫째 $(x-)$성분(component), y를 둘째 $(y-)$성분, z를 셋째 $(z-)$성

분이라 한다.

그러면 $\mathbb{R}^3$가 (3차원)공간상의 모든 벡터들의 집합이라 간주할 수 있다.

정의들에 의해서 다음을 알 수 있다.

임의의 점 $P_1(x_1, y_1, z_1)$과 $P_2(x_2, y_2, z_2)$에 대해서,

$$\begin{aligned}\overrightarrow{P_1P_2} = \overrightarrow{OP_2} - \overrightarrow{OP_1} &= (x_2, y_2, z_2) - (x_1, y_1, z_1) \\ &= (x_2 - x_1, y_2 - y_1, z_2 - z_1) \qquad (3.2.2)\end{aligned}$$

지금까지의 정의들을 간결이 성분들로 표현하면 다음과 같다.

정리 3.2.4

임의의 벡터 $(x, y, z) \in \mathbb{R}^3$와 스칼라 $k \in \mathbb{R}$에 대하여,

(1) $\|(x, y, z)\| = \sqrt{x^2 + y^2 + z^2}$,

(2) $k(x, y, z) = (kx, ky, kz)$,

(3) 임의의 벡터 $(a, b, c) \in \mathbb{R}^3$에 대하여,

$$(x, y, z) + (a, b, c) = (x + a, y + b, z + c).$$

예제 3.2.5

$\mathbf{u} = (2, -3, 1)$, $\mathbf{v} = (1, 2, 4)$라 하면 $\mathbf{u} + \mathbf{v} = (3, -1, 5)$, $3\mathbf{u} = (6, -9, 3)$, $-\mathbf{v} = (-1, -2, -4)$이고 $\|\mathbf{u}\| = \sqrt{14}$이다.

다음의 성질들을 알 수 있다.

정리 3.2.6

임의의 벡터 $u, v, w \in \mathbb{R}^3$와 스칼라 $a, b \in \mathbb{R}$에 대해서,

(1) $\mathbf{u} + \mathbf{v} = \mathbf{v} + \mathbf{u}$

(2) $\mathbf{u} + 0 = 0 + \mathbf{u}$

(3) $\mathbf{u} + (-\mathbf{u}) = 0$

(4) $(\mathbf{u} + \mathbf{v}) + \mathbf{w} = \mathbf{u} + (\mathbf{v} + \mathbf{w})$

(5) $a(b\mathbf{u}) = (ab)\mathbf{u}$

(6) $1\mathbf{u} = \mathbf{u}$

(7) $a(\mathbf{u} + \mathbf{v}) = a\mathbf{u} + a\mathbf{v}$

(8) $(a + b)\mathbf{u} = a\mathbf{u} + b\mathbf{u}$.

연습문제 3.2

01. 임의의 벡터 $\mathbf{u}, \mathbf{v} \in \mathbb{R}^3$에 대하여, $\|\mathbf{u}+\mathbf{v}\| \leq \|\mathbf{u}\| + \|\mathbf{v}\|$(**삼각부등식**)을 증명하여라(내적 개념을 사용하지 말 것).

02. 정리 3.2.6을 증명하여라.

03. 두 벡터 $\mathbf{u}=(1, 2, 3), v=(3, -2, 2) \in \mathbb{R}^3$에 대하여 다음에 답하여라.

(1) $\mathbf{u}+\mathbf{v}$ (2) $3\mathbf{u}$

(3) $\|\mathbf{u}\|$ (4) $\|3\mathbf{u}-2\mathbf{v}\|$

(5) $-2\mathbf{u}+3\mathbf{x}=3\mathbf{v}$을 만족하는 벡터 $\mathbf{x} \in \mathbb{R}^3$

3.3 내적(Inner Product 또는 Dot Product)

벡터의 내적과 간단한 성질을 알아본다.

정의 3.3.1

벡터 $\mathbf{u}, \mathbf{v} \in \mathbb{R}^3$에 대해서, $\mathbf{u} \neq 0 \neq \mathbf{v}$이고 $\mathbf{u}$와 $\mathbf{v}$의 사이각을 θ라 하자($0 \leq \theta \leq \pi$).
다음을 $\mathbf{u}$와 $\mathbf{v}$의 **내적**(Inner product, 또는 Dot product)이라 한다.

$$\mathbf{u} \cdot \mathbf{v} = \langle \mathbf{u}, \mathbf{v} \rangle = \|\mathbf{u}\| \|\mathbf{v}\| \cos\theta. \tag{3.3.1}$$

만약 $\mathbf{u}=0$ 또는 $\mathbf{v}=0$이면, $\mathbf{u} \cdot \mathbf{v} = \langle \mathbf{u}, \mathbf{v} \rangle = 0$이라 둔다.

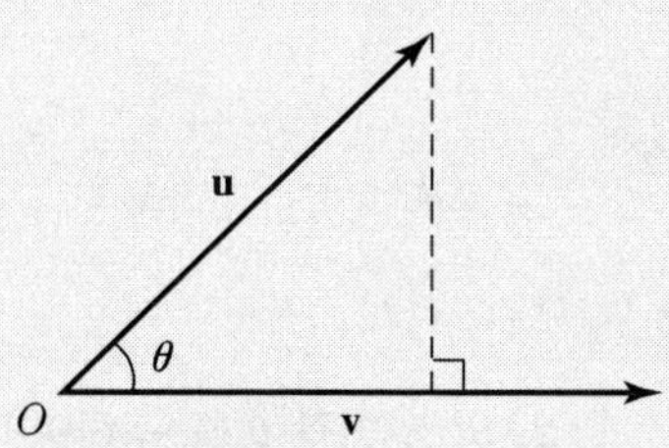

그림 3.3.1

정리 3.3.2

벡터 $\mathbf{u}, \mathbf{v} \in \mathbb{R}^3$에 대해서, $\mathbf{u} \neq 0 \neq \mathbf{v}$이면,

(1) $\mathbf{u}$와 $\mathbf{v}$의 사이각 θ는 다음과 같다.

$$\theta = \cos^{-1} \frac{\mathbf{u} \cdot \mathbf{v}}{\|\mathbf{u}\| \|\mathbf{v}\|} \tag{3.3.2}$$

(2) $\mathbf{u}$와 $\mathbf{v}$가 수직($\perp$)일 필요충분조건은 $\mathbf{u} \cdot \mathbf{v} = 0$이다.

벡터의 성분들과 내적의 관계를 보자.

정리 3.3.3

벡터 $\mathbf{u} = (x_1, y_1, z_1)$와 $\mathbf{v} = (x_2, y_2, z_2)$에 대해서,

$$\mathbf{u} \cdot \mathbf{v} = x_1 x_2 + y_1 y_2 + z_1 z_2 \tag{3.3.3}$$

증명 삼각함수의 Cosine법칙을 이용해서 간단히 증명할 수 있다.

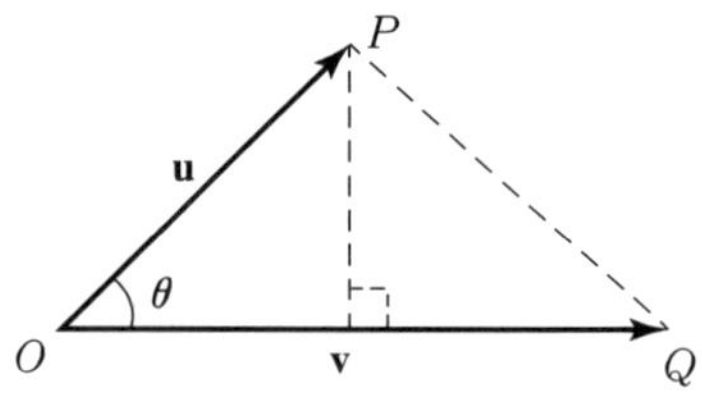

예제 3.3.4

벡터 $\mathbf{u} = (1, 0, 0)$와 $\mathbf{v} = (2, 2, 0)$의 사이각 θ를 구하여라.

풀이 $\|\mathbf{u}\| = 1$, $\|\mathbf{v}\| = 2\sqrt{2}$ 이고 $\mathbf{u} \cdot \mathbf{v} = 2$이므로,

$$\theta = \cos^{-1} \frac{2}{2\sqrt{2}} = \cos^{-1} \frac{1}{\sqrt{2}} = \frac{\pi}{4}.$$

예제 3.3.5

벡터 $\mathbf{u} = (2, 1, 1)$와 $\mathbf{v} = (1, -1, 2)$의 사이각 θ를 구하여라.

풀이 $\|\mathbf{u}\| = \|\mathbf{v}\| = \sqrt{6}$ 이고 $\mathbf{u} \cdot \mathbf{v} = 3$이므로

$$\theta = \cos^{-1}\frac{3}{\sqrt{6}\,\sqrt{6}} = \cos^{-1}\frac{1}{2} = \frac{\pi}{3}.$$

정리 3.3.6

임의의 벡터 $\mathbf{u}, \mathbf{v}, \mathbf{w} \in \mathbb{R}^3$와 스칼라 $k \in \mathbb{R}$ 에 대해서,

(1) $\mathbf{u} \cdot \mathbf{v} = \mathbf{v} \cdot \mathbf{u}$

(2) $k(\mathbf{u} \cdot \mathbf{v}) = (k\mathbf{u}) \cdot \mathbf{v} = \mathbf{u} \cdot (k\mathbf{v})$

(3) $\mathbf{u} \cdot (\mathbf{v} + \mathbf{w}) = \mathbf{u} \cdot \mathbf{v} + \mathbf{u} \cdot \mathbf{w}$ (내적의 분배법칙)

(4) $\|\mathbf{u}\| = \sqrt{\mathbf{u} \cdot \mathbf{u}}$

크기가 1인 벡터를 **단위벡터**(unit vector)라 한다.

공간 $\mathbb{R}^3$에서 기본이 되는 다음 3개의 단위벡터를 생각할 수 있다.

$\mathbf{i} = (1, 0, 0)$, $\mathbf{j} = (0, 1, 0)$, $\mathbf{k} = (0, 0, 1)$은 각각 양의 x-축, 양의 y-축, 양의 z-축 방향의 단위 벡터들로서 서로 직교한다. 그리고 임의의 벡터 $\mathbf{u} = (x, y, z) \in \mathbb{R}^3$에 대해서,

$$\mathbf{u} = x\mathbf{i} + y\mathbf{j} + z\mathbf{k} \quad (\mathbf{i}, \mathbf{j}, \mathbf{k}\text{의 1차 결합}) \tag{3.3.4}$$

이와 같은 벡터 $\mathbf{i}, \mathbf{j}, \mathbf{k}$를 $\mathbb{R}^3$의 정규직교기저(Orthonormal Basis)라 한다.

벡터를 정규직교기저들의 1차 결합으로 표현하면, 편리할 때가 많다.

벡터 $\mathbf{u} \neq \mathbf{0}$에 대해서, $\dfrac{\mathbf{u}}{\|\mathbf{u}\|}$는 $\mathbf{u}$방향의 단위 벡터이다.

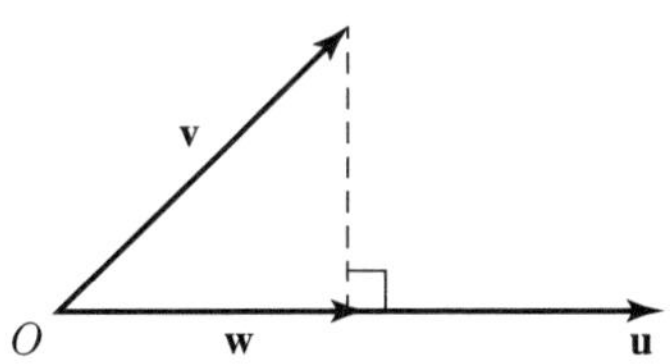

벡터 $\mathbf{u} \neq \mathbf{0}$와 $\mathbf{v}$에 대하여, $\mathbf{u}$와 $\mathbf{v}$ 사이의 각을 θ라 할 때, $\mathbf{v}$를 $\mathbf{u}$상에 **정사영**(Orthogonal Project)한 벡터 $\mathrm{Proj}_{\mathbf{u}}\mathbf{v}$의 크기는 $\|\mathbf{v}\|\,|\cos\theta| = \dfrac{|\mathbf{u} \cdot \mathbf{v}|}{\|\mathbf{u}\|}$이다. 따라서, $\mathrm{Proj}_{\mathbf{u}}\mathbf{v} = \dfrac{\mathbf{u} \cdot \mathbf{v}}{\|\mathbf{u}\|}\dfrac{\mathbf{u}}{\|\mathbf{u}\|} = \dfrac{\mathbf{u} \cdot \mathbf{v}}{\|\mathbf{u}\|^2}\mathbf{u}$이다. 그리고 $\dfrac{\mathbf{u} \cdot \mathbf{v}}{\|\mathbf{u}\|}$를 $\mathbf{v}$의 **$\mathbf{u}$방향성분**이라 한다.

정리 3.3.7

벡터 $\mathbf{u}, \mathbf{v} \in \mathbb{R}^3$, $\mathbf{u} \neq 0$에 대해서, $\mathbf{w}_1 = \dfrac{\mathbf{u} \cdot \mathbf{v}}{\|\mathbf{u}\|^2}\mathbf{u}$, $\mathbf{w}_2 = \mathbf{v} - \mathbf{w}_1$이라 하면,

(1) $\mathbf{w}_1 \cdot \mathbf{w}_2 = 0$, 즉 $\mathbf{w}_1$과 $\mathbf{w}_2$는 서로 수직이다.

(2) $\mathbf{v} = \mathbf{w}_1 + \mathbf{w}_2$

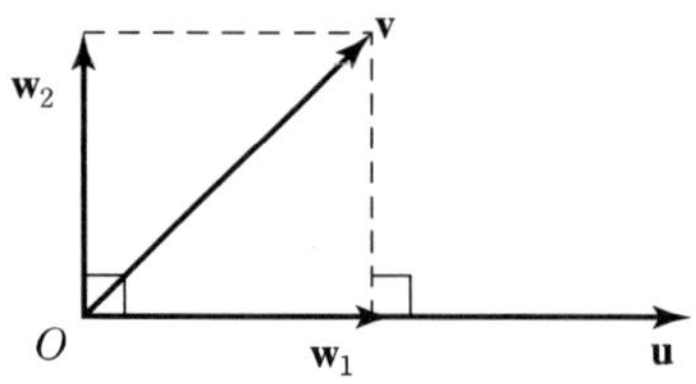

예제 3.3.8

벡터 $\mathbf{u} = (3, -1, 2)$와 $\mathbf{v} = (2, -1, 4)$에 대해서, $\mathbf{u}$ 상에 $\mathbf{v}$의 정사영 $\mathbf{w}$을 구하여라.

풀이 $\|\mathbf{u}\| = \sqrt{14}$이고 $\mathbf{u} \cdot \mathbf{v} = 15$이므로

$$\mathbf{w} = \frac{15}{(\sqrt{14})^2}\mathbf{u} = \frac{15}{14}(3, -1, 2) = \left(\frac{45}{14}, -\frac{15}{14}, \frac{15}{7}\right)$$

이다.

연습문제 3.3

01. 정리 3.3.2을 증명하여라.

02. 정리 3.3.3를 증명하여라.

03. 정리 3.3.6을 증명하여라.

04. 정리 3.3.7를 증명하여라.

05. 임의의 벡터 $\mathbf{u}, \mathbf{v} \in \mathbb{R}^3$에 대하여, 내적을 이용하여 다음을 증명하여라.

(1) $|\mathbf{u} \cdot \mathbf{v}| \leq \|\mathbf{u}\| \|\mathbf{v}\|$ (Cauchy-Schwarz 부등식).

(2) $\| \mathbf{u}+\mathbf{v} \| \le \| \mathbf{u} \| + \| \mathbf{v} \|$ (**삼각부등식**).

(3) $\| \mathbf{u}+\mathbf{v} \|^2 + \| \mathbf{u}-\mathbf{v} \|^2 = 2(\| \mathbf{u} \|^2 + \| \mathbf{v} \|^2)$.

06. 벡터 $\mathbf{u}$상에 벡터 $\mathbf{v}$의 정사영을 구하여라.

(1) $\mathbf{u}=(6, 2)$, $\mathbf{v}=(1, 5)$.

(2) $\mathbf{u}=(2, 0, -3)$, $\mathbf{v}=(6, 1, 4)$.

(3) $\mathbf{u}=(5, 0, 1)$, $\mathbf{v}=(-7, 1, 3)$.

(4) $\mathbf{u}=(8, 3, 4)$, $\mathbf{v}=(1, 0, 1)$.

07. $\mathbf{u}$와 $\mathbf{v}$가 수직인 $\mathbb{R}^3$의 벡터들이면 $\| \mathbf{u}-\mathbf{v} \|^2 = \| \mathbf{u} \|^2 + \| \mathbf{v} \|^2$임을 보여라.

08. 두 벡터 $\mathbf{u}=(1, 1, 0)$, $\mathbf{v}=(1, 0, 1)$에 대하여, $\mathbf{u}$, $\mathbf{v}$ 두 벡터가 이루는 사잇각을 구하여라.

09. $\mathbb{R}^3$상의 세 점 $A(1, 3, 2)$, $B(-2, 1, 3)$, $C(3, 1, 1)$에 대하여, 선분 $\overline{AB}$와 선분 $\overline{AC}$가 이루는 각을 θ라 둘 때 $\cos\theta$를 구하여라.

3.4 외적 (Cross Product)

벡터의 외적(Cross Product)과 간단한 성질을 알아본다.

정의 3.4.1

벡터 $\mathbf{u}, \mathbf{v} \in \mathbb{R}^3$에 대해서, **외적** $\mathbf{u} \times \mathbf{v}$는 크기가 $\mathbf{u}$와 $\mathbf{v}$를 이웃하는 두 변으로 한 평행사변형의 면적과 같고 $\mathbf{u}$와 $\mathbf{v}$에 동시에 수직이며, 오른손의 엄지와 인지와 중지를 서로 수직이 되게 펴서 엄지를 $\mathbf{u}$방향, 인지를 $\mathbf{v}$방향으로 할 때 중지의 방향을 가지는 벡터이다(그림 3.4.1 참고). 즉,

$$\| \mathbf{u} \times \mathbf{v} \| = \| \mathbf{u} \| \, \| \mathbf{v} \| \sin\theta \qquad (3.4.1)$$

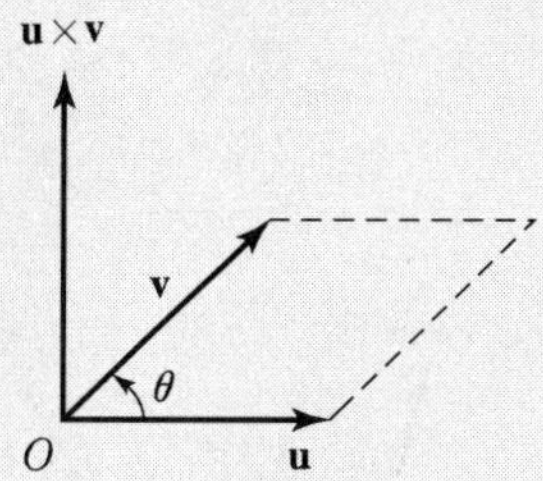

그림 3.4.1

단, θ는 $\mathbf{u}$와 $\mathbf{v}$의 사이각$(0 \le \theta \le \pi)$이다.

또는 오른쪽 나사못을 원점 O에 두고 $\mathbf{u}$를 $\mathbf{v}$의 방향으로 돌릴 때, 나사못이 나아가는 방향이 $\mathbf{u} \times \mathbf{v}$의 방향이다.

정의로부터 다음을 얻는다.

정리 3.4.2

임의의 벡터 $\mathbf{u}, \mathbf{v} \in \mathbb{R}^3$와 스칼라 $k \in \mathbb{R}$ 에 대해서,

(1) $\mathbf{u} \times \mathbf{v} = -\mathbf{v} \times \mathbf{u}$

(2) $(k\mathbf{u}) \times \mathbf{v} = \mathbf{u} \times (k\mathbf{v}) = k(\mathbf{u} \times \mathbf{v})$

(3) $\mathbf{u} \neq \mathbf{0} \neq \mathbf{v}$이면, $\mathbf{u}$와 $\mathbf{v}$가 평행이 될 필요충분조건은 $\mathbf{u} \times \mathbf{v} = \mathbf{0}$이다.

보조정리 3.4.3

임의의 벡터 $\mathbf{u}, \mathbf{v}, \mathbf{w} \in \mathbb{R}^3$에 대해서,

$$\langle \mathbf{u}, \mathbf{v} \times \mathbf{w} \rangle = \langle \mathbf{v}, \mathbf{w} \times \mathbf{u} \rangle = \langle \mathbf{w}, \mathbf{u} \times \mathbf{v} \rangle \tag{3.4.2}$$

증명 $\mathbf{u}, \mathbf{v}, \mathbf{w}$가 하나의 평면상에 있으면 정의에 의해서

$$\langle \mathbf{u}, \mathbf{v} \times \mathbf{w} \rangle = \langle \mathbf{v}, \mathbf{w} \times \mathbf{u} \rangle = \langle \mathbf{w}, \mathbf{u} \times \mathbf{v} \rangle = 0$$

이다. 이제 $\mathbf{u}, \mathbf{v}, \mathbf{w}$가 동일한 평면상에 있지 않다고 가정하자. $\mathbf{u}$와 $\mathbf{v} \times \mathbf{w}$의 사이각을 θ_1라 하자$(0 \leq \theta_1 \leq \pi)$. 만약 $0 \leq \theta_1 \leq \frac{\pi}{2}$이면, $\mathbf{v}$와 $\mathbf{w} \times \mathbf{u}$의 사이각 θ_2 및 $\mathbf{w}$와 $\mathbf{u} \times \mathbf{v}$의 사이각 θ_3도 각각 $0 \leq \theta_2 \leq \frac{\pi}{2}$, $0 \leq \theta_3 \leq \frac{\pi}{2}$임을 알 수 있다. 또한 만약 $\frac{\pi}{2} \leq \theta_1 \leq \pi$이면, θ_2와 θ_3도 $\frac{\pi}{2} \leq \theta_2 \leq \pi$와 $\frac{\pi}{2} \leq \theta_3 \leq \pi$임을 알 수 있다. 먼저 그림 3.4.2처럼 $0 \leq \theta_1 \leq \frac{\pi}{2}$라 하면, $\langle \mathbf{u}, \mathbf{v} \times \mathbf{w} \rangle = \|\mathbf{v} \times \mathbf{w}\| \|\mathbf{u}\| \cos\theta_1$는 원점 O를 한 꼭지점으로 하고 $\mathbf{u}, \mathbf{v}$와 $\mathbf{w}$를 세 모서리로 하는 평행육면체 G의 체적이다. 즉, $\|\mathbf{v} \times \mathbf{w}\|$는 밑면의 면적

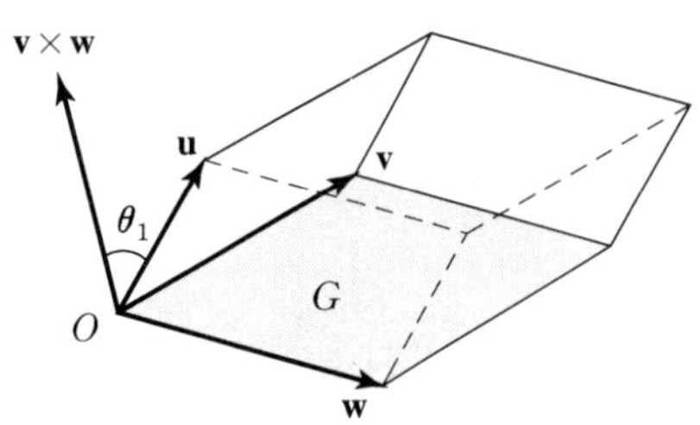

그림 3.4.2

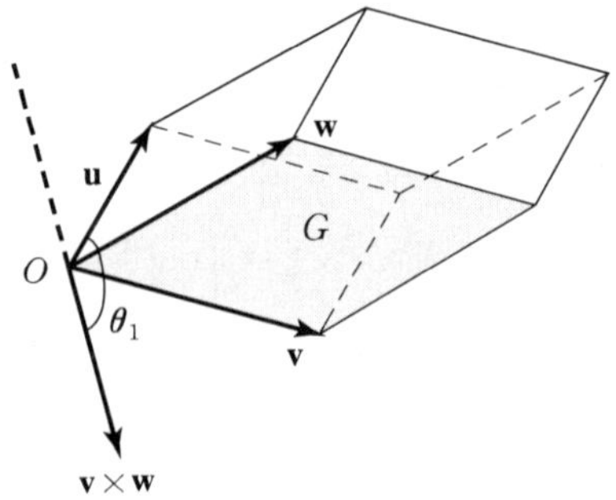

그림 3.4.3

이고 $\|\mathbf{u}\|\cos\theta_1$은 높이이다. 같은 방법으로 생각하면, $\langle \mathbf{v}, \mathbf{w}\times\mathbf{u}\rangle$와 $\langle \mathbf{w}, \mathbf{u}\times\mathbf{v}\rangle$도 각각 평행육면체 G의 체적이다. 그러므로 $\langle \mathbf{u}, \mathbf{v}\times\mathbf{w}\rangle = \langle \mathbf{v}, \mathbf{w}\times\mathbf{u}\rangle = \langle \mathbf{w}, \mathbf{u}\times\mathbf{v}\rangle$이다. 한편 그림 3.4.3처럼 $\frac{\pi}{2} \le \theta_1 \le \pi$라 하면, $\langle \mathbf{u}, \mathbf{v}\times\mathbf{w}\rangle = \|\mathbf{v}\times\mathbf{w}\|\,\|\mathbf{u}\|\cos\theta_1$는 양이 아닌 수로서 그 절대치는 평행육면체 G의 체적이다. 같은 방법으로 생각하면, $\langle \mathbf{u}, \mathbf{w}\times\mathbf{u}\rangle$와 $\langle \mathbf{w}, \mathbf{u}\times\mathbf{v}\rangle$도 양이 아닌 수로서 그 절대치는 각각 평행육면체 G의 체적이다. 따라서 $\langle \mathbf{u}, \mathbf{v}\times\mathbf{w}\rangle = \langle \mathbf{v}, \mathbf{w}\times\mathbf{u}\rangle = \langle \mathbf{w}, \mathbf{u}\times\mathbf{v}\rangle$이다.

정의 3.4.4

벡터 $\mathbf{u}, \mathbf{v}, \mathbf{w} \in \mathbb{R}^3$에 대해서, $\langle \mathbf{u}, \mathbf{v}, \mathbf{w}\rangle \equiv \langle \mathbf{u}, \mathbf{v}\times\mathbf{w}\rangle$를 $\mathbf{u}, \mathbf{v}, \mathbf{w}$의 스칼라3중적(scalar triple product)이라 한다. 이때 절댓값 $|\langle \mathbf{u}, \mathbf{v}, \mathbf{w}\rangle|$는 $\mathbf{u}, \mathbf{v}, \mathbf{w}$를 이웃하는 세 모서리로 하는 평행육면체의 체적이다.

예제 3.4.5

$\mathbf{u} = (2, 0, 0)$와 $\mathbf{v} = (0, 3, 0)$에 대해서, $\mathbf{u}\times\mathbf{v} = (0, 0, 6)$이고 $\mathbf{v}\times\mathbf{u} = (0, 0, -6)$이다.

예제 3.4.6

$\mathbf{u} = (2, 0, 0)$, $\mathbf{v} = (0, 3, 0)$와 $\mathbf{w} = (0, 0, 4)$에 대해서, $\langle \mathbf{u}, \mathbf{v}, \mathbf{w}\rangle = \langle \mathbf{v}, \mathbf{w}, \mathbf{u}\rangle = \langle \mathbf{w}, \mathbf{u}, \mathbf{v}\rangle = 24$이다.

정리 3.4.7 **(분배법칙)**

임의의 벡터 $\mathbf{u}, \mathbf{v}, \mathbf{w} \in \mathbb{R}^3$에 대해서,

$$\mathbf{u}\times(\mathbf{v}+\mathbf{w}) = \mathbf{u}\times\mathbf{v} + \mathbf{u}\times\mathbf{w}.$$

증명 $\mathbf{e} = \mathbf{u}\times(\mathbf{v}+\mathbf{w}) - (\mathbf{u}\times\mathbf{v} + \mathbf{u}\times\mathbf{w})$라 두면, 내적의 분배법칙에 의해서

$$\|\mathbf{e}\|^2 = \langle \mathbf{e}, \mathbf{e}\rangle = \langle \mathbf{e}, \mathbf{u}\times(\mathbf{v}+\mathbf{w})\rangle - \langle \mathbf{e}, \mathbf{u}\times\mathbf{v}\rangle - \langle \mathbf{e}, \mathbf{u}\times\mathbf{w}\rangle.$$

보조정리 3.4.3에 의해서

$$\|\mathbf{e}\|^2 = \langle \mathbf{v}+\mathbf{w}, \mathbf{e}\times\mathbf{u}\rangle - \langle \mathbf{v}, \mathbf{e}\times\mathbf{u}\rangle - \langle \mathbf{w}, \mathbf{e}\times\mathbf{u}\rangle = 0.$$

따라서 $\mathbf{e} = 0$이다. 즉, $\mathbf{u}\times(\mathbf{v}+\mathbf{w}) = \mathbf{u}\times\mathbf{v} + \mathbf{u}\times\mathbf{w}$.

단위벡터 $\mathbf{i}, \mathbf{j}$ 와 $\mathbf{k}$에 대해서, $\mathbf{i}\times\mathbf{j}=\mathbf{k}, \mathbf{j}\times\mathbf{k}=\mathbf{i}, \ \mathbf{k}\times\mathbf{i}=\mathbf{j}$ 이고 $\mathbf{i}\times\mathbf{i}=\mathbf{j}\times\mathbf{j}=\mathbf{k}\times\mathbf{k}=0$ 임을 알 수 있다.

벡터의 외적과 성분들의 관계를 알아보자.

정리 3.4.8

임의의 벡터 $\mathbf{u}=(x_1, y_1, z_1), \ \mathbf{v}=(x_2, y_2, z_2)$에 대해서,

$$\begin{aligned}\mathbf{u}\times\mathbf{v} &= (y_1z_2-y_2z_1,\ x_2z_1-x_1z_2,\ x_1y_2-x_2y_1) \\ &= (y_1z_2-y_2z_1)\mathbf{i}+(x_2z_1-x_1z_2)\mathbf{j}+(x_1y_2-x_2y_1)\mathbf{k} \qquad (3.4.3)\end{aligned}$$

증명 $\mathbf{u}\times\mathbf{v}=(x_1\mathbf{i}+y_1\mathbf{j}+z_1\mathbf{k})\times(x_2\mathbf{i}+y_2\mathbf{j}+z_2\mathbf{k})$에 대하여, 정리 3.4.2 와 정리 3.4.7을 사용하여 정리하면 (3.4.3)식을 얻는다.

표기법 (3.4.3)를 제2장에서 배운 행렬식 기호를 사용하면, 다음을 얻는다.

$$\mathbf{u}\times\mathbf{v}=\begin{vmatrix} y_1 & z_1 \\ y_2 & z_2 \end{vmatrix}\mathbf{i}-\begin{vmatrix} x_1 & z_1 \\ x_2 & z_2 \end{vmatrix}\mathbf{j}+\begin{vmatrix} x_1 & y_1 \\ x_2 & y_2 \end{vmatrix}\mathbf{k}. \qquad (3.4.4)$$

(3.4.4)로부터 형식적으로 다음과 같이 표현하면 기억하기 쉽다.

$$\mathbf{u}\times\mathbf{v}\equiv\begin{vmatrix} \mathbf{i} & \mathbf{j} & \mathbf{k} \\ x_1 & y_1 & z_1 \\ x_2 & y_2 & z_2 \end{vmatrix}. \qquad (3.4.5)$$

예제 3.4.9

$\mathbf{u}=(-2, 2, 1)$와 $\mathbf{v}=(1, 0, 3)$에 대해서, $\mathbf{u}\times\mathbf{v}=\begin{vmatrix} \mathbf{i} & \mathbf{j} & \mathbf{k} \\ -2 & 2 & 1 \\ 1 & 0 & 3 \end{vmatrix}=6\mathbf{i}+7\mathbf{j}-2\mathbf{k}$이다.

예제 3.4.10

$\mathbf{u}=(-2, 2, 1)$와 $\mathbf{v}=(1, 0, 3)$에 대해서 $\mathbf{u}\cdot(\mathbf{u}\times\mathbf{v})=0$이고 $\mathbf{v}\cdot(\mathbf{u}\times\mathbf{v})=0$이다.

벡터의 스칼라 3중적과 성분들의 관계는 다음과 같다.

정리 3.4.11

$\mathbf{u}=(x_1, y_1, z_1), \ \mathbf{v}=(x_2, y_2, z_2), \ \mathbf{w}=(x_3, y_3, z_3)$에 대해서,

$$\langle \mathbf{u}, \mathbf{v}, \mathbf{w} \rangle = \langle \mathbf{u}, \mathbf{v} \times \mathbf{w} \rangle = \begin{vmatrix} x_1 & y_1 & z_1 \\ x_2 & y_2 & z_2 \\ x_3 & y_3 & z_3 \end{vmatrix} \tag{3.4.6}$$

예제 3.4.12

벡터 $\mathbf{u} = (1, 4, -4)$, $\mathbf{v} = (0, 3, 2)$와 $\mathbf{w} = (3, -2, -5)$에 대해서

$$\langle \mathbf{u}, \mathbf{v}, \mathbf{w} \rangle = \begin{vmatrix} 1 & 4 & -4 \\ 0 & 3 & 2 \\ 3 & -2 & -5 \end{vmatrix}$$

이다. 즉 $\mathbf{u}$, $\mathbf{v}$ 와 $\mathbf{w}$를 3모서리로 하는 평행육면체의 체적은 49이다.

연습문제 3.4

01. 정리 3.4.2를 증명하여라.

02. 정리 3.4.11을 증명하여라.

03. 임의의 벡터 $\mathbf{u}, \mathbf{v}, \mathbf{w} \in \mathbb{R}^3$에 대해서 다음을 증명하여라.

(1) $\|\mathbf{u} \times \mathbf{v}\|^2 = \|\mathbf{u}\|^2 \|\mathbf{v}\|^2 - (\mathbf{u} \cdot \mathbf{v})^2$.

(2) $\mathbf{u} \times (\mathbf{v} \times \mathbf{w}) = (\mathbf{u} \cdot \mathbf{w})\mathbf{v} - (\mathbf{u} \cdot \mathbf{v})\mathbf{w}$.

(3) $(\mathbf{u} \times \mathbf{v}) \times \mathbf{w} = (\mathbf{u} \cdot \mathbf{w})\mathbf{v} - (\mathbf{v} \cdot \mathbf{w})\mathbf{u}$.

04. 다음 두 벡터 $\mathbf{u}$와 $\mathbf{v}$에 동시에 수직인 벡터를 하나 구하여라.

(1) $\mathbf{u} = (3, 2, -1)$, $\mathbf{v} = (2, 6, 7)$.

(2) $\mathbf{u} = (2, 4, -6)$, $\mathbf{v} = (5, 1, 3)$.

05. 두 벡터 $\mathbf{u} = (2, -1, 4)$와 $\mathbf{v} = (1, 0, 1)$에 동시에 수직인 단위벡터를 모두 구하여라.

06. 다음 세 점 P_1, P_2와 P_3를 꼭지점으로 하는 삼각형의 면적을 구하여라.

(1) $P_1(0, 2, 2)$, $P_2(2, 0, -1)$, $P_3(3, 4, 0)$.

(2) $P_1(2, 6, -1)$, $P_2(1, 1, 1)$, $P_3(2, 4, 6)$.

07. 다음 3벡터 $\mathbf{u}$, $\mathbf{v}$, $\mathbf{w}$를 세 모서리로 하는 평행육면체의 부피를 구하여라.

(1) $\mathbf{u} = (2, -6, 2)$, $\mathbf{v} = (-2, 4, 0)$, $\mathbf{w} = (-4, 2, 2)$.

(2) $\mathbf{u} = (2, 1, 3)$, $\mathbf{v} = (1, 5, 4)$, $\mathbf{w} = (4, 2, 1)$.

08. $\mathbb{R}^3$상의 네 점 $A(1, 1, 1)$, $B(4, 0, 1)$, $C(4, 2, 0)$, $D(2, 2, 3)$에 대하여 다음 물음에 답하여라.

(1) 선분 AB, AC, AD를 모서리로 가지는 평행육면체의 부피를 구하여라.

(2) 네 점 A, B, C, D를 꼭짓점으로 가지는 사면체의 부피를 구하여라.

3.5 공간 $\mathbb{R}^3$에서 직선과 평면

공간 $\mathbb{R}^3$상의 한 점 $P_0(x_0, y_0, z_0)$를 지나고, $\mathbf{0}$이 아닌 벡터 $\mathbf{v} = (a, b, c)$와 평행한 직선 ℓ에 대하여 알아보자. 직선 ℓ상의 임의의 점 $P(x, y, z)$에 대해서, 벡터 $\overrightarrow{P_0P}$는 $\mathbf{v}$와 평행하다. 따라서 적당한 실수 $t \in \mathbb{R}$가 있어서,

$$\overrightarrow{P_0P} = t\mathbf{v} \tag{3.5.1}$$

또는 (3.2.2)에 의해서,

$$\overrightarrow{OP} = \overrightarrow{OP_0} + t\mathbf{v} \quad (\ell\text{의 벡터 방정식}) \tag{3.5.2}$$

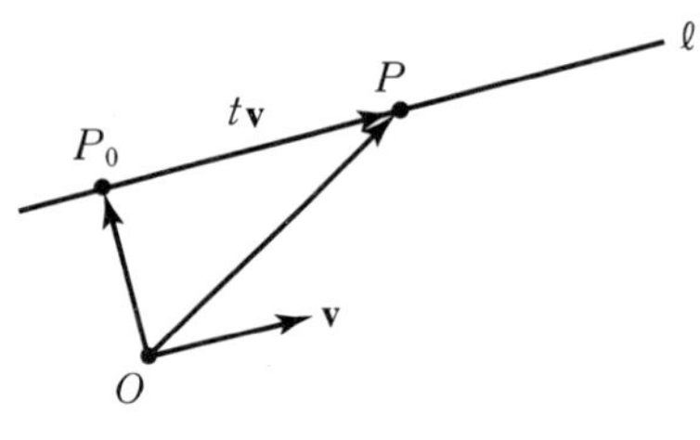

그림 3.5.1

식 (3.5.1)과 식 (3.5.2)를 성분으로 표현하면, 직선 ℓ 의 매개변수 방정식을 얻는다.

$$(x-x_0,\ y-y_0,\ z-z_0)=(at,\ bt,\ ct),\ t\in\mathbb{R}.$$

또는

$$x-x_0=at,\ \ y-y_0=bt,\ \ z-z_0=ct,\ \ t\in\mathbb{R}\,(\text{매개변수방정식}) \tag{3.5.3}$$

(3.5.3)에서 t를 매개변수라 한다.

한편 a, b, c가 0이 아니면, t를 소거할 수 있다. 즉

$$\frac{x-x_0}{a}=\frac{y-y_0}{b}=\frac{z-z_0}{c}. \tag{3.5.4}$$

한편 $\mathbf{v}=(a, b, c)$를 ℓ의 방향비(Direction ratio)라 하고, 단위벡터 $\mathbf{u}=\dfrac{\mathbf{v}}{\|\mathbf{v}\|}$를 직선 ℓ의 방향여현(Direction Cosine)이라 한다.

직선 ℓ의 방향비는 단위벡터일 필요가 없으나 방향여현은 단위벡터임을 주의하자.

예제 3.5.1

점 $P_0(7,\ -1,\ 3)$을 지나고 벡터 $\mathbf{u}=(4,\ 2,\ 5)$에 평행한 직선의 식은 $x-7=4t,\ y+1=2t,\ z-3=5t,\ t\in\mathbb{R}$, 또는 $\dfrac{x-7}{4}=\dfrac{y+1}{2}=\dfrac{z-3}{5}$이다. 방향여현은 $\dfrac{1}{3\sqrt{5}}(4,\ 2,\ 5)$이다.

예제 3.5.2

두 점 $P_0(3, 1, 2)$와 $P_1(-1,\ 2,\ 4)$를 지나는 직선의 식을 구하여라.

풀이 벡터 $\overrightarrow{P_0P_1}=(-4,\ 1,\ 2)$가 이 직선과 평행하므로, 이 직선의 식은 $x-3=-4t,\ y-1=t,\ z-2=2t,\ t\in\mathbb{R}$ 또는 $\dfrac{x-3}{-4}=y-1=\dfrac{z-2}{2}$이다.

공간 $\mathbb{R}^3$상의 한 점 $P_0(x_0, y_0, z_0)$를 지나고, $\mathbf{0}$이 아닌 벡터 $\mathbf{v}=(a,\ b,\ c)$에 수직인 평면 $\mathbf{P}$에 대해서 알아보자.

평면 $\mathbf{P}$상의 임의의 점 $P(x, y, z)$에 대해서, 벡터 $\overrightarrow{P_0P}$와 $\mathbf{v}$는 서로 수직이다.

따라서

$$\mathbf{v}\cdot\overrightarrow{P_0P}=0 \tag{3.5.5}$$

식 (3.5.5)를 성분으로 표현하면, 평면 $\mathbf{P}$ 의 식을 얻는다.

$$(a,\ b,\ c)\cdot(x-x_0,\ y-y_0,\ z-z_0)=0$$

즉

$$a(x-x_0)+b(y-y_0)+c(z-z_0)=0 \qquad (3.5.6)$$

또는

$$ax+by+cz=ax_0+by_0+cz_0 \qquad (3.5.7)$$

(평면 $\mathbf{P}$ 의 식)

이때 벡터 $\mathbf{v}=(a,\ b,\ c)$를 평면 $\mathbf{P}$ 의 **법벡터**(Normal vector)라 한다. 단위벡터 $\mathbf{u}=\dfrac{\mathbf{v}}{\|\mathbf{v}\|}$를 평면 $\mathbf{P}$ 의 **방향여현(단위법벡터)**이라 한다.

한편 평면 $\mathbf{P}$를 평행이동한 평면의 식은 일반적으로

$$ax+by+cz+d=0 \qquad (3.5.8)$$

의 형태임을 알 수 있다.

예제 3.5.3

점 $P_0(1,2,3)$을 지나고 벡터 $\mathbf{v}=(4,5,6)$에 수직인 평면의 식은

$$(4,5,6)\cdot(x-1,y-2,z-3)=0$$

즉

$$4(x-1)+5(y-2)+6(z-3)=0$$

또는

$$4x+5y+6z-32=0$$

이다. $\dfrac{1}{\sqrt{77}}(4,5,6)$이 이 평면의 방향여현이다.

정리 3.5.4

공간 $\mathbb{R}^3$상의 한 점 $P_0(x_0,\ y_0,\ z_0)$와 한 평면 $ax+by+cz+d=0$ 사이의 거리 D는 다음과 같다.

$$D = \frac{|ax_0 + by_0 + cz_0 + d|}{\sqrt{a^2 + b^2 + c^2}}$$

예제 3.5.5

평면 $-2x + 3y - 6z = 1$과 점 $P_0(1, -4, -3)$ 사이의 거리는

$$\frac{|-2-12+18-1|}{\sqrt{(-2)^2 + 3^2 + (-6)^2}} = \frac{3}{7}$$

이다.

연습문제 3.5

01. 정리 3.5.4을 증명하여라.

02. 다음 두 점을 지나는 직선의 식을 구하여라.

(1) $P_0(-4, -1, -1)$, $P_1(-2, 0, 1)$.

(2) $P_0(3, 4, 5)$, $P_1(1, 3, 4)$.

03. 다음 세 점을 지나는 평면의 식을 구하여라.

(1) $P_0(-4, -1, -1)$, $P_1(-1, -2, -3)$, $P_2(-2, 0, 1)$.

(2) $P_0(3, 4, 5)$, $P_1(1, 3, 4)$, $P_2(4, 5, 1)$.

04. 다음 두 평면의 교각 θ를 구하여라.

(1) $-3x + 2y + z = -5$, $7x + 3y - 2z = -2$

(2) $5x - 7y + 2z = 0$, $y = 0$.

05. 다음 평면과 점 사이의 거리를 구하여라.

(1) $x + 2y - 2z = 4$, $(3, 1, -2)$.

(2) $2x + 3y - 4z = 1$, $(-1, 2, 1)$.

06. 벡터 $\mathbf{u} = (1, 1, 0)$에 대하여 다음물음에 답하여라.

(1) $\mathbf{u}$와 나란하고 점 $(1, 2, 3)$을 지나는 직선의 방정식을 구하여라.

(2) $\mathbf{u}$와 수직이고 점 $(1, 2, 3)$을 지나는 평면의 방정식을 구하여라.

07. 삼차원 공간 $\mathbb{R}^3$의 세점 $P(1, 1, 0)$, $Q(0, 1, 1)$, $R(1, 0, 2)$과 원점 O가 있다.

(1) 세 벡터 $\overrightarrow{OP}$, $\overrightarrow{OQ}$, $\overrightarrow{OR}$을 모서리로 가지는 평행육면체의 부피를 구하여라.

(2) 원점 O와 점 $P(1, 1, 0)$를 품는 평면 π_1과 두 점 $Q(0, 1, 1)$와 $R(1, 0, 2)$를 품는 평면 π_2가 서로 평행할 때 평면 π_1의 방정식을 구하여라.

(3) 원점 O와 점 $P(1, 1, 0)$를 지나는 직선을 ℓ_1, 두 점 $Q(0, 1, 1)$와 $R(1, 0, 2)$를 지나는 직선을 ℓ_2라 할 때, 두 직선 ℓ_1과 ℓ_2 사이의 거리를 구하여라.

08. 평면 $-2x + 3y - 6z = 1$과 구 $(x-1)^2 + (y+4)^2 + (z-3)^2 = 1$ 사이의 거리를 구하여라.

09. (1) $\mathbb{R}^3$ 상의 점 $P(1, -1, 2)$를 지나고 직선 $\dfrac{x-4}{2} = 2 - y = z - 5$와 수직으로 만나는 직선의 방정식과 두 직선의 교점을 구하여라.

(2) (1)을 이용하여, 점 $P(1, -1, 2)$와 직선 $\dfrac{x-4}{2} = 2 - y = z - 5$ 사이의 거리를 구하여라.

10. $\mathbb{R}^3$ 상의 두 직선 $\dfrac{x+2}{3} = \dfrac{y+4}{2} = -z-2$와 $\dfrac{x+3}{-2} = \dfrac{y-2}{2} = \dfrac{z+k}{3}$이 한 점에서 만나도록 k의 값을 구하여라.

11. $\mathbb{R}^3$ 상의 평면 $x + 2y - 2z = 5$에 속한 점 중에서 $\mathbb{R}^3$ 상의 한 점 $(1, 2, 3)$에서 가장 가까운 점을 구하여라.

12. $\mathbb{R}^3$ 상의 직선 $\dfrac{x-1}{2} = y + 3 = \dfrac{z+5}{2}$에 속한 점 중에서 $\mathbb{R}^3$ 상의 한 점 $P(1, 2, 3)$에서 가장 가까운 점을 구하여라.

13. $\mathbb{R}^3$ 상의 두 직선 $\ell_1 : x - 3 = \dfrac{y+2}{2} = -z-2$와 $\ell_2 : \dfrac{x+1}{-2} = y - 2 = \dfrac{z+1}{2}$에 대하여 다음 물음에 답하여라.

(1) 두 직선 ℓ_1, ℓ_2와 만나지 않고, $\mathbb{R}^3$ 상의 점 $(1, 1, 2)$를 지나는 평면의 방정식을 구하여라.

(2) 두 직선 ℓ_1, ℓ_2와 만나지 않고, 직선 ℓ_2와의 거리가 1인 평면의 방정식을 모두 구하여라.

종합문제 3

01. $\mathbf{u}, \mathbf{v} \in \mathbb{R}^3$가 직교하면, $\|\mathbf{u}+\mathbf{v}\|^2 = \|\mathbf{u}\|^2 + \|\mathbf{v}\|^2$가 성립함을 증명하여라.

02. $\mathbf{u}, \mathbf{v} \in \mathbb{R}^3$가 직교하는 단위벡터이면, $\|\mathbf{u}-\mathbf{v}\| = \sqrt{2}$ 임을 증명하여라.

03. $X = \begin{pmatrix} x \\ y \end{pmatrix} \in \mathbb{R}^2$를 열(Column) 벡터라 하고

$$\mathbf{z} = \begin{pmatrix} u \\ v \end{pmatrix} = \Gamma(X) = 2\begin{pmatrix} \cos\frac{\pi}{4} & -\sin\frac{\pi}{4} \\ \sin\frac{\pi}{4} & \cos\frac{\pi}{4} \end{pmatrix}\begin{pmatrix} x \\ y \end{pmatrix}$$

라 할 때, 평면상의 점 $\begin{pmatrix} x \\ y \end{pmatrix}$와 $\begin{pmatrix} u \\ v \end{pmatrix}$의 관계를 설명하여라.

04. Γ는 문제 3에서 주어진 변환이고, $G = \left\{ \begin{pmatrix} x \\ y \end{pmatrix} \in R^2 \,\middle|\, |x| \le 1,\ |y| \le 1 \right\}$일 때,

$$\text{집합 } \Gamma(G) = \{\Gamma(\mathbf{x}) \mid \mathbf{x} \in G\}$$

를 구하여라.

05. Γ는 문제 3에서 주어진 변환이고, $H = \left\{ \begin{pmatrix} x \\ y \end{pmatrix} \in R^2 \mid x^2 + 4y^2 = 4 \right\}$일 때, 집합 $\Gamma(H)$를 구하여라.

06. 한 직선 상에 있지 않는 세 점 $Q_1(x_1, y_1, z_1)$, $Q_2(x_2, y_2, z_2)$, $Q_3(x_3, y_3, z_3)$를 지나는 평면과 점 $Q_0(x_0, y_0, z_0)$ 사이의 거리를 구하여라.

07. 두 점 $P_1(2, -1, 3)$과 $P_2(1, 0, 2)$를 지나는 직선과 세 점 $Q_1(0, 2, 2)$, $Q_2(2, 0, -1)$, $Q_3(3, 4, 0)$를 지나는 평면이 이루는 각을 구하여라.

08. (1) 점 $(1, 1, 1)$을 지나고 평면 $x + 2y + 3z = 20$과 수직인 직선의 방정식을 구하여라.
(2) (1)에서 구한 직선과 평면의 교점을 구하여라.
(3) 점 $(1, 1, 1)$에서 평면 $x + 2y + 3z = 20$까지의 거리를 구하여라.

09. 세 점 $P=(0,1,1)$, $Q=(1,0,1)$, $R=(1,1,0)$에 대하여 다음 물음에 답하여라.

(1) P, Q, R이 만드는 평면의 방정식을 구하여라.

(2) (1)에서 만든 평면과 수직이고 점 $(1, 2, 3)$을 지나는 직선의 방정식을 구하여라.

04 Chapter

유클리드 공간 $\mathbb{R}^n$

4장의 내용은 유클리드공간에 대한 것으로 6장의 내용에 포함된다. 따라서 행렬 및 벡터에 대한 충분한 지식이 있다면, 4장의 내용은 생략하고 6장을 학습하면서 4장의 예를 참고해도 되겠다. 그리고 4.4절의 기저변환을 학습하고 5장의 내용을 학습하면 되겠다.

4.1 $\mathbb{R}^n$의 부분공간

이 절에서는 3장에서 다룬 2, 3차원 유클리드공간의 벡터 개념을 일반화하여 n차원 유클리드 공간을 학습한다. 따라서 2, 3차원 유클리드공간의 성질을 생각하면서 학습하면 이해하는 데 도움이 되겠다.

정의 4.1.1

$\mathbb{R}^n$의 두 원소 $\mathbf{u} = (u_1, u_2, ..., u_n)$, $\mathbf{v} = (v_1, v_2, \cdots, v_n)$에 대해 **덧셈연산**

$$\mathbf{u} + \mathbf{v} = (u_1 + v_1, u_2 + v_2, \cdots, u_n + v_n)$$

로, 각각의 $k \in \mathbb{R}$, $\mathbf{u} = (u_1, u_2, \cdots, u_n) \in \mathbb{R}^n$에 대해 **스칼라배 연산**

$$k\mathbf{u} = (ku_1, ku_2, \cdots, ku_n)$$

로 정의하자. 특히 $\mathbf{0} = (0, 0, \cdots, 0)$로 정의하고 $\mathbb{R}^n$의 **영벡터**라 부르며, $\mathbf{u} = (u_1, u_2, \cdots, u_n)$에 대해 $-\mathbf{u} = (-u_1, -u_2, \cdots, -u_n)$로 정의하자. 이 때 $\mathbb{R}^n$을 **n차원 유클리드 공간**(n-dimensional Euclidean space)이라 한다.

위에서 정의한 덧셈과 스칼라배 연산에 관하여 다음이 성립함을 쉽게 알 수 있다(연습문제 4.1절의 1번).

정리 4.1.2 **공리 I (덧셈연산)**

$\mathbb{R}^n$의 모든 원소 $\mathbf{u}$, $\mathbf{v}$, $\mathbf{w}$에 대해서

(1) $\mathbf{u}+\mathbf{v} \in \mathbb{R}^n$,

(2) $\mathbf{u}+\mathbf{v}=\mathbf{v}+\mathbf{u}$,

(3) $(\mathbf{u}+\mathbf{v})+\mathbf{w}=\mathbf{u}+(\mathbf{v}+\mathbf{w})$,

(4) $\mathbf{0}$가 $\mathbb{R}^n$에 존재하여, $\mathbf{u}+\mathbf{0}=\mathbf{u}$,

(5) $-\mathbf{u}$가 $\mathbb{R}^n$에 존재하여, $\mathbf{u}+(-\mathbf{u})=\mathbf{0}$.

공리 II (스칼라배 연산)

모든 실수 k, h와 $\mathbb{R}^n$의 모든 원소 $\mathbf{u}$, $\mathbf{v}$에 대해서

(6) $k\mathbf{u} \in \mathbb{R}^n$,

(7) $1\mathbf{u}=\mathbf{u}$,

(8) $k(h\mathbf{u})=(kh)\mathbf{u}$,

(9) $k(\mathbf{u}+\mathbf{v})=k\mathbf{u}+k\mathbf{v}$,

(10) $(k+h)\mathbf{u}=k\mathbf{u}+h\mathbf{u}$.

위 정리 4.1.2는 6장에서 다룰 벡터공간의 정의이다. 정리 4.1.2에서 $\mathbb{R}^n$ 대신 집합 V에 대해, 덧셈과 스칼라배 연산이 존재하여 정리 4.1.2의 내용을 만족하면 V를 벡터공간이라 한다. 유클리드 공간은 벡터공간의 전형적인 예이며, 유한차원 벡터공간은 유클리드 공간과 동형이므로 대부분의 벡터공간에 대한 성질들을 유클리드 공간의 학습을 통하여 알 수 있다.

벡터공간의 부분집합이 벡터공간을 이루면 부분공간이라 한다. 유클리드 공간 $\mathbb{R}^n$에서 부분공간을 아래와 같이 정의하자.

정의 4.1.3

$\mathbb{R}^n$의 공집합이 아닌 부분집합 W가 $\mathbb{R}^n$의 덧셈 연산 및 스칼라배 연산에 관하여 다음을 만족하면 W를 $\mathbb{R}^n$의 **부분공간**(subspace)이라 한다.

(1) 모든 $\mathbf{w}_1, \mathbf{w}_2 \in W$에 대해, $\mathbf{w}_1+\mathbf{w}_2 \in W$이고,

(2) 모든 실수 k와 모든 $\mathbf{w} \in W$에 대해 $k\mathbf{w} \in W$이다.

$\mathbb{R}^n$ 자신과 $\{\mathbf{0}\}$은 위 (1), (2)가 성립함을 쉽게 알 수 있다. 따라서 $\mathbb{R}^n$과 $\{\mathbf{0}\}$은 $\mathbb{R}^n$의

부분공간이다. 이를 $\mathbb{R}^n$의 **자명한 부분공간**(trivial subspace)라 하며, 특히 $\{0\}$를 **영공간**(zero space)이라 한다. 만약 W가 $\mathbb{R}^n$의 부분공간이면 정리 4.1.2의 $\mathbb{R}^n$ 대신 W로 바꾸어도 성립함을 알 수 있다.

예제 4.1.4

2차원 유클리드 공간 $\mathbb{R}^2$의 부분 집합 $W = \{(x, y) \in \mathbb{R}^2 \mid x, y \geq 0\}$는 부분공간이 아니다. 왜냐하면, 정의 4.1.3의 (1)은 만족하지만 (2)는 만족하지 않는다. 예를 들어 $\mathbf{w} = (1, 2)$이고, $k = -1$이면 $k\mathbf{w} = (-1, -2) \notin W$이다.

예제 4.1.5

$\mathbb{R}^3$의 부분집합 $W_1 = \{(a_1, a_2, 0) \mid a_1, a_2 \in \mathbb{R}\}$은 $\mathbb{R}^3$의 부분공간임 됨을 쉽게 알 수 있다. 또 $W_2 = \{(a, 2a, 3a) \mid a \in \mathbb{R}\}$도 $\mathbb{R}^3$의 부분공간이다.

예제 4.1.6

다음 $\mathbb{R}^3$의 부분집합은 $\mathbb{R}^3$의 부분공간인지 아닌지 설명하여라.

$$W_3 = \{t(1,1,1) \mid t \in \mathbb{R}\},$$
$$W_4 = \{t(1,1,1) \mid t \in Z\},$$
$$W_5 = \{s(1,0,0) + t(0,1,0) \mid s, t \in \mathbb{R}\}$$

먼저 W_5는 $\mathbb{R}^3$의 부분공간임을 보이자. $\mathbf{w}_1, \mathbf{w}_2 \in W_5$이면
$\mathbf{w}_1 = s_1(1,0,0) + t_1(0,1,0)$, $\mathbf{w}_2 = s_2(1,0,0) + t_2(0,1,0)$, $s_i, t_i \in \mathbb{R}$ 이다.

$$\mathbf{w}_1 + \mathbf{w}_2 = (s_1 + s_2)(1,0,0) + (t_1 + t_2)(0,1,0) \in W_5$$

이고, 모든 실수 k와 모든 $\mathbf{w} = s(1,0,0) + t(0,1,0) \in W$에 대해, $ks, kt \in \mathbb{R}$ 이므로

$$k\mathbf{w} = ks(1,0,0) + kt(0,1,0) \in W_5$$

이다. 따라서 정의 4.1.3에 의해 W_5는 $\mathbb{R}^3$의 부분공간이다. 유사하게 W_3도 $\mathbb{R}^3$의 부분공간이다. 임의의 $\mathbf{u}, \mathbf{v} \in W_4$에 대해, $\mathbf{u} + \mathbf{v} \in W_4$이다. 그러나 실수 k와 정수 t에 대해 일반적으로 kt는 정수가 아니어서, 일반적으로 $k\mathbf{u} \notin W_4$이다(예를 들어 $\frac{1}{2}(1,1,1) \notin W_4$). 따라서 W_4는 $\mathbb{R}^3$의 부분공간이 아니다. 특히 W_5는 위 예제 4.1.5의 W_1과 같다.

부분공간의 정의 4.1.3의 (1)과 (2)는 아래와 같이 하나로 쓸 수 있다.

정리 4.1.7

W가 $\mathbb{R}^n$의 부분공간일 필요충분조건은 모든 실수 k_1, k_2와 모든 $\mathbf{w}_1, \mathbf{w}_2 \in W$에 대해, $k_1\mathbf{w}_1 + k_2\mathbf{w}_2 \in W$이다.

증명 ($\Rightarrow$) : W가 $\mathbb{R}^n$의 부분공간이라 하자. 모든 실수 k_1, k_2와 W의 모든 벡터 $\mathbf{w}_1, \mathbf{w}_2$에 대해, (2)에 의해 $k_1\mathbf{w}_1 \in W$, $k_2\mathbf{w}_2 \in W$이며, 또 (1)에 의해 $k_1\mathbf{w}_1 + k_2\mathbf{w}_2 \in W$이다.

($\Leftarrow$) : 모든 실수 k_1, k_2와 모든 $\mathbf{w}_1, \mathbf{w}_2 \in W$에 대해, $k_1\mathbf{w}_1 + k_2\mathbf{w}_2 \in W$이라 하자. $k_1 = k_2 = 1$을 대입하여, 모든 $\mathbf{w}_1, \mathbf{w}_2 \in W$에 대해, $\mathbf{w}_1 + \mathbf{w}_2 \in W$임을 알 수 있다. 따라서 정의 4.1.3의 (1)이 성립한다. 또 가정에 $k_2 = 0$를 대입하여, 모든 실수 k와 모든 $\mathbf{w} \in W$에 대해 $k\mathbf{w} = k\mathbf{w} + 0\mathbf{w}_2 \in W$이다. 따라서 정의 4.1.3의 (2)가 성립한다.

예제 4.1.8

$W_1 = \{(a_1, a_2, 0) \mid a_1, a_2 \in \mathbb{R}\}$, $W_6 = \{(a_1, a_2, 1) \mid a_1, a_2 \in \mathbb{R}\}$는 $\mathbb{R}^3$의 부분공간인지 확인하여라.

풀이 $\mathbf{u}, \mathbf{v} \in W_1$이면, 적당한 실수 a_1, a_2, b_1, b_2에 대해, $\mathbf{u} = (a_1, a_2, 0)$, $\mathbf{v} = (b_1, b_2, 0)$이다. 또 임의의 실수 k_1, k_2에 대해,

$$k_1\mathbf{u} + k_2\mathbf{v} = (k_1a_1 + k_2b_1,\ k_1a_2 + k_2b_2,\ 0) \in W_1$$

이므로, W_1은 $\mathbb{R}^3$의 부분공간이다.

한편 $W_6 = \{(a_1, a_2, 1) \mid a_1, a_2 \in \mathbb{R}\}$의 두 벡터 $\mathbf{u} = (a_1, a_2, 1)$, $\mathbf{v} = (b_1, b_2, 1)$에 대해,

$$\mathbf{u} + \mathbf{v} = (a_1 + b_1,\ a_2 + b_2,\ 2) \notin W_6$$

이므로, W_6는 $\mathbb{R}^3$의 부분공간이 아니다.

위 정리에서 $k_1 = k_2 = 0$이면 쉽게 모든 부분공간은 영벡터를 품는다는 것을 알 수 있다. 또 $-\mathbf{w} = (-1)\mathbf{w} + 0\mathbf{w}$이므로, 모든 $\mathbf{w} \in W$에 대해 $-\mathbf{w} \in W$이다.

따름정리 4.1.9

W가 $\mathbb{R}^n$의 부분공간이면

(1) $\mathbf{0} \in W$,

(2) 모든 $\mathbf{w} \in \mathrm{W}$에 대해 $-\mathbf{w} \in W$이다.

예제 4.1.10

$\mathbb{R}^3$의 부분집합 $W = \{(a_1, a_2, 1) \mid a_1, a_2 \in \mathbb{R}\}$는 $\mathbf{0} = (0, 0, 0) \notin W_2$이므로, $\mathbb{R}^3$의 부분공간이 아니다.

예제 4.1.11

$\mathbb{R}^2$의 부분 집합 $W = \{(0,0),\ (1,1), (-1, -1)\}$은 $\mathbf{0} = (0,0) \in W$이고, 모든 $\mathbf{w} \in W$에 대해 $-\mathbf{w} \in W$이다. 그러나 $2(1,1) \notin W$이어서 W는 $\mathbb{R}^2$의 부분공간이 아니다.

$\mathbb{R}^2$의 부분공간은 아래와 같이 영공간, 원점을 품는 직선, $\mathbb{R}^2$ 자신의 3가지 형태이다.

예제 4.1.12

$\mathbb{R}^2$의 모든 부분공간을 분류해 보자. W를 $\mathbb{R}^2$의 부분공간이라 하자. 먼저 W는 영벡터 $\mathbf{0} = (0, 0)$를 포함하여야 한다. 따라서

(1) $W = \{(0, 0)\}$이거나 $W \neq \{(0, 0)\}$이다.

(2) 만약 $W \neq \{(0, 0)\}$이면 $(a, b) \neq (0, 0)$인 (a, b)가 W에 존재한다. $(a, b) \in W$이므로 모든 실수 k에 대해, $k(a, b) = (ka, kb) \in W$이어야 한다. 실제로 정의 4.1.3의 (1), (2)를 이용하면, $W_1 = \{k(a, b) \mid k \in \mathbb{R}\}$는 $\mathbb{R}^2$의 부분공간이며(4.1절의 연습문제 3번), $W_1 \subset W$임을 쉽게 알 수 있다. 만약 $W_1 = W$이면, 부분공간 $W = W_1$은 원점을 지나는 직선을 나타낸다.

(3) 이제 만약 $W \neq \{(0, 0)\}$이며 $W \neq W_1$이라 하자. 따라서 $(c, d) \in W$이나 $(c, d) \notin W_1$인 (c, d)가 존재한다. 따라서 모든 실수 k에 대해 $(c, d) \neq k(a, b)$이다. 이때 $\mathbb{R}^2$의 각각의 (x, y)는 적당한 실수 k_1, k_2에 의해 $(x, y) = k_1(a, b) + k_1(c, d)$로 나타낼 수 있으며 (4.1절의 연습문제 4번), 정의 4.1.3(1)에 의해 $k_1(a, b) + k_2(c, d) \in W$이어야 한다. 따라서 $\mathbb{R}^2 \subset W$이다. 즉, $W = \mathbb{R}^2$. 결론적으로 W는 $\{(0, 0)\}$, $\{k(a,b) \mid k \in \mathbb{R}\}$이거나, $\mathbb{R}^2$ 자신이다.

유사한 방법으로 $\mathbb{R}^3$의 부분공간은 다음과 같이 분류된다(종합문제 4.1).

예제 4.1.13

$\mathbb{R}^3$의 부분공간은 다음 중 하나이다.

(1) 영공간 $\{(0,\,0,\,0)\}$,

(2) 원점을 지나는 직선 $\{k(a,\,b,\,c)\,|\,k\in\mathbb{R}\}$, 여기서 $(a,\,b,\,c)\neq(0,0,0)$.

(3) 원점을 지나는 평면 $\{k_1(a_1,\,b_1,\,c_1)+k_2(a_2,\,b_2,\,c_2)\mid k_1,\ k_2\in\mathbb{R}\}$(여기서 모든 실수 k에 대해 $(a_1,\,b_1,\,c_1)\neq k(a_2,\,b_2,\,c_2)$이다),

(4) $\mathbb{R}^3$

정리 4.1.2 (3)에서 $(\mathbf{u}+\mathbf{v})+\mathbf{w}=\mathbf{u}+(\mathbf{v}+\mathbf{w})$이므로, 여러 벡터를 더할 때 어느 두 개를 먼저 더하고 나머지 계산을 하여도 같은 결과를 얻는다는 것을 알 수 있다. 따라서 통상 괄호를 생략하고 $(\mathbf{u}+\mathbf{v})+\mathbf{w}=\mathbf{u}+\mathbf{v}+\mathbf{w}$로 쓴다. 같은 이유로 실수 $k_1,\,k_2,\cdots,k_m$에 대해 $k_1\mathbf{v}_1+k_2\mathbf{v}_2+\cdots+k_m\mathbf{v}_m$도 덧셈의 의미를 가지며 적당히 괄호가 생략된 것으로 보면 되겠다.

정의 4.1.14

$\mathbb{R}^n$의 벡터 $\mathbf{v}_1,\,\mathbf{v}_2,\,\cdots,\mathbf{v}_m$에 대해

$$k_1\mathbf{v}_1+k_2\mathbf{v}_2+\cdots+k_m\mathbf{v}_m\ (k_1,\,k_2,\cdots,k_m \text{ 은 실수})$$

을 $\mathbf{v}_1,\,\mathbf{v}_2,\,\cdots,\mathbf{v}_m$의 **1차결합**(linear combination)이라 부른다. 그리고 $\mathbf{v}_1,\,\mathbf{v}_2,\,\cdots,\mathbf{v}_m$의 1차결합들의 전체집합은

$$\mathrm{span}\,\{\mathbf{v}_1,\,\mathbf{v}_2,\cdots,\mathbf{v}_m\}=\{k_1\mathbf{v}_1+k_2\mathbf{v}_2+\cdots+k_m\mathbf{v}_m\,|\,k_i\in\mathbb{R}\}$$

으로 나타내고, $\mathrm{span}\{\mathbf{v}_1,\,\mathbf{v}_2,\cdots,\mathbf{v}_m\}$을 $\mathbf{v}_1,\ \mathbf{v}_2,\ \cdots,\mathbf{v}_m$에 의해 **생성되는 부분공간**(subspace spanned by $\mathbf{v}_1,\,\mathbf{v}_2,\,\cdots,\mathbf{v}_m$)이라 한다. 또 $W=\mathrm{span}\{\mathbf{v}_1,\,\mathbf{v}_2,\cdots,\mathbf{v}_m\}$이면 $\mathbf{v}_1,\,\mathbf{v}_2,\cdots,\mathbf{v}_m$은 W를 생성한다고 말한다. 사실 $\mathrm{span}\{\mathbf{v}_1,\,\mathbf{v}_2,\cdots,\mathbf{v}_m\}$은 $\mathbf{v}_1,\,\mathbf{v}_2,\cdots,\mathbf{v}_m$을 포함하는 $\mathbb{R}^n$의 가장 작은 부분공간이다(연습문제 4.1절의 13번).

일차결합 및 span은 벡터의 내용에서 매우 중요한 역할을 하기 때문에 아래의 예를 통하여 그 의미를 충분히 이해하도록 하자.

예제 4.1.15

$\mathbb{R}^3$의 모든 벡터 (a, b, c)는

$$(a, b, c) = a(1, 0, 0) + b(0, 1, 0) + c(0, 0, 1)$$

로 표시된다. 따라서 $\mathbb{R}^3$의 모든 벡터는 $(1, 0, 0)$, $(0, 1, 0)$, $(0, 0, 1)$의 1차결합으로 나타낼 수 있다. 따라서 $\mathbb{R}^3 = \text{span}\{(1, 0, 0), (0, 1, 0), (0, 0, 1)\}$이다.

예제 4.1.16

(1) $(1, 1, 0)$를 품는 $\mathbb{R}^3$의 가장 작은 부분공간 W_1을 구하라.

(2) $(1, 1, 0)$, $(0, 1, 1)$을 품는 $\mathbb{R}^3$의 가장 작은 부분공간 W_2를 구하라.

풀이 (1) $W_1 = \text{span}\{(1, 1, 0)\} = \{t(1, 1, 0) \mid t \in \mathbb{R}\} = \{(t, t, 0) \mid t \in \mathbb{R}\}$이다.

(2) $W_2 = \text{span}\{(1, 1, 0), (0, 1, 1)\} = \{s(1, 1, 0) + t(0, 1, 1) \mid s, t \in \mathbb{R}\}$
$= \{(s, s+t, t) \mid s, t \in \mathbb{R}\}$이다.

예제 4.1.17

$\mathbb{R}^3$의 벡터 (a, b, c)는 세 벡터 $\mathbf{u} = (1, 0, 0)$, $\mathbf{v} = (1, 1, 0)$, $\mathbf{w} = (1, 1, 1)$의 1차결합으로 나타낼 수 있다. 따라서 $\mathbb{R}^3 = \text{span}\{\mathbf{u}, \mathbf{v}, \mathbf{w}\}$이고, $\mathbb{R}^3$는 $\mathbf{u}$, $\mathbf{v}$, $\mathbf{w}$에 의해 생성된다.

풀이 $(a, b, c) = k_1\mathbf{u} + k_2\mathbf{v} + k_3\mathbf{w}$를 만족하는 k_1, k_2, k_3를 직접 구해보자.

$$(a, b, c) = k_1(1, 0, 0) + k_2(1, 1, 0) + k_3(1, 1, 1) = (k_1 + k_2 + k_3, k_2 + k_3, k_3)$$

이므로 $a = k_1 + k_2 + k_3$, $b = k_2 + k_3$, $c = k_3$이다. 따라서 $k_3 = c$, $k_2 = b - c$, $k_1 = a - (b - c) - c = a - b$이므로,

$$\begin{aligned}(a, b, c) &= (a - b)(1, 0, 0) + (b - c)(1, 1, 0) + c(1, 1, 1)\\ &= (a - b)\mathbf{u} + (b - c)\mathbf{v} + c\mathbf{w}\end{aligned}$$

로 표시된다. 따라서 $\mathbb{R}^3 = \text{span}\{\mathbf{u}, \mathbf{v}, \mathbf{w}\}$이고, $\mathbb{R}^3$는 $\mathbf{u}$, $\mathbf{v}$, $\mathbf{w}$에 의해 생성된다.

예제 4.1.18

$W = \{(a, 0, b) \mid a, b \in \mathbb{R}\}$을 생각해 보자.

$$(a, 0, b) = a(1, 0, 0) + b(0, 0, 1)$$

이므로 $W = \text{span}\{(1, 0, 0), (0, 0, 1)\}$이다. 또

$$(a, 0, b) = (a, 0, 2a) + (0, 0, b-2a) = a(1, 0, 2) + (b-2a)(0, 0, 1)$$

이므로 $W = \mathrm{span}\{(1, 0, 2), (0, 0, 1)\}$이다.

예제 4.1.19

$W_1 = \mathrm{span}\{(1, 0, 2), (0,0,1)\}$, $W_2 = \mathrm{span}\{(3, 0, 4), (1, 0, 0)\}$일 때 $W_1 = W_2$임을 보여라.

풀이 $(3, 0, 4) = 3(1, 0, 2) - 2(0, 0, 1)$, $(1, 0, 0) = (1, 0, 2) - 2(0, 0, 1)$이므로

$$\begin{aligned} a(3, 0, 4) + b(1, 0, 0) &= (3a+b)(1, 0, 2) - (2a+2b)(0, 0, 1) \\ &\in \mathrm{span}\{(1, 0, 2), (0, 0, 1)\} \end{aligned}$$

이다. 따라서 $W_2 \subset W_1$이다. 역으로 $(1, 0, 2) = \frac{1}{2}(3, 0, 4) - \frac{1}{2}(1, 0, 0)$, $(0, 0, 1) = \frac{1}{4}(3, 0, 4) - \frac{3}{4}(1, 0, 0)$이므로 $(1, 0, 2)$, $(0, 0, 1) \in \mathrm{span}\{(3, 0, 4), (1, 0, 0)\}$이고 $\mathrm{span}\{(1, 0, 2), (0, 0, 1)\} \subset \mathrm{span}\{(3, 0, 4), (1, 0, 0)\}$이다. 즉 $W_1 \subset W_2$이다.

예제 4.1.20

$(2, 5, 6) = 2(1, 1, 0) + 3(0, 1, 2)$이므로

$$(2,5,6) \in \mathrm{span}\{(1,1,0), (0,1,2)\}$$

이며, $\mathrm{span}\{(2,5,6), (1,1,0), (0,1,2)\} = \mathrm{span}\{(1,1,0), (0,1,2)\}$이다.

또 $(1, 1, 0) = \frac{1}{2}(2, 5, 6) - \frac{3}{2}(0,1,2)$이므로

$$(1,1,0) \in \mathrm{span}\{(2,5,6), (0,1,2)\}$$

이고 $\mathrm{span}\{(1,1,0), (2,5,6), (0,1,2)\} = \mathrm{span}\{(2,5,6), (0,1,2)\}$이다.

예제 4.1.21

다음을 보여라.

(1) $\mathrm{span}\{\mathbf{v}_1, \mathbf{v}_4, \mathbf{v}_3, \mathbf{v}_2\} = \mathrm{span}\{\mathbf{v}_1, \mathbf{v}_2, \mathbf{v}_3, \mathbf{v}_4\}$

(2) $\mathrm{span}\{\mathbf{v}_1, c\mathbf{v}_2, \mathbf{v}_3, \mathbf{v}_4\} = \mathrm{span}\{\mathbf{v}_1, \mathbf{v}_2, \mathbf{v}_3, \mathbf{v}_4\}$ 단 $c \neq 0$

(3) $\mathrm{span}\{\mathbf{v}_1, \mathbf{v}_2, \mathbf{v}_3, \mathbf{v}_4\} = \mathrm{span}\{\mathbf{v}_1, \mathbf{v}_2 + c\mathbf{v}_4, \mathbf{v}_3, \mathbf{v}_4\}$

풀이 (1) $c_1\mathbf{v}_1 + c_4\mathbf{v}_4 + c_3\mathbf{v}_3 + c_2\mathbf{v}_2 = c_1\mathbf{v}_1 + c_2\mathbf{v}_2 + c_3\mathbf{v}_3 + c_4\mathbf{v}_4$이므로 $\mathrm{span}\{\mathbf{v}_1, \mathbf{v}_4, \mathbf{v}_3, \mathbf{v}_2\} = \mathrm{span}\{\mathbf{v}_1, \mathbf{v}_2, \mathbf{v}_3, \mathbf{v}_4\}$이다.

(2) $c_1\mathbf{v}_1 + c_2(c\mathbf{v}_2) + c_3\mathbf{v}_3 + c_4\mathbf{v}_4 = c_1\mathbf{v}_1 + (c_2c)\mathbf{v}_2 + c_3\mathbf{v}_3 + c_4\mathbf{v}_4 \in \mathrm{span}\{\mathbf{v}_1, \mathbf{v}_2, \mathbf{v}_3, \mathbf{v}_4\}$이므로 $\mathrm{span}\{\mathbf{v}_1, c\mathbf{v}_2, \mathbf{v}_3, \mathbf{v}_4\} \subset \mathrm{span}\{\mathbf{v}_1, \mathbf{v}_2, \mathbf{v}_3, \mathbf{v}_4\}$이고

$c_1\mathbf{v}_1 + c_2\mathbf{v}_2 + c_3\mathbf{v}_3 + c_4\mathbf{v}_4 = c_1\mathbf{v}_1 + \dfrac{c_2}{c}(c\mathbf{v}_2) + c_3\mathbf{v}_3 + c_4\mathbf{v}_4 \in \mathrm{span}\{\mathbf{v}_1, c\mathbf{v}_2, \mathbf{v}_3, \mathbf{v}_4\}$이므로 $\mathrm{span}\{\mathbf{v}_1, \mathbf{v}_2, \mathbf{v}_3, \mathbf{v}_4\} \subset \mathrm{span}\{\mathbf{v}_1, c\mathbf{v}_2, \mathbf{v}_3, \mathbf{v}_4\}$이다. 따라서 $\mathrm{span}\{\mathbf{v}_1, c\mathbf{v}_2, \mathbf{v}_3, \mathbf{v}_4\} = \mathrm{span}\{\mathbf{v}_1, \mathbf{v}_2, \mathbf{v}_3, \mathbf{v}_4\}$이다.

(3) $$c_1\mathbf{v}_1 + c_2(\mathbf{v}_2 + c\mathbf{v}_4) + c_3\mathbf{v}_3 + c_4\mathbf{v}_4 = c_1\mathbf{v}_1 + c_2\mathbf{v}_2 + c_3\mathbf{v}_3 + (c_2c + c_4)\mathbf{v}_4 \in \mathrm{span}\{\mathbf{v}_1, \mathbf{v}_2, \mathbf{v}_3, \mathbf{v}_4\}$$이므로

$\mathrm{span}\{\mathbf{v}_1, \mathbf{v}_2 + c\mathbf{v}_4, \mathbf{v}_3, \mathbf{v}_4\} \subset \mathrm{span}\{\mathbf{v}_1, \mathbf{v}_2, \mathbf{v}_3, \mathbf{v}_4\}$이다.

$$c_1\mathbf{v}_1 + c_2\mathbf{v}_2 + c_3\mathbf{v}_3 + c_4\mathbf{v}_4 = c_1\mathbf{v}_1 + c_2(\mathbf{v}_2 + c\mathbf{v}_4) + c_3\mathbf{v}_3 + (c_4 - c_2c)\mathbf{v}_4 \in \mathrm{span}\{\mathbf{v}_1, \mathbf{v}_2 + c\mathbf{v}_4, \mathbf{v}_3, \mathbf{v}_4\}$$이므로

$\mathrm{span}\{\mathbf{v}_1, \mathbf{v}_2, \mathbf{v}_3, \mathbf{v}_4\} \subset \mathrm{span}\{\mathbf{v}_1, \mathbf{v}_2 + c\mathbf{v}_4, \mathbf{v}_3, \mathbf{v}_4\}$이어서

$\mathrm{span}\{\mathbf{v}_1, \mathbf{v}_2, \mathbf{v}_3, \mathbf{v}_4\} = \mathrm{span}\{\mathbf{v}_1, \mathbf{v}_2 + c\mathbf{v}_4, \mathbf{v}_3, \mathbf{v}_4\}$이다.

정의 4.1.22

$\mathbb{R}^n$의 부분집합 S_1, S_2에 대해,

$$S_1 + S_2 = \{\mathbf{v}_1 + \mathbf{v}_2 \mid \mathbf{v}_1 \in S_1, \mathbf{v}_2 \in S_2\}$$

라 정의한다.

예제 4.1.23

$r, s \geq 1$이면, $\mathrm{span}\{\mathbf{v}_1, \cdots, \mathbf{v}_r, \mathbf{w}_1, \cdots, \mathbf{w}_s\} = \mathrm{span}\{\mathbf{v}_1, \cdots, \mathbf{v}_r\} + \mathrm{span}\{\mathbf{w}_1, \cdots, \mathbf{w}_s\}$임은 분명하다.

정리 4.1.24

$\mathbb{R}^n$의 부분공간 W_1, W_2에 대해서,

(1) $W_1 \cap W_2$는 $\mathbb{R}^n$의 부분공간이다.

(2) $W_1 + W_2$는 $\mathbb{R}^n$의 부분공간이다.

증명 정의 4.1.3의 (1)과 (2)를 쉽게 보일 수 있으므로 연습문제로 돌린다(연습문제 4.1절의 10번).

W_1, W_2가 $\mathbb{R}^n$의 부분공간이면 W_1+W_2는 W_1, W_2를 품는 $\mathbb{R}^n$의 가장 작은 부분공간이다.(각자 증명해 보기 바란다.)

주의

$\mathbb{R}^n$의 부분공간 W_1, W_2의 합집합 $W_1 \cup W_2$는 일반적으로 부분공간이 되지 않는다.

예제 4.1.25

$W_1=\{(a, a, 0) \mid a \in \mathbb{R}\}$, $W_2=\{(0, a, a) \mid a \in \mathbb{R}\}$라 두자. $W_1=\text{span}\{(1,1,0)\}$이고 $W_2=\text{span}\{(0,1,1)\}$이다. 따라서 $W_1+W_2=\text{span}\{(1,1,0)\}+\text{span}\{(0,1,1)\}=\text{span}\{(1,1,0), (0,1,1)\}=\{(a, a+b, b) \mid a, b \in \mathbb{R}\}$이다. 그리고 $W_1 \cap W_2=\{(0,0,0)\}$이다.

정의 4.1.26

$\mathbb{R}^n$의 부분공간 W_1, W_2에 대해, W_1+W_2의 각 벡터 $\mathbf{x}$는 적당한 $\mathbf{x}_1 \in W_1$, $\mathbf{x}_2 \in \mathrm{W}_2$에 대해, $\mathbf{x}=\mathbf{x}_1+\mathbf{x}_2$로 표현된다. 이때 W_1+W_2의 각 벡터 $\mathbf{x}$에 대해, $\mathbf{x}=\mathbf{x}_1+\mathbf{x}_2$인 W_1의 벡터 $\mathbf{x}_1$과 W_2의 벡터 $\mathbf{x}_2$가 유일하면, W_1+W_2를 W_1, W_2의 **직합**(direct sum)이라 부르고 $W_1 \oplus W_2$로 나타낸다.

두 부분공간 W_1, W_2의 합 W_1+W_2에서 $W_1 \cap W_2=\{0\}$이면 아래 정리에 의해 직합이 된다. 직합이 되면 여러 가지 편리한 점이 많다.

정리 4.1.27

$\mathbb{R}^n$의 부분공간 W_1, W_2에 대해, $S=W_1+W_2$이면 다음 사실은 서로 동치이다.

(1) $S=W_1 \oplus W_2$

(2) $W_1 \cap W_2=\{0\}$

증명 (1)$\Rightarrow$(2) : $S=W_1 \oplus W_2$라 하자. 즉, S의 모든 원소는 W_1의 원소와 W_2의 원소의 합으

로 유일하게 표현된다. 따라서 만약 $\mathbf{x} \in W_1 \cap W_2$이면

$$\mathbf{x} = \mathbf{x} + \mathbf{0} \ (\mathbf{x} \in W_1,\ \mathbf{0} \in W_2)$$
$$\mathbf{x} = \mathbf{0} + \mathbf{x} \ (\mathbf{0} \in W_1,\ \mathbf{x} \in W_2)$$

로 표현되므로, $\mathbf{x} = \mathbf{0}$이다. 따라서 $W_1 \cap W_2 \subset \{\mathbf{0}\}$이다. 분명히 $\{\mathbf{0}\} \subset W_1 \cap W_2$이므로, $W_1 \cap W_2 = \{\mathbf{0}\}$이다.

(2)$\Rightarrow$(1) : $W_1 \cap W_2 = \{\mathbf{0}\}$이라 가정하자. $S = W_1 + W_2$이므로 S의 원소는 W_1의 원소와 W_2의 원소의 합이다. 만약 S의 벡터 $\mathbf{v}$가,

$$\mathbf{v} = \mathbf{v}_1 + \mathbf{v}_2 = \mathbf{u}_1 + \mathbf{u}_2,\ (\mathbf{v}_1, \mathbf{u}_1 \in W_1,\ \mathbf{v}_2, \mathbf{u}_2 \in W_2)$$

로 표현된다면, $\mathbf{v}_1 - \mathbf{u}_1 = \mathbf{u}_2 - \mathbf{v}_2 \in W_1 \cap W_2 = \{\mathbf{0}\}$이므로, $\mathbf{v}_1 - \mathbf{u}_1 = \mathbf{0} = \mathbf{u}_2 - \mathbf{v}_2$, 즉 $\mathbf{v}_1 = \mathbf{u}_1$, $\mathbf{v}_2 = \mathbf{u}_2$이다. 즉, S의 모든 벡터 $\mathbf{v}$는 W_1의 원소와 W_2의 원소의 합으로 유일하게 표시된다. 따라서 $S = W_1 \oplus W_2$이다.

예제 4.1.28

$\mathbf{u} = (1, 0, 0)$, $\mathbf{v} = (1, 1, 0)$, $\mathbf{w} = (1, 1, 1)$에 대해, $W_1 = \text{span}\{\mathbf{u}, \mathbf{v}\}$, $W_2 = \text{span}\{\mathbf{v}, \mathbf{w}\}$라 두면, 예제 4.1.23에서

$$W_1 + W_2 = \text{span}\{\mathbf{u}, \mathbf{v}\} + \text{span}\{\mathbf{v}, \mathbf{w}\} = \text{span}\{\mathbf{u}, \mathbf{v}, \mathbf{v}, \mathbf{w}\}$$

이며 $\text{span}\{\mathbf{u}, \mathbf{v}, \mathbf{v}, \mathbf{w}\} = \text{span}\{\mathbf{u}, \mathbf{v}, \mathbf{w}\}$이므로(연습문제 4.1절의 5번), $W_1 + W_2 = \text{span}\{\mathbf{u}, \mathbf{v}, \mathbf{w}\} = \mathbb{R}^3$이다(예제 4.1.17). 그러나 $W_1 \cap W_2 = \{c\mathbf{v} \mid c \in \mathbb{R}\} = \text{span}\{\mathbf{v}\} \neq \{\mathbf{0}\}$이므로, 정리 4.1.27에서 $\mathbb{R}^3$는 W_1과 W_2의 직합이 아니다. 그러나 $W_3 = \text{span}\{\mathbf{w}\}$이면 $\mathbb{R}^3 = W_1 + W_3$(예제 4.1.17)이고, $W_1 \cap W_3 = \{\mathbf{0}\}$이어서, 정리 4.1.27에 의해 $\mathbb{R}^3 = W_1 \oplus W_3$이다.

예제 4.1.29

위 예에서 $W_4 = \text{span}\{(0, 0, 1)\}$이면 $\mathbb{R}^3 = W_1 + W_4$이고 $W_1 \cap W_4 = \{\mathbf{0}\}$이므로, $\mathbb{R}^3 = W_1 \oplus W_4$이다. 따라서 직합은 여러 가지로 표현될 수 있다.

연습문제 4.1

01. 정리 4.1.2의 공리들을 증명하여라.

02. W가 $\mathbb{R}^n$의 부분공간이면 W의 원소의 수는 1개이거나 무한히 많음을 보여라.

03. $\mathbf{v} \in \mathbb{R}^n$이면, $W = \{k\mathbf{v} \mid k \in \mathbb{R}\}$는 $\mathbb{R}^n$의 부분공간임을 보여라.

04. a, b, c, d는 실수이고, $(a, b) \neq (0, 0)$이라 하자. 모든 실수 k에 대해, $(c, d) \neq k(a, b)$라 가정하면, $\mathbb{R}^2$의 각 (x, y)는, 적당한 실수 k_1, k_2에 의해, $(x, y) = k_1(a, b) + k_2(c, d)$로 나타낼 수 있음을 보여라.

05. $\mathrm{span}\{\mathbf{u}, \mathbf{v}\} + \mathrm{span}\{\mathbf{v}, \mathbf{w}\} = \mathrm{span}\{\mathbf{u}, \mathbf{v}, \mathbf{w}\}$임을 보여라.

06. 다음 집합이 $\mathbb{R}^n$의 부분공간인지 아닌지 밝혀라.

(1) $W_1 = \{(x, y, z) \in R^3 \mid x + y + z = 0\}$

(2) $W_2 = \{(x, y, z) \in R^3 \mid xy \geq 0\}$

(3) $W_3 = \{\alpha(1, 2, 3) + \beta(-1, 2, 0) \in R^3 \mid \alpha, \beta\text{는 모든 실수}\}$

(4) $W_4 = \{(1, 2, 3) + \beta(-1, 2, 0) \in R^3 \mid \beta\text{는 모든 실수}\}$

07. 다음 주어진 벡터들을 품는 $\mathbb{R}^3$의 가장 작은 부분공간을 구하여라.

(1) $(1, 2, 3)$, $(\sqrt{2}, 2\sqrt{2}, 3\sqrt{2})$

(2) $(1, 2, 3)$, $(-1, -2, 3)$

(3) $(1, 2, 3)$, $(1, 2, 0)$, $(1, 0, 3)$

(4) $(1, 2, 3)$, $(1, 2, 0)$, $(1, 0, 3)$, $(0, 2, 3)$

08. (1) $(1, 2, 9)$를 $(1, 2, 3)$, $(-1, -2, 3)$의 1차 결합으로 나타내라.

(2) $(2, 2, 12)$을 $(1, 2, 3)$, $(1, 2, 0)$, $(1, 0, 3)$의 1차 결합으로 나타내라.

(3) (x, y, z)을 $(1, 2, 3)$, $(1, 2, 0)$, $(1, 0, 3)$의 1차 결합으로 나타내라.

(4) 위 (3)에서 $\mathbb{R}^3 = \mathrm{span}\{(1, 2, 3), (1, 2, 0), (1, 0, 3)\}$임을 보여라.

09. (1) $(1, 2, 15)$를 $(1, 2, 3)$과 $(-1, -2, 3)$의 1차결합으로 나타내라.

(2) 위 (1)을 이용하여 $\text{span}\{(1, 2, 3), (-1, -2, 3)\} = \text{span}\{(1, 2, 3), (1, 2, 15)\}$임을 보여라.

10. $\mathbb{R}^n$의 부분공간 W_1, W_2에 대해서 다음을 증명하여라.

(1) $W_1 \cap W_2$는 $\mathbb{R}^n$의 부분공간이다.

(2) $W_1 + W_2$는 $\mathbb{R}^n$의 부분공간이다.

11. $\mathbb{R}^n$의 부분공간 W_1, W_2에 대해, $W_1 \cup W_2$가 $\mathbb{R}^n$의 부분공간이 되면, $W_1 \subset W_2$이거나 $W_2 \subset W_1$임을 보여라.

12. (1) $\text{span}\{(1, 2, 3), (1, 2, 0)\} = \text{span}\{(0, 0, 1), (1, 2, 0)\}$임을 보여라.

(2) $\mathbb{R}^3 = \text{span}\{(1, 2, 3), (1, 2, 0)\} \oplus \text{W}$인 W를 구하여라.

13. $\mathbb{R}^n$의 벡터 $\mathbf{v}_1, \mathbf{v}_2, \cdots, \mathbf{v}_m$에 대해 $\text{span}\{\mathbf{v}_1, \mathbf{v}_2, \cdots, \mathbf{v}_m\}$은 $\mathbf{v}_1, \mathbf{v}_2, \cdots, \mathbf{v}_m$을 품는 $\mathbb{R}^n$의 가장 작은 부분공간임을 증명하여라.

14. 다음 동차선형연립방정식의 해집합이 유클리드공간 $\mathbb{R}^3$의 부분공간이 됨을 보여라.

$$\begin{cases} 2x - y + 3z = 0 \\ x + 2y - z = 0 \end{cases}$$

15. $W = \text{span}\{\mathbf{v}_1, \mathbf{v}_2\}$라 둘 때 W에 속하는 원소의 일반적 형태를 적고, $\mathbf{v}$가 W의 원소인지를 결정하시오. 단, $\mathbf{v}_1 = (1, 1, 1, 0)$, $\mathbf{v}_2 = (1, 1, 0, 1)$, $\mathbf{v} = (1, 1, 3, -2)$이다.

4.2 1차독립과 1차종속

주어진 벡터들 사이에 서로 상관관계가 있는지 나타내는 것 중의 하나가 1차독립과 종속이다. 만약 주어진 벡터들이 1차종속이라면 이중 적어도 하나의 벡터는 다른 벡터의 1차결합으로 표시되기 때문에 벡터들 사이에 서로 어떤 관계가 있다고 하겠다.

정의 4.2.1

$\mathbb{R}^n$의 벡터 $\mathbf{v}_1, \cdots, \mathbf{v}_m$이 **1차독립(linearly independent)**이란,

$$k_1\mathbf{v}_1 + \cdots + k_m\mathbf{v}_m = \mathbf{0} \tag{4.2.1}$$

을 만족하는 실수 $k_1, \cdots, k_m$이 모두 0뿐일 때, 즉 $k_1 = k_2 = \cdots = k_m = 0$뿐일 때를 말한다. 반대로 적어도 하나는 0아닌 실수 $k_1, \cdots, k_m$에 대해, 위 식 (4.2.1)이 만족하면 $\mathbf{v}_1, \cdots, \mathbf{v}_m$은 **1차종속(linearly dependent)**이라 한다.

예제 4.2.2

$\mathbb{R}^3$의 벡터 $\mathbf{v}_1 = (1, 1, 0)$, $\mathbf{v}_2 = (2, 0, 0)$, $\mathbf{v}_3 = (0, 1, 0)$, $\mathbf{v}_4 = (1, 2, 3)$를 생각해 보자.

$$\mathbf{v}_1 + \left(-\frac{1}{2}\right)\mathbf{v}_2 + (-1)\mathbf{v}_3 + 0\mathbf{v}_4 = (0, 0, 0)$$

이므로 $\mathbf{v}_1, \mathbf{v}_2, \mathbf{v}_3, \mathbf{v}_4$는 1차종속이다. 그리고 $\mathbf{v}_1, \mathbf{v}_2, \mathbf{v}_3$도 1차종속이다.

만약 $k_1\mathbf{v}_1 + k_2\mathbf{v}_2 = \mathbf{0}$이면, 즉 $k_1(1, 1, 0) + k_2(2, 0, 0) = (0, 0, 0)$이면,

$(k_1 + 2k_2, k_1, 0) = (0, 0, 0)$이므로, $k_1 + 2k_2 = 0$이고 $k_1 = 0$이다. 따라서 $k_1 = k_2 = 0$이어야 하고 $\mathbf{v}_1, \mathbf{v}_2$가 1차 독립임을 알 수 있다.

예제 4.2.3

$\mathbb{R}^n$에서 $\mathbf{e}_1 = (1, 0, \cdots, 0)$, $\mathbf{e}_2 = (0, 1, 0, \cdots, 0)$, $\cdots$, $\mathbf{e}_n = (0, \cdots, 0, 1)$은 1차독립이다.

예제 4.2.4

위 예제 4.2.2에서 $\mathbf{v}_1, \mathbf{v}_2, \mathbf{v}_4$는 1차독립이다.

풀이 만약 $k_1(1, 1, 0) + k_2(2, 0, 0) + k_3(1, 2, 3) = (0, 0, 0)$이면,
$(k_1 + 2k_2 + k_3, k_1 + 2k_3, 3k_3) = (0, 0, 0)$이므로, $k_1 + 2k_2 + k_3 = 0$ 이고 $k_1 + 2k_3 = 0$, 그리고 $3k_3 = 0$이다. 따라서 $k_3 = k_1 = k_2 = 0$이어야 하고 $\mathbf{v}_1, \mathbf{v}_2, \mathbf{v}_4$가 1차 독립임을 알 수 있다.

정리 4.2.5

$\mathbb{R}^n$의 벡터 $\mathbf{v}_1, \cdots, \mathbf{v}_m$ 중에서 적어도 하나가 0이거나, 같은 벡터가 2개 있으면 $\mathbf{v}_1, \cdots, \mathbf{v}_m$은 1차종속이다.

증명 만약 $\mathbf{v}_i = 0$이면, $0\mathbf{v}_1 + \cdots + 0\mathbf{v}_{i-1} + 1\mathbf{v}_i + 0\mathbf{v}_{i+1} + \cdots + 0\mathbf{v}_m = 0$이므로, $\mathbf{v}_1, \cdots, \mathbf{v}_m$은 1차종속이다. 예를 들어 $\mathbf{v}_1 = \mathbf{v}_2$이면,

$$1\mathbf{v}_1 + (-1)\mathbf{v}_2 + 0\mathbf{v}_3 + \cdots + 0\mathbf{v}_m = 0$$

이므로, $\mathbf{v}_1, \cdots, \mathbf{v}_m$은 1차종속이다.

정리 4.2.6

$0 \neq \mathbf{v} \in \mathbb{R}^n$인 단 하나의 벡터 $\mathbf{v}$는 1차독립이다.

증명 $\mathbf{v} = (a_1, \cdots, a_n)$이라면, $\mathbf{v} \neq 0$이므로 적어도 하나의 $a_i \neq 0$이다. 만약 $k_1\mathbf{v} = 0$이면 $(k_1a_1, \cdots k_1a_i, \cdots, k_1a_n) = (0, \cdots, 0, \cdots, 0)$이어서 $k_1a_i = 0$이다. $a_i \neq 0$이므로 $k_1 = 0$이다. 따라서 $\mathbf{v}$는 1차독립이다.

예제 4.2.7

$\mathbb{R}^n$의 벡터 $\mathbf{v}_1, \cdots, \mathbf{v}_m$이 1차종속이면 $\mathbf{v}_1, \cdots, \mathbf{v}_m$을 품는 더 많은 벡터들 $\mathbf{v}_1, \cdots, \mathbf{v}_m, \mathbf{w}_1, \cdots, \mathbf{w}_k\ (k \geq 0)$도 1차종속이다.

풀이 $\mathbf{v}_1, \cdots, \mathbf{v}_m$이 1차종속이므로 적어도 하나는 0이 아닌 실수 c_i에 대해

$$c_1\mathbf{v}_1 + \cdots + c_m\mathbf{v}_m = 0$$

이다. 따라서 $c_1\mathbf{v}_1 + \cdots + c_m\mathbf{v}_m + 0\mathbf{w}_1 + \cdots + 0\mathbf{w}_k = 0$이다. c_i는 적어도 하나는 0이 아니므로 $\mathbf{v}_1, \cdots, \mathbf{v}_m, \mathbf{w}_1, \cdots, \mathbf{w}_k\ (k \geq 0)$는 1차종속이다.

정리 4.2.8

두 개의 0이 아닌 벡터 $\mathbf{v}_1, \mathbf{v}_2$이 1차종속일 필요충분조건은 $\mathbf{v}_1 = k\mathbf{v}_2$인 실수 k가 존재할 때이다.

증명 $\mathbf{v}_1, \mathbf{v}_2$가 1차종속이라면, 적어도 하나는 0이 아닌 스칼라 c_1, c_2에 대해 $c_1\mathbf{v}_1 + c_2\mathbf{v}_2 = 0$이다. 만약 $c_1 = 0$이라 하면, $c_2\mathbf{v}_2 = 0$이고 $\mathbf{v}_2 \neq 0$이므로 $c_2 = 0$이다. 같은 방법으로 $c_2 = 0$이면

$c_1 = 0$이다. 따라서 $c_1 \neq 0$이고 $c_2 \neq 0$이다. 따라서 $\mathbf{v}_1 = k\mathbf{v}_2$, $k = -\dfrac{c_2}{c_1}$이다.

역으로 $\mathbf{v}_1 = k\mathbf{v}_2$인 실수 k가 존재하면 $\mathbf{v}_1 - k\mathbf{v}_2 = \mathbf{0}$이어서 $\mathbf{v}_1, \mathbf{v}_2$이 1차종속이다.

예제 4.2.9

모든 $k \in \mathbb{R}$에 대해 $(1, 2, 0) \neq k(0, 1, 1)$이므로 $(1, 2, 0)$, $(0, 1, 1)$은 1차독립이다.

주어진 벡터들이 1차독립인지 1차종속인지를 구별하는 가장 명확한 답이 아래의 정리이므로 아래의 정리는 꼭 기억해야 하겠다.

정리 4.2.10

(1) 두 개 이상의 벡터 $\mathbf{v}_1, \cdots, \mathbf{v}_m$이 1차종속일 필요충분조건은 $\mathbf{v}_1, \cdots, \mathbf{v}_m$ 중 하나가 다른 벡터들의 1차결합으로 표시된다.

(2) 두 개 이상의 벡터 $\mathbf{v}_1, \cdots, \mathbf{v}_m$이 1차독립일 필요충분조건은 $\mathbf{v}_1, \cdots, \mathbf{v}_m$ 중 어느 하나도 다른 벡터들의 1차결합으로 표시되지 않는다.

증명 (1) $\mathbf{v}_1, \cdots, \mathbf{v}_m$이 1차종속이라면, 적어도 하나는 0이 아닌 실수 $c_1, \cdots, c_m$에 대해 $c_1\mathbf{v}_1 + \cdots + c_m\mathbf{v}_m = \mathbf{0}$이다. 예를 들어 $c_i \neq 0$이라 하면,

$$\mathbf{v}_i = -\frac{c_1}{c_i}\mathbf{v}_1 - \cdots - \frac{c_{i-1}}{c_i}\mathbf{v}_{i-1} - \frac{c_{i+1}}{c_i}\mathbf{v}_{i+1} - \cdots - \frac{c_m}{c_i}\mathbf{v}_m$$

이므로, $\mathbf{v}_i$는 다른 벡터 $\mathbf{v}_1, \cdots, \mathbf{v}_{i-1}, \mathbf{v}_{i+1}, \cdots, \mathbf{v}_m$의 1차결합으로 표시된다.

역으로 $\mathbf{v}_j$가 다른 벡터들의 1차결합이라면, 즉

$$\mathbf{v}_j = c_1\mathbf{v}_1 + \cdots + c_{j-1}\mathbf{v}_{j-1} + c_{j+1}\mathbf{v}_{j+1} + \cdots + c_m\mathbf{v}_m$$

이면

$$c_1\mathbf{v}_1 + \cdots + c_{j-1}\mathbf{v}_{j-1} + (-1)\mathbf{v}_j + c_{j+1}\mathbf{v}_{j+1} + \cdots + c_m\mathbf{v}_m = \mathbf{0}$$

이 되어 $\mathbf{v}_1, \cdots, \mathbf{v}_{j-1}, \mathbf{v}_j, \cdots, \mathbf{v}_m$은 1차종속이다.

(2) (1)의 대우로 얻어진다.

예제 4.2.11

(1) $(3, 5, 2) = 3(1, 1, 0) + 2(0, 1, 1)$이므로 $(1, 1, 0)$, $(0, 1, 1)$, $(3, 5, 2)$은 1차종속이다.

(2) $(1,0,0)$, $(0,2,0)$, $(0,0,3)$은 어느 하나도 나머지 2개의 1차결합이 될 수 없으므로 이 세 벡터는 1차독립이다.

두 벡터 $\mathbf{v}_1, \mathbf{v}_2$의 1차독립이면 실수 a, b, c, d에 대해 $a\mathbf{v}_1 + b\mathbf{v}_2 = c\mathbf{v}_1 + d\mathbf{v}_2$ 일 필요충분조건은 $a = c$, $b = d$이다. 이는 $\mathbf{v}_1, \mathbf{v}_2$의 1차결합이 같은 벡터를 만들지 않는다는 것을 알 수 있다. 즉 유일하게 일차결합으로 표시된다.

정리 4.2.12

$\mathbb{R}^n$의 벡터 $\mathbf{v}_1, \cdots, \mathbf{v}_m$이 1차독립이면, $\mathrm{span}\{\mathbf{v}_1, \cdots, \mathbf{v}_m\}$의 각각의 벡터는 적당한 실수 k_i에 대해, $k_1\mathbf{v}_1 + \cdots + k_m\mathbf{v}_m$로 유일하게 표시된다.

증명 $\mathbf{x} \in \mathrm{span}\{\mathbf{v}_1, \cdots, \mathbf{v}_m\}$이면, 적당한 실수 c_i에 대해

$$\mathbf{x} = c_1\mathbf{v}_1 + \cdots + c_m\mathbf{v}_m$$

이다. 만약 실수 d_i에 대해 $\mathbf{x} = d_1\mathbf{v}_1 + \cdots + d_m\mathbf{v}_m$이면,

$$c_1\mathbf{v}_1 + \cdots + c_m\mathbf{v}_m = d_1\mathbf{v}_1 + \cdots + d_m\mathbf{v}_m$$

이다. 따라서 $(c_1 - d_1)\mathbf{v}_1 + \cdots + (c_m - d_m)\mathbf{v}_m = \mathbf{0}$이고, $\mathbf{v}_1, \cdots, \mathbf{v}_m$이 1차독립이므로 $c_1 - d_1 = 0, \cdots, c_m - d_m = 0$이다. 즉, $c_1 = d_1, \cdots, c_m = d_m$이고, $\mathbf{x} = c_1\mathbf{v}_1 + \cdots + c_m\mathbf{v}_m$은 유일하게 표시된다.

예제 4.2.13

위 예제 4.2.2에서 $\mathbf{v}_1 = (1,1,0)$, $\mathbf{v}_2 = (2,0,0)$, $\mathbf{v}_3 = (0,1,0)$는 1차 종속이었다. 그리고

$$2\mathbf{v}_1 + \mathbf{v}_2 + \mathbf{v}_3 = (4,\ 3,\ 0) = 0\mathbf{v}_1 + 2\mathbf{v}_2 + 3\mathbf{v}_3$$

이므로, $\mathrm{span}\{\mathbf{v}_1, \mathbf{v}_2, \mathbf{v}_3\}$의 원소 $(4,3,0)$는 유일하게 $\mathbf{v}_1$, $\mathbf{v}_2$, $\mathbf{v}_3$의 1차 결합으로 표시되지는 않는다.

예제 4.2.14

$\mathbf{v}_1, \cdots, \mathbf{v}_n$이 1차독립이면, $1 \leq s \leq n$인 모든 s에 대해

$$\mathrm{span}\{\mathbf{v}_1, \cdots, \mathbf{v}_n\} = \mathrm{span}\{\mathbf{v}_1, \cdots, \mathbf{v}_s\} \oplus \mathrm{span}\{\mathbf{v}_{s+1}, \cdots, \mathbf{v}_n\}$$

임을 보여라.

풀이 예제 4.1.23에 의해

$$\text{span}\{\mathbf{v}_1, \cdots, \mathbf{v}_n\} = \text{span}\{\mathbf{v}_1, \cdots, \mathbf{v}_s\} + \text{span}\{\mathbf{v}_{s+1}, \cdots, \mathbf{v}_n\}$$

이다. 만약 $\mathbf{x} \in \text{span}\{\mathbf{v}_1, \cdots, \mathbf{v}_s\} \cap \text{span}\{\mathbf{v}_{s+1}, \cdots, \mathbf{v}_n\}$이면, 적당한 실수 c_i에 대해 $\mathbf{x} = c_1\mathbf{v}_1 + \cdots + c_s\mathbf{v}_s = c_{s+1}\mathbf{v}_{s+1} + \cdots + c_n\mathbf{v}_n$이다. 이는

$c_1\mathbf{v}_1 + \cdots + c_s\mathbf{v}_s + 0\mathbf{v}_{s+1} + \cdots + 0\mathbf{v}_n = 0\mathbf{v}_1 + \cdots + 0\mathbf{v}_s + c_{s+1}\mathbf{v}_{s+1} + \cdots + c_n\mathbf{v}_n$

이므로 정리 4.2.12에 의해 $c_1 = \cdots = c_s = 0,\ c_{s+1} = \cdots = c_n = 0$이다. 따라서 $\mathbf{x} = 0$이다. 이는 $\text{span}\{\mathbf{v}_1, \cdots, \mathbf{v}_s\} \cap \text{span}\{\mathbf{v}_{s+1}, \cdots, \mathbf{v}_n\} = \{0\}$임을 보이는 것이다. 결국 정리 4.1.27에 의해 $\text{span}\{\mathbf{v}_1, \cdots, \mathbf{v}_n\} = \text{span}\{\mathbf{v}_1, \cdots, \mathbf{v}_s\} \oplus \text{span}\{\mathbf{v}_{s+1}, \cdots, \mathbf{v}_n\}$이다.

행렬식을 이용하여 $\mathbb{R}^n$의 벡터가 1차독립인지 종속인지 판정할 수 있다. n개 보다 작은 개수의 벡터들로는 아래와 같은 정방행식을 만들지 못하여 행렬식을 구할 수 없어서 판정할 수 없으며, $n+1$ 개 이상의 벡터들은 $\mathbb{R}^n$에서 항상 1차종속이다(4.3절).

정리 4.2.15

$\mathbb{R}^n$의 n개의 벡터 $\mathbf{a}_1 = (a_{11}, \cdots, a_{1n}), \cdots, \mathbf{a}_n = (a_{n1}, \cdots, a_{nn})$이 1차독립일 필요충분조건은 행렬식

$$D = \begin{vmatrix} a_{11} & a_{21} & \cdots & a_{n1} \\ \vdots & \vdots & & \vdots \\ a_{1n} & a_{2n} & \cdots & a_{nn} \end{vmatrix} = \begin{vmatrix} a_{11} & a_{12} & \cdots & a_{1n} \\ \vdots & \vdots & & \vdots \\ a_{n1} & a_{n2} & \cdots & a_{nn} \end{vmatrix} \neq 0$$

일 때이다. 대우로 $\mathbf{a}_1, \cdots, \mathbf{a}_n$이 1차종속일 필요충분조건은 $D = 0$일 때이다.

증명 실수 $c_1, \cdots, c_n$에 대해, 만약 $c_1\mathbf{a}_1 + c_1\mathbf{a}_2 + \cdots + c_n\mathbf{a}_n = 0$이라면,

$$\begin{aligned} & c_1\mathbf{a}_1 + c_2\mathbf{a}_2 + \cdots + c_n\mathbf{a}_n \\ &= (c_1a_{11} + c_2a_{21} + \cdots + c_na_{n1}, \cdots, c_1a_{1n} + c_2a_{2n} + \cdots + c_na_{nn}) \\ &= (0, 0, \cdots, 0) \end{aligned}$$

이므로, 다음 동차선형연립방정식을 얻는다.

$$\begin{cases} c_1a_{11}+c_2a_{21}+\cdots+c_n a_{n1}=0 \\ \qquad\qquad\vdots \\ c_1a_{1n}+c_2a_{2n}+\cdots+c_n a_{nn}=0 \end{cases}$$

이 방정식이 자명해, 즉 $c_1=c_2=\cdots=c_n=0$만을 가질 필요충분조건은 Cramer의 공식(정리 2.4.1)에 의해 $D\neq 0$이다. 따라서 $\mathbf{a}_1,\cdots,\mathbf{a}_n$이 1차독립일 필요충분조건은 $c_1\mathbf{a}_1+c_2\mathbf{a}_2+\cdots+c_n\mathbf{a}_n=\mathbf{0}$을 만족하는 c_i가 모두 동시에 0일 때, 즉 $c_1=c_2=\cdots=c_n=0$일 때이고, 즉 위 연립방정식이 자명해 만을 가질 때이다. 따라서 $\mathbf{a}_1,\ldots,\mathbf{a}_n$이 1차독립일 필요충분조건은 $D\neq 0$일 때이다.

예제 4.2.16

(1) $\mathbb{R}^3$의 세 벡터 $(1,0,0)$, $(1,1,0)$, $(1,1,1)$은 1차독립이다.

(2) $\mathbb{R}^4$의 네 벡터 $(2,0,0,1)$, $(2,0,1,0)$, $(3,1,0,1)$, $(3,1,1,0)$은 1차종속이다.

풀이 $D=\begin{vmatrix} 1 & 0 & 0 \\ 1 & 1 & 0 \\ 1 & 1 & 1 \end{vmatrix}=1\neq 0$, $D=\begin{vmatrix} 2 & 0 & 0 & 1 \\ 2 & 0 & 1 & 0 \\ 3 & 1 & 0 & 1 \\ 3 & 1 & 1 & 0 \end{vmatrix}=0$이므로 정리 4.2.15에 의해 (1), (2)가 성립한다.

열행렬들의 집합 $M_{n\times 1}(\mathbb{R})$은 $\mathbb{R}^n$과 매우 유사할 것으로 추측할 수 있을 것이다. 자연스럽게 $n\times 1$ 행렬과 $\mathbb{R}^n$의 원소를 대응시킬 수 있으며, 뿐만 아니라 원소끼리의 덧셈과 스칼라배 연산의 결과도 대응된다. 선형대수학에서 이렇게 대응된 두 벡터공간을 **동형**(isomorphic)이라 한다. 일반 벡터공간은 6장에서 다루어서 $M_{n\times 1}(\mathbb{R})$의 벡터에 대한 성질을 언급하기 곤란하지만 $\mathbb{R}^n$의 벡터와 비교하면 이해가 가능할 것이다.

정리 4.2.17

(1) $\mathbb{R}^n$의 n개의 벡터 $\mathbf{a}_1=(a_{11},\cdots,a_{1n}),\cdots,\mathbf{a}_n=(a_{n1},\cdots,a_{nn})$이 1차독립일 필요충분조건은 행렬 $A=\begin{pmatrix} a_{11} & a_{12} & \cdots & a_{1n} \\ \vdots & \vdots & \vdots & \vdots \\ a_{n1} & a_{n2} & \cdots & a_{nn} \end{pmatrix}$이 정칙행렬이다.

(2) 열행렬 $\mathrm{b}_1,\cdots,\mathrm{b}_n\in M_{n\times 1}(\mathbb{R})$에 대해서 $\mathrm{b}_1,\cdots,\mathrm{b}_n$이 1차 독립일 필요충분조건은 행렬 $B=(\mathrm{b}_1\ \mathrm{b}_2\ \cdots\ \mathrm{b}_n)$이 정칙행렬이다.

증명 (1) 정리 4.1.5에서 $\mathbf{a}_1, \cdots, \mathbf{a}_n$ 이 1차 독립일 필요충분조건은 $|A| \neq 0$ 이다. 이는 A 가 정칙행렬일 필요충분조건이다(정리 2.1.6 (2)).

(2) 열행렬 $\mathrm{b}_1, \cdots, \mathrm{b}_n \in M_{n\times 1}(\mathbb{R})$ 의 전치행렬 $\mathrm{b}_1^T, \cdots, \mathrm{b}_n^T$ 를 $\mathbb{R}^n$ 의 벡터로 생각하자. 따라서 $\mathrm{b}_1, \cdots, \mathrm{b}_n$ 이 1차 독립일 필요충분조건은 $\mathrm{b}_1^T, \cdots, \mathrm{b}_n^T$ 가 1차독립이다. 정리 2.1.15에 의해 이는 $|B| \neq 0$ 와 동치이다. 여기서 $B = (\mathrm{b}_1\ \mathrm{b}_2\ \cdots\ \mathrm{b}_n)$ 이다. 따라서 B 가 정칙행렬이다와 동치이다.

연습문제 4.2

01. 다음 명제들의 참, 거짓을 판정하여라.

(1) $\mathbb{R}^2$의 0아닌 두 벡터는 1차독립이다.

(2) $\mathrm{v}_1, \cdots, \mathrm{v}_n$이 1차종속이면, 모든 v_i는 나머지 벡터들의 1차결합이다.

(3) $\mathrm{v}_3 \neq 0$이지만 $\mathrm{span}\{\mathrm{v}_1, \mathrm{v}_2, \mathrm{v}_3\} = \mathrm{span}\{\mathrm{v}_1, \mathrm{v}_2\}$일 수 있다.

(4) $\mathbf{w} \in \mathrm{span}\{\mathrm{v}_1, \mathrm{v}_2, \mathrm{v}_3\}$이면, $\mathbf{w}$는 $\mathrm{v}_1, \mathrm{v}_2, \mathrm{v}_3$의 1차결합으로 유일하게 표현된다.

(5) $\mathbf{w} \not\in \mathrm{span}\{\mathrm{v}_1, \mathrm{v}_2, \mathrm{v}_3\}$이면, $\mathbf{w}, \mathrm{v}_1, \mathrm{v}_2, \mathrm{v}_3$는 1차독립이다.

(6) $\mathbf{w} \in \mathrm{span}\{\mathrm{v}_1, \mathrm{v}_2, \mathrm{v}_3\}$이면, $\mathbf{w}, \mathrm{v}_1, \mathrm{v}_2, \mathrm{v}_3$는 1차종속이다.

02. 다음 $\mathbb{R}^3$의 벡터들이 1차독립인지 아닌지 조사하여라.

(1) (1, 2, 3), (1, 1, 1)

(2) (1, 2, 3), (1, 1, 1), (1, 1, 0)

(3) (1, 2, 3), (1, 1, 0), (0, 1, 3)

(4) (1, 2, 3), (1, 1, 1), (1, 1, 0), (1, 0, 1)

03. 다음 $\mathbb{R}^4$의 벡터들이 1차독립인지 아닌지 조사하여라.

(1) (2, 0, 2, 0), (0, 2, 0, 2), (1, 1, 1, 1)

(2) (2, 0, 2, 0), (0, 2, 0, 2), (2, 0, 0, 0)

(3) (2, 0, 2, 0), (0, 2, 0, 2), (2, 0, 0, 0), (0, 0, 0, 2)

(4) (2, 0, 2, 0), (0, 2, 0, 2), (2, 0, 0, 0), (0, 0, 0, 2), (1, 2, 3, 4)

04. 다음을 증명하여라.

(1) $(1,0,0,0), (1,1,0,0), (1,1,1,0), (1,1,1,1)$은 1차독립이다.

(2) $W = \text{span}\{(1,0,0,0), (1,1,0,0)\}$이면 W의 모든 원소는 $(1,0,0,0), (1,1,0,0)$의 1차결합으로 유일하게 표현된다.

(3) $\mathbb{R}^4 = \text{span}\{(1,0,0,0), (1,1,0,0)\} \oplus \text{span}\{(1,1,1,0), (1,1,1,1)\}$이다.

05. $\mathbf{v}_1 \neq 0$일 때 다음을 증명하여라.

(1) $\mathbf{v}_2 \not\in \text{span}\{\mathbf{v}_1\}$이면 $\mathbf{v}_1, \mathbf{v}_2$는 1차독립이다.

(2) $\mathbf{v}_1, \mathbf{v}_2$는 1차독립이고 $\mathbf{v}_3 \not\in \text{span}\{\mathbf{v}_1, \mathbf{v}_2\}$이면 $\mathbf{v}_1, \mathbf{v}_2, \mathbf{v}_3$는 1차독립이다.

(3) 만약 $\mathbf{v}_3 \in \text{span}\{\mathbf{v}_1, \mathbf{v}_2\}$이면 $\mathbf{v}_1, \mathbf{v}_2, \mathbf{v}_3$는 1차종속이다.

06. 다음 벡터들이 1차종속이 되는 λ를 모두 구하여라.

(1) $(\lambda,\ 1,\ 1), (1,\ \lambda,\ 1), (1,\ 1,\ \lambda)$

(2) $(1,\ 2,\ 3), (\lambda,\ \lambda,\ 0), (0,\ 1,\ \lambda)$

07. 벡터공간 $\mathbb{R}^n$에 속한 세 벡터 $\mathbf{v}_1, \mathbf{v}_2, \mathbf{v}_3$가 일차독립일 때, 세 벡터 $\mathbf{v}_1 + \mathbf{v}_2 - \mathbf{v}_3$, $\mathbf{v}_1 + 2\mathbf{v}_2 + \mathbf{v}_3$, $2\mathbf{v}_1 + \mathbf{v}_2 - 4\mathbf{v}_3$가 일차독립인지 일차종속인지를 판정하시오.

08. $\{\mathbf{v}_1, \mathbf{v}_2, \mathbf{v}_3, \mathbf{v}_4\}$가 $\mathbb{R}^4$의 벡터로서 일차독립일 때 다음의 집합 $\{\mathbf{v}_1 + \mathbf{v}_2, \mathbf{v}_2 + \mathbf{v}_3, \mathbf{v}_3 + \mathbf{v}_4, \mathbf{v}_4 + \mathbf{v}_1\}$이 일차독립인지 일차종속인지를 결정하시오.

4.3 기저와 차원

벡터공간의 가장 기본이 되는 벡터가 기저이다. 왜냐하면 모든 벡터는 기저의 일차결합으로 유일하게 표현되기 때문이다. 벡터공간의 기저를 이루는 벡터의 개수를 그 벡터공간의 차원이라 한다.

정의 4.3.1

W가 $\mathbb{R}^n$의 부분공간일 때, 벡터 $\mathbf{v}_1, \cdots, \mathbf{v}_m \in W$에 대해,

(1) $\mathbf{v}_1, \cdots, \mathbf{v}_m$은 1차독립이고,

(2) $\mathbf{v}_1, \cdots, \mathbf{v}_m$이 W를 생성하면, 즉 $W = \text{span}\{\mathbf{v}_1, \cdots, \mathbf{v}_m\}$이면, $\{\mathbf{v}_1, \cdots, \mathbf{v}_m\}$은 W의 **기저**(basis)라 한다. 이때 m을 W의 **차원**(dimension)이라 하고, $\dim W = m$으로 표시한다. 영공간의 차원은 0, 즉 $\dim\{0\} = 0$으로 정의한다. $\dim W = m$이면, W를 $\mathbb{R}^n$의 **$m-$차원 부분공간**($m-$dimensional subspace)라 한다.

예제 4.3.2

예제 4.2.3에서 $\mathbf{e}_1 = (1, 0, \cdots, 0)$, $\mathbf{e}_2 = (0, 1, 0, \cdots, 0)$, $\cdots$, $\mathbf{e}_n = (0, \cdots, 0, 1)$은 1차독립이고, 각각의 $(a_1, a_2, \cdots, a_n) \in \mathbb{R}^n$은 $\mathbf{e}_1, \cdots, \mathbf{e}_n$의 1차결합이다. 즉,

$$(a_1, a_2, \cdots, a_n) = a_1\mathbf{e}_1 + a_2\mathbf{e}_2 + \cdots + a_n\mathbf{e}_n.$$

따라서 $\mathbf{e}_1, \mathbf{e}_2, \cdots, \mathbf{e}_n$은 $\mathbb{R}^n$을 생성하고, $\{\mathbf{e}_1, \cdots, \mathbf{e}_n\}$은 $\mathbb{R}^n$의 기저이다. 이를 $\mathbb{R}^n$의 **표준기저**(standard basis)라 한다. 여기서 $\dim \mathbb{R}^n = n$임은 분명하다.

예제 4.3.3

앞의 예제 4.2.16에서 $\mathbf{u} = (1, 0, 0)$, $\mathbf{v} = (1, 1, 0)$, $\mathbf{w} = (1, 1, 1)$은 1차독립이다. 또 예제 4.1.17에서

$$(a, b, c) = (a-b)(1, 0, 0) + (b-c)(1, 1, 0) + c(1, 1, 1)$$

이므로 $\mathbf{u}, \mathbf{v}, \mathbf{w}$는 $\mathbb{R}^3$를 생성한다. 따라서 $\{\mathbf{u}, \mathbf{v}, \mathbf{w}\}$는 $\mathbb{R}^3$의 기저이다. 그리고 $\dim \mathbb{R}^3 = 3$이다.

예제 4.3.2와 4.3.3에서 $\mathbb{R}^3$의 서로 다른 기저가 있음을 알 수 있다. 사실 $\mathbb{R}^3$의 무수히 많은 기저가 존재한다.

예제 4.3.4

$\mathbb{R}^n$의 벡터 $\mathbf{v}_1, \cdots, \mathbf{v}_m$이 1차독립이면, $\{\mathbf{v}_1, \cdots, \mathbf{v}_m\}$은 $\text{span}\{\mathbf{v}_1, \cdots, \mathbf{v}_m\}$의 기저이다. 따라서 $\mathbf{v}_1, \cdots, \mathbf{v}_m$이 1차독립이면 $\dim \text{span}\{\mathbf{v}_1, \cdots, \mathbf{v}_m\} = m$이다.

벡터공간(부분공간)에서 1차독립이 되는 벡터의 최대 개수가 m 이면, 모든 벡터는 1차독립이 되는 m 개의 벡터의 일차결합으로 표현된다. 따라서 1차독립이 되는 m 개의 벡터는 기저가 된다는 것을 아래의 정리에서 증명한다. 이 증명 방법은 매우 전형적인 방법이므로 기억하는 것이 좋겠다.

정리 4.3.5

W가 $\mathbb{R}^n$의 부분공간이고, W의 벡터들이 1차독립이 될 수 있는 최대의 개수가 m 이면, 1차독립인 m 개의 W의 벡터들은 W의 기저를 이룬다. 따라서 $\dim W = m$이다.

증명 W의 벡터 $\mathbf{v}_1, \cdots, \mathbf{v}_m$은 1차독립이고 W의 벡터들이 1차독립이 될 수 있는 최대의 개수를 m 이라 하자. 임의의 $\mathbf{w} \in \mathrm{W}$에 대해 $\mathbf{w}, \mathbf{v}_1, \cdots, \mathbf{v}_m$ 은 1차종속이다. 따라서 적어도 하나는 0이 아닌 실수 $c, c_1, \cdots, c_m$이 존재하여

$$c\mathbf{w} + c_1\mathbf{v}_1 + c_2\mathbf{v}_2 + \cdots + c_m\mathbf{v}_m = 0$$

을 만족한다. 만약 $c = 0$이면 $c_1\mathbf{v}_1 + c_2\mathbf{v}_2 + \cdots + c_m\mathbf{v}_m = 0$이고 $\mathbf{v}_1, \cdots, \mathbf{v}_m$은 1차독립이므로 c_i는 모두 0이다. 이는 $c, c_1, \cdots, c_m$ 중 적어도 하나는 0아니라는 사실에 모순이다. 따라서 $c \neq 0$임을 알 수 있다. 따라서

$$\mathbf{w} = \frac{-c_1}{c}\mathbf{v}_1 + \frac{-c_2}{c}\mathbf{v}_2 + \cdots + \frac{-c_m}{c}\mathbf{v}_m \in \mathrm{span}\{\mathbf{v}_1, \mathbf{v}_2, \cdots, \mathbf{v}_m\}$$

이다. 이는 $W \subset \mathrm{span}\{\mathbf{v}_1, \mathbf{v}_2, \cdots, \mathbf{v}_m\}$임을 보이는 것이다. 또 W는 $\mathbb{R}^n$의 부분공간이고 $\mathbf{v}_1, \ldots, \mathbf{v}_m \in W$이므로 $\mathrm{span}\{\mathbf{v}_1, \mathbf{v}_2, \cdots, \mathbf{v}_m\} \subset W$임은 분명하다. 따라서 $W = \mathrm{span}\{\mathbf{v}_1, \mathbf{v}_2, \cdots, \mathbf{v}_m\}$이고 $\mathbf{v}_1, \cdots, \mathbf{v}_m$은 1차독립이므로 $\mathbf{v}_1, \cdots, \mathbf{v}_m$은 W의 기저이다. 즉 $\dim W = m$이다.

정리 4.3.6

W가 $\mathbb{R}^n$의 부분공간일 때, $\dim W = m$이면 W의 벡터들이 1차독립이 될 수 있는 최대의 개수는 m 이다.

위 정리의 증명은 다소 복잡하지만 아래의 예제의 증명과 같은 방법으로 증명할 수 있다.

예제 4.3.7

W가 $\mathbb{R}^n$의 부분공간이고 $\dim W = 2$이면 W의 벡터들이 1차독립이 될 수 있는 최대의 개수는 2이다.

풀이 $\{\mathbf{v}_1, \mathbf{v}_2\}$가 W의 기저라 하자. 임의의 세 벡터 $\mathbf{w}_1, \mathbf{w}_2, \mathbf{w}_3 \in W$는 1차종속임을 보이자. $\{\mathbf{v}_1, \mathbf{v}_2\}$가 W의 기저이므로, 적당한 실수 a_{ij}에 대해

$$\mathbf{w}_1 = a_{11}\mathbf{v}_1 + a_{12}\mathbf{v}_2, \quad \mathbf{w}_2 = a_{21}\mathbf{v}_1 + a_{22}\mathbf{v}_2, \quad \mathbf{w}_3 = a_{31}\mathbf{v}_1 + a_{32}\mathbf{v}_2$$

이다. $\mathbf{w}_1, \mathbf{w}_2, \mathbf{w}_3$가 1차종속임을 보이기 위해 $k_1\mathbf{w}_1 + k_2\mathbf{w}_2 + k_3\mathbf{w}_3 = 0$라 하자. 이는

$$(a_{11}k_1 + a_{21}k_2 + a_{31}k_3)\mathbf{v}_1 + (a_{12}k_1 + a_{22}k_2 + a_{32}k_3)\mathbf{v}_2 = 0$$

이고 $\mathbf{v}_1, \mathbf{v}_2$는 1차독립이므로 $\begin{cases} a_{11}k_1 + a_{21}k_2 + a_{31}k_3 = 0 \\ a_{12}k_1 + a_{22}k_2 + a_{32}k_3 = 0 \end{cases}$ 이어야 한다. 이 두 식을 만족하는 k_1, k_2, k_3는 무수히 많다(미지수 3개 방정식 2개). 따라서 $k_1\mathbf{w}_1 + k_2\mathbf{w}_2 + k_3\mathbf{w}_3 = 0$을 만족시키는 k_1, k_2, k_3가 모두 0일 필요는 없다. 즉 $\mathbf{w}_1, \mathbf{w}_2, \mathbf{w}_3$는 1차종속이다. 따라서 임의의 3개의 벡터는 모두 1차 종속이다. 이는 임의의 3개 이상의 벡터는 모두 1차종속임을 보이는 것이다(예제4.2.7).

예제 4.3.8

$\{(1, 0), (0, 1)\}$은 $\mathbb{R}^2$의 기저이므로 $\dim \mathbb{R}^2 = 2$이다. 따라서 $\mathbb{R}^2$의 1차독립인 벡터들의 최대 개수는 2이다 (정리4.3.6).

예제 4.3.9

$\mathbb{R}^3$의 1차독립인 벡터들의 최대 개수는 3이고 일차독립인 3개의 벡터는 $\mathbb{R}^3$의 기저가 된다(정리 4.3.5).

다음 정리에서 벡터공간(부분공간)의 모든 원소는 기저의 일차결합으로 유일하게 표시되며 역으로 벡터공간(부분공간)의 모든 원소를 일차결합으로 유일하게 표시할 수 있는 원소들의 모임이 기저임을 보인다.

정리 4.3.10

W가 $\mathbb{R}^n$의 부분공간일 때, 벡터 $\mathbf{v}_1, \cdots, \mathbf{v}_m \in W$에 대해

(1) $\{\mathbf{v}_1, \cdots, \mathbf{v}_m\}$이 W의 기저이면, W의 각각의 벡터 $\mathbf{v}$는 적당한 실수 c_i에 대해, $\mathbf{v} = c_1\mathbf{v}_1 + c_2\mathbf{v}_2 + \cdots + c_m\mathbf{v}_m$로 유일하게 표시된다.

(2) W의 모든 벡터가, 적당한 실수 c_i에 대해, $c_1\mathbf{v}_1 + \cdots + c_m\mathbf{v}_m$로 유일하게 표시되면 $\{\mathbf{v}_1, \cdots, \mathbf{v}_m\}$은 W의 기저이다.

증명 (1) $\{\mathbf{v}_1, \cdots, \mathbf{v}_m\}$이 W의 기저이고 $\mathbf{v} \in W$라 하자. $W = \mathrm{span}\{\mathbf{v}_1, \cdots, \mathbf{v}_m\}$이므로, $\mathbb{R}$의 적당한 c_i에 대해 $\mathbf{v} = c_1\mathbf{v}_1 + c_2\mathbf{v}_2 + \cdots + c_m\mathbf{v}_m$이다. $\{\mathbf{v}_1, \cdots, \mathbf{v}_m\}$은 1차독립이므로, 정리 4.2.12에 의해 $\mathbf{v} = c_1\mathbf{v}_1 + c_2\mathbf{v}_2 + \cdots + c_m\mathbf{v}_m$으로 유일하게 표시된다.

(2) W의 모든 원소가 실수 c_i에 대해 유일하게 $c_1\mathbf{v}_1 + \cdots + c_m\mathbf{v}_m$로 표시된다 하자. 따라서 $W \subset \mathrm{span}\{\mathbf{v}_1, \cdots, \mathbf{v}_m\}$이고, 이는 $W = \mathrm{span}\{\mathbf{v}_1, \cdots, \mathbf{v}_m\}$임을 말한다. 이제 $\mathbf{v}_1, \cdots, \mathbf{v}_m$은 1차독립임을 보이자. 만약 $d_1\mathbf{v}_1 + d_2\mathbf{v}_2 + \cdots + d_m\mathbf{v}_m = 0$라 하면, $d_1\mathbf{v}_1 + d_2\mathbf{v}_2 + \cdots + d_m\mathbf{v}_m = 0 = 0\mathbf{v}_1 + 0\mathbf{v}_2 + \cdots + 0\mathbf{v}_m$이다. V의 원소는 일의적으로 $\mathbf{v}_1, \cdots, \mathbf{v}_m$의 1차결합으로 유일하게 표시되므로, $d_1 = 0,\ d_2 = 0, \cdots, d_m = 0$이고, $\mathbf{v}_1, \cdots, \mathbf{v}_m$은 1차독립이다. 따라서 $\{\mathbf{v}_1, \cdots, \mathbf{v}_m\}$은 W의 기저이다.

정리 4.3.10의 (1)에 의해 다음을 정의할 수 있다.

정의 4.3.11

W가 $\mathbb{R}^n$의 부분공간이고, $\beta = \{\mathbf{v}_1, \mathbf{v}_2, \cdots, \mathbf{v}_m\}$이 W의 기저라 하자. W의 각각의 벡터 $\mathbf{v}$는 적당한 실수 c_i에 대해, $\mathbf{v} = c_1\mathbf{v}_1 + c_2\mathbf{v}_2 + \cdots + c_m\mathbf{v}_m$로 유일하게 표시되므로, $(c_1, c_2, \cdots, c_n)_\beta$을 벡터 $\mathbf{v}$의 기저 $\beta = \{\mathbf{v}_1, \mathbf{v}_2, \cdots, \mathbf{v}_m\}$에 대한 **좌표**(coodinate)라 정의한다. 편의상 이 좌표를 $n \times 1$ 행렬로 표시하여

$$[\mathbf{v}]_\beta = \begin{pmatrix} c_1 \\ c_2 \\ \vdots \\ c_n \end{pmatrix}$$

를 기저 β에 대한 $\mathbf{v}$의 **좌표행렬**(coordinate matrix)라 정의한다.

예를 들어, $\mathbb{R}^n$의 표준기저 $\beta_0 = \{\mathbf{e}_1, \cdots, \mathbf{e}_n\}$에 대한 $(c_1, c_2, \cdots, c_n)$의 좌표는 $(c_1, c_2, \cdots, c_n)_{\beta_0}$

이고 좌표행렬은 $[(c_1, c_2, \cdots, c_n)]_{\beta_0} = \begin{pmatrix} c_1 \\ c_2 \\ \vdots \\ c_n \end{pmatrix}$이다.

주의

위에서 기저에 대한 좌표는 기저의 순서에 영향을 받는다.

예제 4.3.12

$\mathbf{v}_1 = (1, 1), \mathbf{v}_2 = (1, -1)$이면 $\beta = \{\mathbf{v}_1, \mathbf{v}_2\}$는 $\mathbb{R}^2$의 기저이다(연습문제 4.3절의 2번).

(1) (a, b)의 $\{\mathbf{v}_1, \mathbf{v}_2\}$에 대한 좌표행렬를 구하여라.

(2) $(2, 1)$의 $\{\mathbf{v}_1, \mathbf{v}_2\}$에 대한 좌표행렬를 구하여라.

풀이 (1) $(a, b) = c_1\mathbf{v}_1 + c_2\mathbf{v}_2$이면 $(a, b) = c_1(1, 1) + c_2(1, -1) = (c_1 + c_2,\ c_1 - c_2)$이므로 $a = c_1 + c_2,\ b = c_1 - c_2$이다. 이를 $c_1,\ c_2$에 관하여 풀면, $c_1 = \dfrac{a+b}{2},\ c_2 = \dfrac{a-b}{2}$이므로 (a, b)의 $\{\mathbf{v}_1, \mathbf{v}_2\}$에 대한 좌표는 $\left(\dfrac{a+b}{2}, \dfrac{a-b}{2}\right)_\beta$이고 좌표행렬은 $\begin{pmatrix} \dfrac{a+b}{2} \\ \dfrac{a-b}{2} \end{pmatrix}$이다.

(2) 위 (1)에 $(a, b) = (2, 1)$을 대입하여, $(2, 1)$의 β에 대한 좌표는 $\left(\dfrac{3}{2}, \dfrac{1}{2}\right)_\beta$이고 좌표행렬은 $\begin{pmatrix} \dfrac{3}{2} \\ \dfrac{1}{2} \end{pmatrix}$이다.

정의 4.3.13

$m \times n$ 행렬 A의 행벡터 $Row_i(A) = (a_{i1}, a_{i2}, \cdots, a_{in})$는 $\mathbb{R}^n$의 벡터로 생각할 수 있다. 행벡터 $Row_1(A), Row_2(A), \cdots, Row_m(A)$가 생성하는 $\mathbb{R}^n$의 부분공간

$$\mathrm{span}\{Row_1(A),\ Row_2(A), \cdots,\ Row_m(A)\}$$

을 행렬 A의 **행공간**(row space)라 정의한다. 유사하게 A의 **열공간**(column space)은 A의 열벡터 $Col_1(A),\ Col_2(A), \cdots,\ Col_n(A)$이 생성하는 $M_{m\times 1}(\mathbb{R})$의 부분공간으로 정의한다.

편의상 $m \times n$ 행렬 A의 행벡터 $Row_i(A) = \mathbf{v}_i (1 \le i \le m)$라 하자. 1장에서 학습한 기본행렬과 행렬의 곱을 생각해 보면, 기본행렬 E와 A의 곱인 행렬 EA의 행공간은 다음 세 가지 중의 하나이다.

$$\text{span}\{\mathbf{v}_1, \cdots, \mathbf{v}_{i-1}, \mathbf{v}_j, \mathbf{v}_{i+1}, \cdots, \mathbf{v}_{j-1}, \mathbf{v}_i, \mathbf{v}_{j+1}, \cdots, \mathbf{v}_m\},$$
$$\text{span}\{\mathbf{v}_1, \cdots, \mathbf{v}_{i-1}, c\mathbf{v}_i, \mathbf{v}_{i+1}, \cdots, \mathbf{v}_m\}, \ (c \ne 0)$$
$$\text{span}\{\mathbf{v}_1, \cdots, \mathbf{v}_{i-1}, \mathbf{v}_i + c\mathbf{v}_j, \mathbf{v}_{i+1}, \cdots, \mathbf{v}_j, \cdots, \mathbf{v}_m\}.$$

위의 세 행공간은 모두 A의 행공간 $\text{span}\{\mathbf{v}_1, \cdots, \mathbf{v}_m\}$과 같다(예제 4.1.21 참고).

따라서 기본 행렬 $E_1, \cdots, E_s$를 A에 곱하여 얻은 행렬 $E_s \cdots E_1 A$의 행공간은 A의 행공간과 같다. 만약 행렬 A에 기본행렬 $E_1, \cdots, E_s$를 A에 곱하여 얻은 행렬 $E_s \cdots E_1 A$이 기약계단행렬 R이 되었다면, R과 A의 행공간은 같음을 알 수 있다. 이를 요약하면 다음 정리를 얻는다.

정리 4.3.14

$m \times n$ 행렬 A의 기약계단행렬이 R이라면 A의 행공간과 R의 행공간은 같다.

예제 4.3.15

행렬 $A = \begin{pmatrix} 1 & 2 & 3 \\ 1 & 0 & 1 \\ 0 & 1 & 1 \end{pmatrix}$의 기약계단행렬은 $R = \begin{pmatrix} 1 & 0 & 1 \\ 0 & 1 & 1 \\ 0 & 0 & 0 \end{pmatrix}$이다.

A의 행공간은 $W_1 = \text{span}\{(1,2,3), (1,0,1), (0,1,1)\}$이고 R의 행공간은 $W_2 = \text{span}\{(1,0,1), (0,1,1)\}$이며 $W_1 = W_2$이다. 따라서 A의 행공간의 기저로 W_2의 기저 $\{(1,0,1), (0,1,1)\}$를 잡을 수 있다.

1장에서 행렬 A의 기약계단행렬이 R이면 R의 0아닌 행벡터의 개수를 $rank(A)$로 정의했음을 상기하자. 아래 정리에서 행렬 A의 행공간과 열공간의 차원은 같으며 $rank(A)$임을 보인다.

따름정리 4.3.16

행렬 A의 행공간(혹은 열공간)의 차원은 $rank(A)$이다.

증명 행렬 A의 기약계단행렬을 R이라 하자. 기약계단행렬 R의 0 이 아닌 행벡터는 1차독립임을 쉽게 알 수 있으므로, R의 0이 아닌 행벡터는 $\mathbb{R}$ 의 행공간의 기저임을 알 수 있다. 따라서 R의 행공간의 차원은 $rank(A)$이다. 정리 4.3.14에 의해 A의 행공간과 R의 행공간은 같으므로 행렬 A의 행공간의 차원은 $rank(A)$이다.

이제 A의 열공간의 차원도 $rank(A)$임을 보이자. 행렬 A^T를 생각하자. 위 증명에서 A^T의 행공간의 차원은 $rank(A^T)$이다. 정리 1.3.26에서 $rank(A^T) = rank(A)$이므로 A^T의 행공간의 차원은 $rank(A)$이다. A^T의 행공간은 A의 열공간과 같으므로 A의 열공간의 차원도 $rank(A)$이다.

따름정리 4.3.17

행렬 A의 행벡터들 중에서 1차독립인 최대개수는 $rank(A)$이다.

증명 행렬 A가 $m \times n$ 행렬이고, $\mathbf{v}_1, \cdots, \mathbf{v}_m$이 A의 행벡터라 하자. 그리고 $rank(A) = r$이라 하자. 따름정리 4.3.16에 의해 A의 행공간 $\mathrm{span}\{\mathbf{v}_1, \cdots, \mathbf{v}_m\}$의 차원은 r이다. 따라서 정리 4.3.6에 의해 A의 1차독립인 행벡터의 최대개수는 r이다.

예제 4.3.18

앞 예제 4.2.2의 $\mathbf{v}_1 = (1, 1, 0)$, $\mathbf{v}_2 = (2, 0, 0)$, $\mathbf{v}_3 = (0, 1, 0)$, $\mathbf{v}_4 = (1, 2, 3)$를 이용하여 다음의 행렬을 만들어 보자.

$$A = \begin{pmatrix} 1 & 1 & 0 \\ 2 & 0 & 0 \\ 0 & 1 & 0 \\ 1 & 2 & 3 \end{pmatrix}, \quad B = \begin{pmatrix} 1 & 1 & 0 \\ 2 & 0 & 0 \\ 0 & 1 & 0 \end{pmatrix}$$

A, B의 기약계단행렬은 각각 다음과 같다.

$$R_A = \begin{pmatrix} 1 & 0 & 0 \\ 0 & 1 & 0 \\ 0 & 0 & 1 \\ 0 & 0 & 0 \end{pmatrix}, \quad R_B = \begin{pmatrix} 1 & 0 & 0 \\ 0 & 1 & 0 \\ 0 & 0 & 0 \end{pmatrix}$$

따라서 $rank(A)=3$, $rank(B)=2$이다. 그리고 위 A의 기약계단행렬 R_A에서 A의 행공간은

$$\mathrm{span}\{\mathbf{v}_1, \mathbf{v}_2, \mathbf{v}_3, \mathbf{v}_4\} = \mathrm{span}\{(1,0,0), (0,1,0), (0,0,1)\} = \mathbb{R}^3$$

이다. $rank(A)=3$이므로, A의 행벡터 $\mathbf{v}_1, \mathbf{v}_2, \mathbf{v}_3, \mathbf{v}_4$는 1차종속이고, 이중에서 1차독립인 최대개수는 3이다. 실제로 $\mathbf{v}_2, \mathbf{v}_3, \mathbf{v}_4$, 혹은 $\mathbf{v}_1, \mathbf{v}_2, \mathbf{v}_4$, 혹은 $\mathbf{v}_1, \mathbf{v}_3, \mathbf{v}_4$는 1차독립이다. 그리고 이러한 세 벡터들은 A의 행공간의 기저를 이룬다. 그러나 $\mathbf{v}_1, \mathbf{v}_2, \mathbf{v}_3$는 1차독립이 아니고 A의 행공간의 기저를 이루지 못한다. 위 R_B에서 B의 행공간은

$$\mathrm{span}\{\mathbf{v}_1, \mathbf{v}_2, \mathbf{v}_3\} = \mathrm{span}\{(1,0,0), (0,1,0)\} = \{(c_1, c_2, 0) \mid c_1, c_2 \in \mathbb{R}\}$$

이다. $rank(B)=2$이므로, B의 행벡터 $\mathbf{v}_1, \mathbf{v}_2, \mathbf{v}_3$는 1차종속이고, 이중에서 1차독립인 최대개수는 2이다. 실지로 $\mathbf{v}_1, \mathbf{v}_2, \mathbf{v}_3$ 중에서 임의의 두 벡터는 1차독립이고 B의 행공간의 기저를 이룬다.

정의 4.3.19

W가 $\mathbb{R}^n$의 부분공간일 때, $\mathbb{R}^n = W \oplus W'$이면 W'를 W의 **보충공간**(complementary subspace)이라 한다.

다음 예제에서 보듯이 부분공간의 보충공간은 일반적으로 유일하지 않다.

예제 4.3.20

앞의 예제 4.1.28에서 $\mathbb{R}^3$의 부분공간 $W_1 = \mathrm{span}\{(1,0,0), (1,1,0)\}$의 보충공간은 $W_3 = \mathrm{span}\{(1,1,1)\}$이다. 또 $W_1 = \mathrm{span}\{(1,0,0), (0,1,0)\}$이므로 $W_4 = \mathrm{span}\{(0,0,1)\}$도 W_1의 보충공간임을 쉽게 알 수 있다.

예제 4.3.21

앞 예제 4.2.2에서처럼 $\mathbb{R}^3$의 벡터 $\mathbf{v}_1=(1,1,0)$, $\mathbf{v}_2=(2,0,0)$, $\mathbf{v}_3=(0,1,0)$, $\mathbf{v}_4=(1,2,3)$라 두고, $W_1 = \mathrm{span}\{\mathbf{v}_1, \mathbf{v}_2\}$, $W_2 = \mathrm{span}\{\mathbf{v}_3, \mathbf{v}_4\}$라 하자. $\mathbf{v}_1$, $\mathbf{v}_2$는 1차독립이므로 $\dim W_1 = 2$이다. $\mathbf{v}_3, \mathbf{v}_4$도 1차독립이므로 $\dim W_2 = 2$이다. W_1의 벡터는 모두 마지막 좌표가 0이므로 $\mathbf{v}_4 \notin W_1$이고 $\mathbf{v}_1, \mathbf{v}_2, \mathbf{v}_4$는 1차독립이다(연습문제 4.2절의 5번). 따라서 $\mathbb{R}^3 = \mathrm{span}\{\mathbf{v}_1, \mathbf{v}_2, \mathbf{v}_4\}$이고 $\dim \mathbb{R}^3 = 3$이다. $\mathbb{R}^3 = \mathrm{span}\{\mathbf{v}_1, \mathbf{v}_2\} \oplus \mathrm{span}\{\mathbf{v}_4\}$이므로 $W_1 = \mathrm{span}$

$\{\mathbf{v}_1, \mathbf{v}_2\}$의 보충공간은 $\text{span}\{\mathbf{v}_4\}$이다.

위 예제에서 $W_1 \cap W_2$ 는 $\{\mathbf{v}_3\}$가 아니고 $\text{span}\{\mathbf{v}_3\}$임을 주의하라. 따라서 $\dim(W_1 \cap W_2) = 1$이다.

예제 4.3.22

$\mathbf{v}_1 = (1, 0, 1), \mathbf{v}_2 = (2, 1, 0), \mathbf{v}_3 = (0, 2, -4)$이고 $W = \text{span}\{\mathbf{v}_1, \mathbf{v}_2, \mathbf{v}_3\}$일 때

(1) W의 기저와 차원을 구하여라.

(2) 위 (1)의 W의 기저를 포함하는 $\mathbb{R}^3$의 기저를 구하여라.

풀이 (1) $\mathbf{v}_1, \mathbf{v}_2$는 1차독립이고, $\mathbf{v}_1, \mathbf{v}_2, \mathbf{v}_3$는 1차종속이다. 사실 $-4\mathbf{v}_1 + 2\mathbf{v}_2 = \mathbf{v}_3$이므로 $\{\mathbf{v}_1, \mathbf{v}_2\}$는 $W = \text{span}\{\mathbf{v}_1, \mathbf{v}_2, \mathbf{v}_3\} = \text{span}\{\mathbf{v}_1, \mathbf{v}_2\}$의 기저이다. 따라서 $\dim W = 2$이다.

(2) (1)에서 $W = \text{span}\{\mathbf{v}_1, \mathbf{v}_2\} = \{c_1\mathbf{v}_1 + c_2\mathbf{v}_2 \mid c_1, c_2 \in \mathbb{R}\}$이고, $c_1\mathbf{v}_1 + c_2\mathbf{v}_2 = c_1(1, 0, 1) + c_2(2, 1, 0) = (c_1 + 2c_2, c_2, c_1)$이므로

$$W = \{(c_1 + 2c_2, c_2, c_1) \mid c_1, c_2 \in \mathbb{R}\}$$

임을 알 수 있다. 이때 $c_1 = c_2 = 1$을 생각하면, $\mathbf{u} = (1, 1, 1) \not\in W$임을 알 수 있다. 따라서 $\mathbf{v}_1, \mathbf{v}_2, \mathbf{u}$은 1차독립이고(연습문제 4.2절의 5번), $\dim \mathbb{R}^3 = 3$이므로 $\{\mathbf{v}_1, \mathbf{v}_2, \mathbf{u}\}$는 $\mathbb{R}^3$의 기저이다. 같은 방법으로 $\mathbf{u}' = (0, 1, 1) \not\in W$이므로 $\{\mathbf{v}_1, \mathbf{v}_2, \mathbf{u}'\}$도 $\mathbb{R}^3$의 기저이다. 사실 W의 기저 $\{\mathbf{v}_1, \mathbf{v}_2\}$를 포함하는 $\mathbb{R}^3$의 기저는 무수히 많다.

■ 선형연립방정식의 해

앞에서 선형연립방정식

$$\begin{cases} a_{11}x_1 + a_{12}x_2 + \cdots + a_{1n}x_n = b_1 \\ a_{21}x_1 + a_{22}x_2 + \cdots + a_{2n}x_n = b_2 \\ \qquad\qquad\qquad \vdots \\ a_{m1}x_1 + a_{m2}x_2 + \cdots + a_{mn}x_n = b_m \end{cases} \tag{4.3.1}$$

은 아래의 계수행렬 A와 $m \times 1$ 행렬 $\mathbf{x}$, $\mathbf{b}$을 이용하여 $A\mathbf{x} = \mathbf{b}$로 표시된다.

$$A=\begin{pmatrix} a_{11} & a_{12} & \cdots & a_{1n} \\ a_{21} & a_{22} & \cdots & a_{2n} \\ \vdots & \vdots & & \vdots \\ a_{m1} & a_{m2} & \cdots & a_{mn} \end{pmatrix}, \qquad \mathbf{x}=\begin{pmatrix} x_1 \\ x_2 \\ \vdots \\ x_n \end{pmatrix}, \quad \mathbf{b}=\begin{pmatrix} b_1 \\ b_2 \\ \vdots \\ b_m \end{pmatrix}$$

따라서 위 연립방정식 (4.3.1)의 해집합은

$$U=\{\mathbf{x}\in M_{n\times 1}(\mathbb{R})\mid A\mathbf{x}=\mathbf{b}\}$$

이다. 만약 $\mathbf{b}\neq \mathbf{0}$ 이면 $\mathbf{0}\notin U$이므로 U는 벡터공간이 되지 않는다. 따라서 $\mathbf{b}=\mathbf{0}$ 인 동차선형연립방정식 $A\mathbf{x}=\mathbf{0}$의 해집합은

$$V=\{\mathbf{x}\in M_{n\times 1}(\mathbb{R})\mid A\mathbf{x}=\mathbf{0}\}$$

이다. V는 $M_{n\times 1}(\mathbb{R})$의 부분공간이 되며(예제 6.2.3) 이를 동차선형연립방정식 $A\mathbf{x}=\mathbf{0}$의 **해공간**이라 한다. 정리 4.2.17 앞에서 언급했듯이 $n\times 1$ 행렬을 전치하여 $\mathbb{R}^n$의 원소로 간주하자. $W=\{\mathbf{x}^T\mid \mathbf{x}\in V\}$이라면

$$W=\{\mathbf{x}^T\in\mathbb{R}^n\mid A\mathbf{x}=\mathbf{0}\}$$

이다.

예제 4.3.23

위에서 $W=\{\mathbf{x}^T\in\mathbb{R}^n\mid A\mathbf{x}=\mathbf{0}\}$는 $\mathbb{R}^n$의 부분공간이다.

풀이 $\mathbf{x}_1^T,\ \mathbf{x}_2^T\in W,\ k_1,\ k_2\in\mathbb{R}$ 이라 하자. 그러면 $A\mathbf{x}_1=\mathbf{0}$이고 $A\mathbf{x}_2=\mathbf{0}$이다. 따라서

$$A(k_1\mathbf{x}_1+k_2\mathbf{x}_2)=k_1(A\mathbf{x}_1)+k_2(A\mathbf{x}_2)=k_1\mathbf{0}+k_2\mathbf{0}=\mathbf{0}$$

이고, $(k_1\mathbf{x}_1+k_2\mathbf{x}_2)^T\in W$이다. $(k_1\mathbf{x}_1+k_2\mathbf{x}_2)^T=k_1\mathbf{x}_1^T+k_2\mathbf{x}_2^T$이므로

$$k_1\mathbf{x}_1^T+k_2\mathbf{x}_2^T\in W$$

이다. 따라서 W는 $\mathbb{R}^n$의 부분공간이다.

연습문제 4.3

01. $\mathbb{R}^n$의 부분공간에 대한 다음 명제들의 참, 거짓을 판정하여라.

(1) 모든 부분공간의 차원은 $\mathbb{R}^n$의 차원보다 같거나 작다.

(2) 부분공간의 모든 벡터는 부분공간의 기저를 이루는 벡터들의 일차결합이다.

(3) 부분공간의 기저를 이루는 벡터들의 일부는 1차종속이 될 수 있다.

(4) 모든 부분공간의 기저는 유일하게 존재한다.

(5) 영공간이 아닌 부분공간은 무수히 많은 기저를 갖는다.

(6) 부분공간의 모든 원소가 $\mathbf{v}_1, \cdots, \mathbf{v}_n$의 1차결합으로 나타나면 $\{\mathbf{v}_1, \cdots, \mathbf{v}_n\}$은 부분공간의 기저이다.

(7) 부분공간의 모든 기저는 같은 개수의 벡터로 이루어진다.

(8) m차원 부분공간의 모든 기저는 m개의 벡터로 이루어진다.

(9) m차원 부분공간의 1차독립인 벡터의 개수는 m보다 같거나 작다.

(10) 두 부분공간이 같은 차원을 가지면 두 부분공간은 같다.

02. $\{(1, 1), (1, -1)\}$은 $\mathbb{R}^2$의 기저임을 보여라.

03. $\mathbb{R}^2$의 서로 다른 부분공간은 무한히 많음을 보여라.
(Hint : 모든 실수 t에 대해 $\text{span}\{(1, t)\}$은 1차원 부분공간이다.)

04. 아래 $\mathbb{R}^3$의 부분공간을 생각해보자.

$$W_1 = \{(a, a, 0) \mid a \in \mathbb{R}\}, \quad W_2 = \{(0, a, a) \mid a \in \mathbb{R}\}$$
$$W_3 = \{(a, 0, b) \mid a, b \in \mathbb{R}\}, \quad W_4 = \{(a, b, 0) \mid a, b \in \mathbb{R}\}$$

(1) $W_1, W_2, W_1 \cap W_2, W_1 + W_2$의 기저와 차원을 구하여라.

(2) $W_3, W_4, W_3 \cap W_4, W_3 + W_4$의 기저와 차원을 구하여라.

05. $\mathbb{R}^4$의 두 3차원 부분공간 W_1, W_2에 대해 $W_1 \cap W_2 \neq \{0\}$임을 증명하여라.

06. $\mathbb{R}^3$의 다음 각 기저에 대해 $\mathbf{u} = (1, 2, 1)$의 좌표를 구하여라.

(1) $\{(1, 0, 0), (0, 1, 0), (0, 0, 1)\}$ (2) $\{(1, 0, 0), (1, 1, 0), (1, 1, 1)\}$

(3) $\{(1, 0, 1), (2, 1, 0), (1, 1, 1)\}$

07. $\mathbb{R}^3$의 부분공간 $W=\text{span}\{(1,0,0),(0,1,0)\}$에 대해 다음을 보여라.

(1) $\{(1,1,0),(1,2,0)\}$가 W의 기저이며 $W=\text{span}\{(1,1,0),(1,2,0)\}$이다.

(2) $\mathbb{R}^3= W\oplus\text{span}\{(0,0,1)\}$이며, 또 $\mathbb{R}^3= W\oplus\text{span}\{(1,1,1)\}$이다.

(3) W의 두 보충공간 $\text{span}\{(0,0,1)\}\neq\text{span}\{(1,1,1)\}$임을 보여라.

08. $\mathbb{R}^4$의 벡터 $\mathbf{v}_1=(1,2,3,4)$, $\mathbf{v}_2=(1,1,1,1)$, $\mathbf{v}_3=(0,1,2,0)$, $\mathbf{v}_4=(2,4,6,5)$에 대해 다음에 답하여라.

(1) $\mathbf{v}_1,\mathbf{v}_2,\mathbf{v}_3$는 1차독립이고 $\mathbf{v}_1,\mathbf{v}_2,\mathbf{v}_3,\mathbf{v}_4$는 1차종속임을 보여라.

(2) $W=\text{span}\{\mathbf{v}_1,\mathbf{v}_2,\mathbf{v}_3,\mathbf{v}_4\}$의 기저와 차원을 구하여라.

(3) 위 W의 기저를 포함하는 $\mathbb{R}^4$의 기저를 구하여라. 이때 W의 보충공간을 구하여라.

09. $\mathbb{R}^4$의 다음 부분집합이 $\mathbb{R}^4$의 부분공간임을 확인하고 그 기저와 차원을 구하여라.

(1) $\{(a,b,c,d)\in\mathbb{R}^4\mid a=0\}$

(2) $\{(a,b,c,d)\in\mathbb{R}^4\mid a=b=c\}$

(3) $\{(a,b,c,d)\in\mathbb{R}^4\mid a+b=c,\ a-b=d\}$

10. 문제 9번의 (1), (2), (3)의 부분공간의 보충공간과 그 차원을 구하여라.

11. 아래 행렬들에 대해 다음을 구하여라.

(1) 행공간의 차원

(2) $rank$

(3) 행공간의 기저가 되는 행벡터들.

$$A=\begin{pmatrix}1&3&0\\0&0&1\\1&0&0\end{pmatrix},\quad B=\begin{pmatrix}1&3&0\\1&2&1\\3&7&2\end{pmatrix},\quad C=\begin{pmatrix}1&2&3&4\\1&1&1&1\\0&1&2&0\\2&4&6&5\end{pmatrix}$$

12. $\mathbb{R}^3$의 두 부분공간 $W_1=\text{span}\{(1,1,1)\}$과 $W_2=\text{span}\{(0,1,2),(1,3,a)\}$에 대하여, $\dim(W_1+W_2)=2$가 될 a의 값을 구하여라.

4.4 기저변환과 전이행렬

$\mathbb{R}^n$의 두 기저에 대한 좌표행렬 사이에 어떤 관계가 있는지 알아보자.

$\beta = \{\mathbf{v}_1, ..., \mathbf{v}_n\}$, $\beta' = \{\mathbf{w}_1, ..., \mathbf{w}_n\}$을 $\mathbb{R}^n$의 두 기저라 하자. β는 $\mathbb{R}^n$의 기저이므로 각각의 $\mathbf{w}_i$는 $\mathbf{v}_1, \cdots, \mathbf{v}_n$의 1차 결합으로 표시된다. 즉

$$\begin{aligned}
\mathbf{w}_1 &= a_{11}\mathbf{v}_1 + a_{12}\mathbf{v}_2 + \cdots + a_{1n}\mathbf{v}_n \\
\mathbf{w}_2 &= a_{21}\mathbf{v}_1 + a_{22}\mathbf{v}_2 + \cdots + a_{2n}\mathbf{v}_n \\
&\vdots \\
\mathbf{w}_n &= a_{n1}\mathbf{v}_1 + a_{n2}\mathbf{v}_2 + \cdots + a_{nn}\mathbf{v}_n
\end{aligned}$$

이는 $\mathbf{w}_i$의 β에 관한 좌표행렬이

$$[\mathbf{w}_i]_\beta = \begin{pmatrix} a_{i1} \\ a_{i2} \\ \vdots \\ a_{in} \end{pmatrix}$$

임을 말한다. 이제 a_{ij}를 이용하여 아래의 행렬 P를 만들자.

$$P = \begin{pmatrix} a_{11} & a_{21} & \cdots & a_{n1} \\ a_{12} & a_{22} & \cdots & a_{n2} \\ \vdots & \vdots & \vdots & \vdots \\ a_{1n} & a_{2n} & \cdots & a_{nn} \end{pmatrix}$$

이 행렬 P를 기저 β'에서 β로의 **전이행렬**(transition matrix)이라 한다.

벡터 $\mathbf{v}$의 β'에 관한 좌표벡터가 $[\mathbf{v}]_{\beta'} = \begin{pmatrix} c_1 \\ c_2 \\ \vdots \\ c_n \end{pmatrix}$이면

$$\begin{aligned}
\mathbf{v} &= c_1\mathbf{w}_1 + c_2\mathbf{w}_2 + \cdots + c_n\mathbf{w}_n \\
&= c_1(a_{11}\mathbf{v}_1 + a_{12}\mathbf{v}_2 + \cdots + a_{1n}\mathbf{v}_n) \\
&\quad + c_2(a_{21}\mathbf{v}_1 + a_{22}\mathbf{v}_2 + \cdots + a_{2n}\mathbf{v}_n)
\end{aligned}$$

$$\vdots$$

$$+ c_n(a_{n1}\mathbf{v}_1 + a_{n2}\mathbf{v}_2 + \cdots + a_{nn}\mathbf{v}_n)$$

$$= (c_1 a_{11} + c_2 a_{21} + \cdots + c_n a_{n1})\mathbf{v}_1$$

$$+ (c_1 a_{12} + c_2 a_{22} + \cdots + c_n a_{n2})\mathbf{v}_2$$

$$\vdots$$

$$+ (c_1 a_{1n} + c_2 a_{2n} + \cdots + c_n a_{nn})\mathbf{v}_n$$

이므로

$$[\mathbf{v}]_\beta = \begin{pmatrix} c_1a_{11} + c_2a_{21} + \cdots + c_na_{n1} \\ c_1a_{12} + c_2a_{22} + \cdots + c_na_{n2} \\ \vdots \\ c_1a_{1n} + c_2a_{2n} + \cdots + c_na_{nn} \end{pmatrix} = P\begin{pmatrix} c_1 \\ c_2 \\ \vdots \\ c_n \end{pmatrix} = P[\mathbf{v}]_{\beta'}$$

이므로 다음 정리가 성립한다.

정리 4.4.1

β, β'가 $\mathbb{R}^n$의 기저이고 β'에서 β로의 전이행렬 P라 하면, 임의의 $\mathbf{v}$에 대해 $[\mathbf{v}]_\beta = P[\mathbf{v}]_{\beta'}$이다.

예제 4.4.2

앞 예제 4.3.12의 기저 $\beta = \{\mathbf{v}_1, \mathbf{v}_2\}$와 표준기저 $\beta_0 = \{\mathbf{e}_1, \mathbf{e}_2\}$에 대해 다음을 구하여라. 여기서 $\mathbf{v}_1 = (1, 1), \mathbf{v}_2 = (1, -1)$이다.

(1) β_0에서 β로의 전이행렬 P을 구하여라.

(2) $(2, 1)$의 β에 관한 좌표행렬을 구하여라.

(3) β에서 β_0로의 전이행렬 Q를 구하고 $Q = P^{-1}$임을 확인하여라.

(4) $[(2, 1)]_{\beta_0} = Q[(2, 1)]_\beta$임을 확인하여라.

풀이 (1) $\mathbf{e}_1 = (1,0) = \frac{1}{2}\mathbf{v}_1 + \frac{1}{2}\mathbf{v}_2$, $\mathbf{e}_2 = (0,1) = \frac{1}{2}\mathbf{v}_1 - \frac{1}{2}\mathbf{v}_2$이므로

$$[\mathbf{e}_1]_\beta = \begin{pmatrix} \frac{1}{2} \\ \frac{1}{2} \end{pmatrix}, \quad [\mathbf{e}_2]_\beta = \begin{pmatrix} \frac{1}{2} \\ -\frac{1}{2} \end{pmatrix}$$

이고 β_0에서 β로의 전이행렬은

$$P = ([\mathbf{e}_1]_\beta,\ [\mathbf{e}_2]_\beta) = \begin{pmatrix} \frac{1}{2} & \frac{1}{2} \\ \frac{1}{2} & -\frac{1}{2} \end{pmatrix}$$

이다.

(2) 정리 4.4.1에서 $[(2,1)]_\beta = P\,[(2,1)]_{\beta_0}$이므로

$$[(2,1)]_\beta = \begin{pmatrix} \frac{1}{2} & \frac{1}{2} \\ \frac{1}{2} & -\frac{1}{2} \end{pmatrix}\begin{pmatrix} 2 \\ 1 \end{pmatrix} = \begin{pmatrix} \frac{3}{2} \\ \frac{1}{2} \end{pmatrix}$$

이다. **검산** : $\frac{3}{2}\mathbf{v}_1 + \frac{1}{2}\mathbf{v}_2 = \frac{3}{2}(1,1) + \frac{1}{2}(1,-1) = (2,1)$.

(3) $\mathbf{v}_1 = (1,1)$, $\mathbf{v}_2 = (1,-1)$이므로 $[\mathbf{v}_1]_{\beta_0} = \begin{pmatrix} 1 \\ 1 \end{pmatrix}$, $[\mathbf{v}_2]_{\beta_0} = \begin{pmatrix} 1 \\ -1 \end{pmatrix}$이어서 β에서 β_0로의 전이행렬 Q는

$$Q = \begin{pmatrix} 1 & 1 \\ 1 & -1 \end{pmatrix}$$

이다. 또 $PQ = \begin{pmatrix} 1 & 0 \\ 0 & 1 \end{pmatrix}$임을 알 수 있어서 $Q = P^{-1}$이다.

(4) 위 (2)에서 $[(2,1)]_\beta = \begin{pmatrix} \frac{3}{2} \\ \frac{1}{2} \end{pmatrix}$이므로

$$Q[(2,1)]_\beta = \begin{pmatrix} 1 & 1 \\ 1 & -1 \end{pmatrix}\begin{pmatrix} \frac{3}{2} \\ \frac{1}{2} \end{pmatrix} = \begin{pmatrix} 2 \\ 1 \end{pmatrix} = [(2,1)]_{\beta_0}$$

가 성립한다.

예제 4.4.3

$\mathbb{R}^3$의 표준기저 $\beta_0 = \{\mathbf{e}_1, \mathbf{e}_2, \mathbf{e}_3\}$와 기저 $\beta = \{\mathbf{u}, \mathbf{v}, \mathbf{w}\}$ (예제 4.3.3)에 대해 다음을 구하여라. 여기서 $\mathbf{u} = (1,0,0)$, $\mathbf{v} = (1,1,0)$, $\mathbf{w} = (1,1,1)$이다.

(1) β_0에서 β로의 전이행렬 P를 구하여라.

(2) $(1,2,3)$의 β에 관한 좌표행렬을 구하여라.

풀이 (1) $\mathbf{e}_1 = (1,0,0) = \mathbf{u}$, $\mathbf{e}_2 = (0,1,0) = -\mathbf{u} + \mathbf{v}$, $\mathbf{e}_3 = (0,0,1) = -\mathbf{v} + \mathbf{w}$이므로

$$[\mathbf{e}_1]_\beta = \begin{pmatrix} 1 \\ 0 \\ 0 \end{pmatrix}, \quad [\mathbf{e}_2]_\beta = \begin{pmatrix} -1 \\ 1 \\ 0 \end{pmatrix}, \quad [\mathbf{e}_3]_\beta = \begin{pmatrix} 0 \\ -1 \\ 1 \end{pmatrix}$$

이고 β_0에서 β로의 전이행렬은

$$P = ([\mathbf{e}_1]_\beta, [\mathbf{e}_2]_\beta, [\mathbf{e}_3]_\beta) = \begin{pmatrix} 1 & -1 & 0 \\ 0 & 1 & -1 \\ 0 & 0 & 1 \end{pmatrix}$$

이다.

(2) 정리 4.4.9에서 $[(1, 2, 3)]_\beta = P[(1, 2, 3)]_{\beta_0}$이므로

$$[(1, 2, 3)]_\beta = \begin{pmatrix} 1 & -1 & 0 \\ 0 & 1 & -1 \\ 0 & 0 & 1 \end{pmatrix} \begin{pmatrix} 1 \\ 2 \\ 3 \end{pmatrix} = \begin{pmatrix} -1 \\ -1 \\ 3 \end{pmatrix}$$

이다. 여기서 $(-1)\mathbf{u} + (-1)\mathbf{v} + 3\mathbf{w} = (1, 2, 3)$임을 확인할 수 있다.

앞 예제 4.4.2에서 보았듯이 다음 정리가 성립한다.

정리 4.4.4

$\mathbb{R}^n$의 두 기저 β, β'에 대해, β'에서 β로의 전이행렬 P라 하면 다음이 성립한다.

(1) P는 정칙행렬이다.

(2) β에서 β'로의 전이행렬은 P^{-1}이다.

연습문제 4.4

01. $\mathbb{R}^2$의 기저 $\beta = \{\mathbf{v}_1, \mathbf{v}_2\}$와 표준기저 $\beta_0 = \{\mathbf{e}_1, \mathbf{e}_2\}$에 대해 다음을 구하여라.

$$\mathbf{v}_1 = (2,1), \quad \mathbf{v}_2 = (1,1)$$

(1) β_0에서 β로의 전이행렬 P를 구하여라.

(2) β에서 β_0로의 전이행렬 Q를 구하여라. 구하고 $Q = P^{-1}$임을 확인하여라.

(3) $\mathbf{w} = (3, 4)$의 β에 관한 좌표행렬을 구하여라.

(4) $\mathbf{w} = c_1\mathbf{v}_1 + c_2\mathbf{v}_2$인 c_1, c_2를 구하여 (3)의 결과를 확인하여라.

02. $\mathbb{R}^4$의 기저 $\beta = \{\mathbf{u}_1, \mathbf{u}_2, \mathbf{u}_3, \mathbf{u}_4\}$와 표준기저 $\beta_0 = \{\mathbf{e}_1, \mathbf{e}_2, \mathbf{e}_3, \mathbf{e}_4\}$에 대해 다음에 답하여라. 여기서 $\mathbf{u}_1 = \mathbf{e}_1$, $\mathbf{u}_2 = (0, 1, 0, 2)$, $\mathbf{u}_3 = (1, 1, 1, 1)$, $\mathbf{u}_4 = \mathbf{e}_4$이다.

(1) β_0에서 β로의 전이행렬 P를 구하여라.

(2) $\mathbf{w} = (1, 2, 3, 4)$의 좌표행렬 $[\mathbf{w}]_\beta$를 구하여라.

03. P는 $\mathbb{R}^n$의 어떤 기저에서 다른 기저로의 전이행렬이고 $\mathbf{v}_1, \mathbf{v}_2, \mathbf{v}_3, \mathbf{v}_4$가 일차독립이면 벡터 $P\mathbf{v}_1$, $P\mathbf{v}_2$, $P\mathbf{v}_3$, $P\mathbf{v}_4$도 일차독립임을 보여라.

04. $\mathbf{v}_1 = (1, 0, 0)$, $\mathbf{v}_2 = (1, 1, 0)$, $\mathbf{v}_3 = (1, 1, 1)$, $\mathbf{w}_1 = (1, 2, 3)$, $\mathbf{w}_2 = (4, 5, 6)$, $\mathbf{w}_3 = (0, 0, 1)$이라 두고 $\alpha = \{\mathbf{v}_1, \mathbf{v}_2, \mathbf{v}_3\}$, $\beta = \{\mathbf{w}_1, \mathbf{w}_2, \mathbf{w}_3\}$ 라 두자.

(1) β가 $\mathbb{R}^3$의 기저임을 보이시오.

(2) 기저 β에서 기저 α로의 전이행렬 P를 구하시오.

4.5 내적공간

이 절에서는 실 내적공간만 다루기로 한다. 따라서 앞으로 **내적공간**이라 함은 실 내적공간을 뜻한다.

정의 4.5.1

$\mathbb{R}^n$의 두 벡터 $\mathbf{u} = (u_1, u_2, \cdots, u_n)$, $\mathbf{v} = (v_1, v_2, \cdots, v_n)$에 대해

$$\langle \mathbf{u}, \mathbf{v} \rangle = u_1 v_1 + u_2 v_2 + \cdots + u_n v_n$$

라 정의하면 $\langle \mathbf{u}, \mathbf{v} \rangle = \mathbf{u} \cdot \mathbf{v}$로 쓰며 **도트곱**(dot product) 혹은 **내적**(inner product)이라 부른다. 이때 $\mathbb{R}^n$을 **유클리드 내적공간**이라 부른다.

정리 4.5.2

위 도트곱 $\langle \mathbf{u}, \mathbf{v} \rangle = \mathbf{u} \cdot \mathbf{v}$은 다음을 만족한다.

(1) $\mathbb{R}^n$의 모든 벡터 $\mathbf{u}, \mathbf{v}, \mathbf{w}$에 대해, $\langle \mathbf{u}+\mathbf{v}, \mathbf{w} \rangle = \langle \mathbf{u}, \mathbf{w} \rangle + \langle \mathbf{v}, \mathbf{w} \rangle$

(2) $\mathbb{R}^n$의 모든 벡터 $\mathbf{u}, \mathbf{v}$에 대해, $\langle \mathbf{u}, \mathbf{v} \rangle = \langle \mathbf{v}, \mathbf{u} \rangle$

(3) $\mathbb{R}^n$의 모든 벡터 $\mathbf{u}, \mathbf{v}$와 모든 실수 c에 대해, $\langle c\mathbf{u}, \mathbf{v} \rangle = c \langle \mathbf{u}, \mathbf{v} \rangle$

(4) $\mathbb{R}^n$의 모든 벡터 $\mathbf{u}$에 대해, $\langle \mathbf{u}, \mathbf{u} \rangle \geq 0$이고, $\langle \mathbf{u}, \mathbf{u} \rangle = 0 \Leftrightarrow \mathbf{u} = 0$

일반적으로 위 정리 4.5.2를 만족하는 $\langle \mathbf{u}, \mathbf{v} \rangle$를 $\mathbb{R}^n$의 내적이라 부른다.

예제 4.5.3

$\mathbb{R}^2$의 두 벡터 $\mathbf{x} = (1, 2)$, $\mathbf{y} = (-3, -4)$에 대해, $\mathbb{R}^2$의 내적(도트곱)은

$$\mathbf{x} \cdot \mathbf{y} = 1 \cdot (-3) + 2 \cdot (-4) = -11$$

이다.

예제 4.5.4

$\mathbb{R}^2$의 두 벡터 $\mathbf{x} = (x_1, x_2)$, $\mathbf{y} = (y_1, y_2)$에 대해,

$$\langle \mathbf{x}, \mathbf{y} \rangle = x_1 y_1 + 2x_2 y_2$$

라 정의하자. $\langle \mathbf{x}, \mathbf{y} \rangle$는 정리 4.5.2의 모든 조건을 만족한다(연습문제 4.5절의 3번). 따라서 $\langle \mathbf{x}, \mathbf{y} \rangle$는 $\mathbb{R}^2$의 내적이다. 그러나 이는 도트곱은 아니다.

위 예제 4.5.3과 예제 4.5.4에서 $\mathbb{R}^2$의 서로 다른 내적이 있음을 알 수 있다. 실제로 $\mathbb{R}^2$의 무수히 많은 내적이 존재한다(연습문제 4.5절의 3번). 따라서 벡터공간의 내적은 유일하지 않으며 무한히 많을 수 있다.

정의 4.5.5

$\mathbb{R}^n$의 벡터 $\mathbf{x}$에 대해,

$$\|\mathbf{x}\| = \sqrt{\mathbf{x} \cdot \mathbf{x}}$$

를 $\mathbf{x}$의 **길이**(length) 또는 **노름**(norm)이라 한다. 특히 길이가 1인 벡터, 즉 $\|\mathbf{x}\| = 1$이면, $\mathbf{x}$를 **단위**

벡터(unit vector)라 한다. 또 $\mathbf{x} \cdot \mathbf{y} = 0$이면, $\mathbf{x}$와 $\mathbf{y}$는 서로 **수직**(orthogonal)이라 하고 $\mathbf{x} \perp \mathbf{y}$로 나타낸다.

예제 4.5.6

$\mathbb{R}^n$의 표준기저 $\{\mathbf{e}_1, \mathbf{e}_2, \cdots, \mathbf{e}_n\}$는 모든 i에 대해 $\|\mathbf{e}_i\| = 1$이고, $i \neq j$에 대해 $\mathbf{e}_i \cdot \mathbf{e}_j = 0$이므로, $\mathbf{e}_1, \mathbf{e}_2, \cdots, \mathbf{e}_n$은 단위벡터이며, 서로 다른 두 벡터는 수직이다.

예제 4.5.7

유클리드 내적공간 $\mathbb{R}^3$의 벡터 $\mathbf{u} = (a, b, c)$에 대해,

$$\|\mathbf{u}\| = \sqrt{\mathbf{u} \cdot \mathbf{u}} = \sqrt{a^2 + b^2 + c^2}$$

이므로, 보통의 3차원 공간의 거리 개념과 일치함을 알 수 있다.

편의상 이 절에서 도트곱 $\mathbf{x} \cdot \mathbf{y}$를 $\langle \mathbf{x}, \mathbf{y} \rangle$로 쓰기로 하자.

정리 4.5.8

$\mathbb{R}^n$의 모든 벡터 $\mathbf{u}, \mathbf{v}, \mathbf{w}$와 모든 실수 k에 대해 다음이 성립한다.

(1) $\langle \mathbf{u}, \mathbf{v} + \mathbf{w} \rangle = \langle \mathbf{u}, \mathbf{v} \rangle + \langle \mathbf{u}, \mathbf{w} \rangle$

(2) $\langle \mathbf{0}, \mathbf{v} \rangle = \langle \mathbf{v}, \mathbf{0} \rangle = 0$

(3) $\langle \mathbf{u}, k\mathbf{v} \rangle = k \langle \mathbf{u}, \mathbf{v} \rangle$

(4) $\langle \mathbf{u} - \mathbf{v}, \mathbf{w} \rangle = \langle \mathbf{u}, \mathbf{w} \rangle - \langle \mathbf{v}, \mathbf{w} \rangle$

(5) $\langle \mathbf{u}, \mathbf{v} - \mathbf{w} \rangle = \langle \mathbf{u}, \mathbf{v} \rangle - \langle \mathbf{u}, \mathbf{w} \rangle$

증명 (1) 정리 4.5.2의 (1), (2)를 이용하여,

$$\langle \mathbf{u}, \mathbf{v} + \mathbf{w} \rangle = \langle \mathbf{v} + \mathbf{w}, \mathbf{u} \rangle = \langle \mathbf{v}, \mathbf{u} \rangle + \langle \mathbf{w}, \mathbf{u} \rangle = \langle \mathbf{u}, \mathbf{v} \rangle + \langle \mathbf{u}, \mathbf{w} \rangle$$

(2) $0\mathbf{v} = \mathbf{0}$이므로, 정리 4.5.2의 (3)을 이용하여

$$\langle \mathbf{0}, \mathbf{v} \rangle = \langle 0\mathbf{v}, \mathbf{v} \rangle = 0 \langle \mathbf{v}, \mathbf{v} \rangle = 0$$

이다. 또 정리 4.5.2의 (2)에 의해, $\langle \mathbf{v}, \mathbf{0} \rangle = \langle \mathbf{0}, \mathbf{v} \rangle = 0$이다.

(3), (4), (5)는 정리 4.5.2의 (1), (2), (3)을 이용하여 유사하게 증명된다(연습문제 4.5절의 4번).

정리 4.5.9

$\mathbb{R}^n$의 벡터 $\mathbf{v}$와 실수 k에 대해 다음이 성립한다.

(1) $\|\mathbf{v}\| \geq 0$

(2) $\|k\mathbf{v}\| = |k|\,\|\mathbf{v}\|$

(3) $\|\mathbf{v}\| = 0$일 필요충분조건은 $\mathbf{v} = \mathbf{0}$이다.

(4) $\mathbf{v} \neq \mathbf{0}$이면 $\dfrac{\mathbf{v}}{\|\mathbf{v}\|}$는 단위 벡터이다.

위 정리의 증명은 간단하므로 생략한다.

정리 4.5.10

$\mathbb{R}^n$의 모든 벡터 $\mathbf{u}, \mathbf{v}$에 대해, 다음이 성립한다.

(1) $|\langle \mathbf{u}, \mathbf{v} \rangle| \leq \|\mathbf{u}\|\,\|\mathbf{v}\|$ (Cauchy-Schwartz의 부등식)

(2) $\|\mathbf{u} + \mathbf{v}\| \leq \|\mathbf{u}\| + \|\mathbf{v}\|$ (삼각부등식)

증명 (1) 먼저 $\mathbf{u} = \mathbf{0}$이면, 정리 4.5.8의 (2)에 의해, $|\langle \mathbf{u}, \mathbf{v} \rangle| = |\langle \mathbf{0}, \mathbf{v} \rangle| = 0$이고, $\|\mathbf{u}\|\,\|\mathbf{v}\| = \|\mathbf{0}\|\,\|\mathbf{v}\| = 0\|\mathbf{v}\| = 0$이므로, (1)이 성립한다. 따라서 $\mathbf{u} \neq \mathbf{0}$라 가정하고 (1)을 증명하자. 모든 실수 t에 대해,

$$\begin{aligned} 0 \leq \|t\mathbf{u} + \mathbf{v}\|^2 &= \langle t\mathbf{u} + \mathbf{v},\ t\mathbf{u} + \mathbf{v} \rangle \\ &= \langle t\mathbf{u} + \mathbf{v},\ t\mathbf{u} \rangle + \langle t\mathbf{u} + \mathbf{v}, \mathbf{v} \rangle \\ &= \langle t\mathbf{u},\ t\mathbf{u} \rangle + \langle \mathbf{v},\ t\mathbf{u} \rangle + \langle t\mathbf{u},\ \mathbf{v} \rangle + \langle \mathbf{v},\ \mathbf{v} \rangle \\ &= t^2 \langle \mathbf{u}, \mathbf{u} \rangle + t \langle \mathbf{v}, \mathbf{u} \rangle + t \langle \mathbf{u}, \mathbf{v} \rangle + \langle \mathbf{v}, \mathbf{v} \rangle \\ &= \|\mathbf{u}\|^2 t^2 + 2\langle \mathbf{u}, \mathbf{v} \rangle t + \|\mathbf{v}\|^2 \end{aligned} \qquad (4.5.1)$$

이므로, 위 t에 관한 이차식 (4.5.1)의 판별식 $D \leq 0$이어야 한다. 따라서 $D = \langle \mathbf{u}, \mathbf{v} \rangle^2 - \|\mathbf{u}\|^2\,\|\mathbf{v}\|^2 \leq 0$이므로, $|\langle \mathbf{u}, \mathbf{v} \rangle| \leq \|\mathbf{u}\|\,\|\mathbf{v}\|$이다.

(2) 위와 같이 계산하면, $\|\mathbf{u} + \mathbf{v}\|^2 = \langle \mathbf{u} + \mathbf{v},\ \mathbf{u} + \mathbf{v} \rangle = \|\mathbf{u}\|^2 + 2\langle \mathbf{u}, \mathbf{v} \rangle + \|\mathbf{v}\|^2$이고, 위 (1)에 의해 $\|\mathbf{u} + \mathbf{v}\|^2 \leq \|\mathbf{u}\|^2 + 2\|\mathbf{u}\|\,\|\mathbf{v}\| + \|\mathbf{v}\|^2 = (\|\mathbf{u}\| + \|\mathbf{v}\|)^2$이다.
따라서 $\|\mathbf{u} + \mathbf{v}\| \leq \|\mathbf{u}\| + \|\mathbf{v}\|$이다.

위 정리 4.5.10의 (1)에 의해, $\mathbf{0}$이 아닌 두 벡터 $\mathbf{u}, \mathbf{v}$에 대해,

$$-1 \leq \frac{\langle \mathbf{u}, \mathbf{v} \rangle}{\|\mathbf{u}\| \|\mathbf{v}\|} \leq 1$$

임을 알 수 있다. 이 사실은 두 벡터가 이루는 사이각을 정의하는데 유용하게 이용될 수 있다.

정의 4.5.11

$\mathbb{R}^n$의 0이 아닌 두 벡터 $\mathbf{u}, \mathbf{v}$에 대해,

$$\cos\theta = \frac{\langle \mathbf{u}, \mathbf{v} \rangle}{\|\mathbf{u}\| \|\mathbf{v}\|}, \quad 0 \leq \theta \leq \pi$$

를 만족하는 θ는 유일하고, 이 θ를 $\mathbf{u}$와 $\mathbf{v}$가 이루는 각(angle)이라 정의한다. 여기서 $\theta = \frac{\pi}{2}$일 필요충분조건은 $\langle \mathbf{v}, \mathbf{u} \rangle = 0$이다. 0벡터는 모든 벡터와 내적이 0이므로, 모든 벡터와 수직이라 정의한다.

예제 4.5.12

유클리드 내적공간 $\mathbb{R}^3$의 두 벡터 $\mathbf{u} = (1, \sqrt{2}, 1)$, $\mathbf{v} = (1, 0, 0)$가 이루는 각을 구하여라.

풀이 예제 4.5.7의 방법에 의해, $\|\mathbf{u}\| = \sqrt{1^2 + \sqrt{2}^2 + 1^2} = 2$이고, $\|\mathbf{v}\| = \sqrt{1^2 + 0^2 + 0^2} = 1$이며, $\langle \mathbf{u}, \mathbf{v} \rangle = 1$이다. 따라서 $\mathbf{u}$와 $\mathbf{v}$가 이루는 각 θ는 $\cos\theta = \frac{1}{2}$을 만족한다. 따라서 $\theta = \frac{\pi}{3}$이다.

정의 4.5.13

$\mathbb{R}^n$의 벡터 $\mathbf{v}_1, \mathbf{v}_2, \cdots, \mathbf{v}_m$에 대해,

(1) 모든 $i \neq j$에 대해, $\mathbf{v}_i \perp \mathbf{v}_j$이면 $\{\mathbf{v}_1, \mathbf{v}_2, \cdots, \mathbf{v}_m\}$을 **직교집합**(orthogonal set)이라 한다.

(2) 직교집합 $\{\mathbf{v}_1, \mathbf{v}_2, \cdots, \mathbf{v}_n\}$이 $\mathbb{R}^n$의 기저이고, 모든 i에 대해 $\|\mathbf{v}_i\| = 1$이면 $\{\mathbf{v}_1, \mathbf{v}_2, \cdots, \mathbf{v}_n\}$을 $\mathbb{R}^n$의 **정규직교기저**(orthonormal basis)라 한다.

예제 4.5.14

(1) $\mathbf{u}_1 = (1, 0, 0)$, $\mathbf{u}_2 = (0, 1, 1)$, $\mathbf{u}_3 = (0, -1, 1)$이면 $\{\mathbf{u}_1, \mathbf{u}_2, \mathbf{u}_3\}$는 유클리드 내적공간 $\mathbb{R}^3$의 직교집합이다.

(2) $\mathbf{v}_1 = (1, 0, 0)$, $\mathbf{v}_2 = \left(0, \frac{1}{\sqrt{2}}, \frac{1}{\sqrt{2}}\right)$, $\mathbf{v}_3 = \left(0, -\frac{1}{\sqrt{2}}, \frac{1}{\sqrt{2}}\right)$이면 $\{\mathbf{v}_1, \mathbf{v}_2, \mathbf{v}_3\}$는 유

클리드 내적공간 $\mathbb{R}^3$의 정규직교기저이다. 물론, 표준기저 $\{\mathbf{e}_1, \mathbf{e}_2, \mathbf{e}_3\}$도 $\mathbb{R}^3$의 정규직교기저이다.

정리 4.5.15

$\mathbb{R}^n$의 0아닌 벡터들 $\mathbf{v}_1, \mathbf{v}_2, \cdots, \mathbf{v}_m$에 대해 $\{\mathbf{v}_1, \mathbf{v}_2, \cdots, \mathbf{v}_m\}$이 직교집합이면 $\mathbf{v}_1, \mathbf{v}_2, \cdots, \mathbf{v}_m$은 1차독립이다.

증명 실수 k_i에 대해, $k_1\mathbf{v}_1 + k_2\mathbf{v}_2 + \cdots + k_m\mathbf{v}_m = 0$이라 하자. $\{\mathbf{v}_1, \mathbf{v}_2, \cdots, \mathbf{v}_m\}$이 직교집합이므로 $i \neq j$이면 $\langle \mathbf{v}_i, \mathbf{v}_j \rangle = 0$이다. 이를 이용하여, 각 i에 대해,

$$\begin{aligned} 0 &= \langle 0, \mathbf{v}_i \rangle = \langle k_1\mathbf{v}_1 + k_2\mathbf{v}_2 + \cdots + k_m\mathbf{v}_m, \mathbf{v}_i \rangle \\ &= k_1\langle \mathbf{v}_1, \mathbf{v}_i \rangle + k_2\langle \mathbf{v}_2, \mathbf{v}_i \rangle + \cdots + k_i\langle \mathbf{v}_i, \mathbf{v}_i \rangle + \cdots + k_m\langle \mathbf{v}_m, \mathbf{v}_i \rangle \\ &= k_i\langle \mathbf{v}_i, \mathbf{v}_i \rangle = k_i\|\mathbf{v}_i\|^2 \end{aligned} \tag{4.5.2}$$

이다. $\mathbf{v}_i \neq 0$이므로, 정의 4.5.2의 (4)에 의해 $\|\mathbf{v}_i\| \neq 0$이다. 따라서 식 (4.5.2)에서 $k_i = 0$이어야 한다. 즉, $k_1 = k_2 = \cdots = k_m = 0$를 얻고, 이는 $\mathbf{v}_1, \mathbf{v}_2, \cdots, \mathbf{v}_m$이 1차독립임을 보이는 것이다.

예제 4.5.16

$\{\mathbf{v}_1, \mathbf{v}_2, \cdots, \mathbf{v}_n\}$이 $\mathbb{R}^n$의 직교집합이면, $\{\mathbf{v}_1, \mathbf{v}_2, \cdots, \mathbf{v}_n\}$은 $\mathbb{R}^n$의 기저이다.
따라서 $\left\{\frac{\mathbf{v}_1}{\|\mathbf{v}_1\|}, \frac{\mathbf{v}_2}{\|\mathbf{v}_2\|}, \ldots, \frac{\mathbf{v}_n}{\|\mathbf{v}_n\|}\right\}$은 $\mathbb{R}^n$의 정규직교기저이다.

보조정리 4.5.17

$\mathbb{R}^n$ 부분공간 W의 대한 정규직교기저를 $\{\mathbf{a}_1, \cdots, \mathbf{a}_m\}$이라 두자. 그러면, $\mathbb{R}^n$의 각 벡터 $\mathbf{v}$에 대하여 $\mathrm{Proj}_W\mathbf{v} = \langle \mathbf{v}, \mathbf{a}_1 \rangle \mathbf{a}_1 + \langle \mathbf{v}, \mathbf{a}_2 \rangle \mathbf{a}_2 + \cdots + \langle \mathbf{v}, \mathbf{a}_m \rangle \mathbf{a}_m$라 두면, $\mathrm{Proj}_W\mathbf{v}$는 W의 원소이고, $\mathbf{v} - \mathrm{Proj}_W\mathbf{v}$는 W의 모든 원소와 수직이며, $\|\mathbf{v} - \mathrm{Proj}_W\mathbf{v}\| = \min\{\|\mathbf{v} - \mathbf{w}\| : \mathbf{w} \in W\}$이다.

증명 $\mathrm{Proj}_W\mathbf{v}$가 W의 원소임은 명확하다. 또한, 각 k에 대하여

$$\langle \mathbf{v} - \mathrm{Proj}_W\mathbf{v}, \mathbf{a}_k \rangle = \langle \mathbf{v}, \mathbf{a}_k \rangle - \langle \mathrm{Proj}_W\mathbf{v}, \mathbf{a}_k \rangle = \langle \mathbf{v}, \mathbf{a}_k \rangle - \langle \mathbf{v}, \mathbf{a}_k \rangle = 0$$

이므로, $\mathbf{v}-\text{Proj}_W\mathbf{v}$는 W의 모든 원소와 수직이다. 또한, W의 임의의 벡터 $\mathbf{w}$에 대하여 벡터 $\mathbf{v}-\text{Proj}_W\mathbf{v}$와 $\text{Proj}_W\mathbf{v}-\mathbf{w}$는 수직이므로, $\|\mathbf{v}-\mathbf{w}\|^2=\|\mathbf{v}-\text{Proj}_W\mathbf{v}\|^2+\|\text{Proj}_W\mathbf{v}-\mathbf{w}\|^2$를 만족시킨다. 따라서 $\|\mathbf{v}-\text{Proj}_W\mathbf{v}\|=\min\{\|\mathbf{v}-\mathbf{w}\|:\mathbf{w}\in W\}$이다.

벡터 $\text{Proj}_W\mathbf{v}$를 벡터 $\mathbf{v}$의 벡터공간 W로의 **정사영**이라 부른다. 지금부터 $\mathbb{R}^n$의 부분공간 W의 직교기저를 찾는 방법을 알아보자. 이를 **Gram-Schmidt의 직교화과정**이라 부른다.

1. W의 기저를 찾는다. 즉, $\text{span}\{\mathbf{v}_1,\cdots,\mathbf{v}_m\}=W$를 만족시키는 일차독립인 m개의 벡터를 W에서 찾는다.
2. 수학적 귀납법을 이용하여 기저 $\{\mathbf{v}_1,\cdots,\mathbf{v}_m\}$로부터 정규직교기저 $\{\mathbf{a}_1,\cdots,\mathbf{a}_m\}$를 찾는다.

편의를 위하여, 각 $k\,(1\le k\le m)$에 대하여 $W_k=\text{span}\{\mathbf{v}_1,\mathbf{v}_2,\cdots,\mathbf{v}_k\}$라 두자. 이제, 각 $k\,(1\le k\le m)$에 대하여 W_k의 정규직교기저 $\{\mathbf{a}_1,\cdots,\mathbf{a}_k\}$를 수학적 귀납법을 이용하여 찾자.

$k=1$인 경우, $\mathbf{a}_1=\dfrac{\mathbf{v}_1}{\|\mathbf{v}_1\|}$라 두면, 분명히 $\|\mathbf{a}_1\|=1$이며 $W_1=\text{span}\{\mathbf{a}_1\}$이다.

이제, $k=\ell$인 경우에, W_ℓ의 정규직교기저 $\{\mathbf{a}_1,\cdots,\mathbf{a}_\ell\}$를 찾았다고 가정하고, $k=\ell+1$인 경우를 생각하자. 먼저, $\mathbf{v}_{\ell+1}\not\in W_\ell$이어서, $\mathbf{v}_{\ell+1}-\text{Proj}_{W_\ell}\mathbf{v}_{\ell+1}\neq\mathbf{0}$이다. 그리고, 보조정리 4.5.17에 의해서 $\mathbf{v}_{\ell+1}-\text{Proj}_{W_\ell}\mathbf{v}_{\ell+1}$은 W_ℓ의 모든 벡터와 수직이다. 따라서, $\mathbf{a}_{\ell+1}=\dfrac{\mathbf{v}_{\ell+1}-\text{Proj}_{W_\ell}\mathbf{v}_{\ell+1}}{\|\mathbf{v}_{\ell+1}-\text{Proj}_{W_\ell}\mathbf{v}_{\ell+1}\|}$라 두면 벡터집합 $\{\mathbf{a}_1,\mathbf{a}_2,\cdots,\mathbf{a}_{\ell+1}\}$는 부분공간 $W_{\ell+1}=\text{span}\{\mathbf{v}_1,\mathbf{v}_2,\cdots,\mathbf{v}_{\ell+1}\}$의 정규직교기저이다.

정리 4.5.18 (Gram-Schmidt의 직교화)

W가 $\mathbb{R}^n$의 부분공간이고 $\{\mathbf{v}_1,\mathbf{v}_2,\cdots,\mathbf{v}_m\}$이 W의 기저라 하자. 각 $1\le k\le m$에 대해, $W_k=\text{span}\{\mathbf{v}_1,\cdots,\mathbf{v}_k\}$라 하면, $W_k=\text{span}\{\mathbf{a}_1,\cdots,\mathbf{a}_k\}$를 만족하는 W의 정규직교기저 $\{\mathbf{a}_1,\cdots,\mathbf{a}_m\}$이 존재한다.

예제 4.5.19

$\mathbf{v}_1=(1,0,0)$, $\mathbf{v}_2=(1,1,0)$, $\mathbf{v}_3=(2,2,2)$에 위의 정리 4.5.18을 적용하여 $\mathbb{R}^3$의 정규직교

기저를 만들어라.

풀이 $\{\mathbf{v}_1, \mathbf{v}_2, \mathbf{v}_3\}$는 $\mathbb{R}^3$의 기저이다(예제 4.3.3). $\|\mathbf{v}_1\| = 1$이므로 $\mathbf{a}_1 = \mathbf{v}_1$이라 둔다. $\mathbf{a}_2' = \mathbf{v}_2 - \langle \mathbf{v}_2, \mathbf{a}_1 \rangle \mathbf{a}_1 = (0, 1, 0)\}$이다. $\|\mathbf{a}_2'\| = 1$이므로, $\mathbf{a}_2 = \mathbf{a}_2'$라 둔다. 이제

$$\mathbf{a}_3' = \mathbf{v}_3 - \langle \mathbf{v}_3, \mathbf{a}_1 \rangle \mathbf{a}_1 - \langle \mathbf{v}_3, \mathbf{a}_2 \rangle \mathbf{a}_2 = (0, 0, 2)$$

을 얻는다. $\|\mathbf{a}_3'\| = 2$이므로, $\mathbf{a}_3 = \dfrac{\mathbf{a}_3'}{2} = (0, 0, 1)$라 둔다. 그러면 $\{\mathbf{a}_1, \mathbf{a}_2, \mathbf{a}_3\}$는 $\mathbb{R}^3$의 정규직교기저이다.

정의 4.5.20

$\mathbb{R}^n$의 부분공간 W에 대해,

$$W^{\perp} = \{\mathbf{v} \in \mathbb{R}^n \mid \mathbf{v} \perp \mathbf{w}, \forall \mathbf{w} \in W\}$$

로 정의하고 $W^{\perp}$를 W의 **직교보충공간**(orthogonal complement)이라 한다.

여기서 직교보충공간은 정의 4.3.19의 보충공간임을 아래 정리 4.5.21에서 알 수 있다. 또 앞 예제 4.5.14에서 $\mathbb{R}^3$의 부분공간 $W = \text{span}\{(1, 0, 0), (0, 1, 1)\}$의 직교보충공간은 $W^{\perp} = \text{span}\{(0, -1, 1)\}$이다.

정리 4.5.21

W가 $\mathbb{R}^n$의 부분공간이면, $\mathbb{R}^n = W \oplus W^{\perp}$이다.

증명 Gram-Schmidt의 직교화에 의해 W의 정규직교기저 $\{\mathbf{w}_1, \cdots, \mathbf{w}_r\}$이 존재한다. $\mathbb{R}^n$의 각각의 벡터 $\mathbf{x}$에 대해

$$\mathbf{x}_1 = \langle \mathbf{x}, \mathbf{w}_1 \rangle \mathbf{w}_1 + \cdots + \langle \mathbf{x}, \mathbf{w}_r \rangle \mathbf{w}_r \tag{4.5.6}$$

$$\mathbf{x}_2 = \mathbf{x} - \mathbf{x}_1 \tag{4.5.7}$$

라 정의하자. 이때 식 (4.5.6)에서, 모든 i에 대해

$$\begin{aligned}\langle \mathbf{x}_1, \mathbf{w}_i \rangle &= \langle \langle \mathbf{x}, \mathbf{w}_1 \rangle \mathbf{w}_1 + \cdots + \langle \mathbf{x}, \mathbf{w}_r \rangle \mathbf{w}_r, \mathbf{w}_i \rangle \\ &= \langle \mathbf{x}, \mathbf{w}_1 \rangle \langle \mathbf{w}_1, \mathbf{w}_i \rangle + \cdots + \langle \mathbf{x}, \mathbf{w}_i \rangle \langle \mathbf{w}_i, \mathbf{w}_i \rangle \\ &\quad + \cdots + \langle \mathbf{x}, \mathbf{w}_r \rangle \langle \mathbf{w}_r, \mathbf{w}_i \rangle \\ &= \langle \mathbf{x}, \mathbf{w}_1 \rangle 0 + \cdots + \langle \mathbf{x}, \mathbf{w}_i \rangle 1 + \cdots + \langle \mathbf{x}, \mathbf{w}_i \rangle 0\end{aligned}$$

$$= \langle \mathbf{x}, \mathbf{w}_i \rangle$$

이다. 따라서 모든 i에 대해

$$\langle \mathbf{x}_2, \mathbf{w}_i \rangle = \langle \mathbf{x} - \mathbf{x}_1, \mathbf{w}_i \rangle = \langle \mathbf{x}, \mathbf{w}_i \rangle - \langle \mathbf{x}_1, \mathbf{w}_i \rangle = 0$$

이므로, 모든 $\mathbf{w} \in W$에 대해 $\langle \mathbf{x}_2, \mathbf{w} \rangle = 0$이고 (연습문제 4.5절의 5번), $\mathbf{x}_2 \in W^\perp$임을 알 수 있다. 따라서 식 (4.5.7)에서 $\mathbf{x} = \mathbf{x}_1 + \mathbf{x}_2 \in W + W^\perp$이다. 이는 $\mathbb{R}^n \subset W + W^\perp$임을 보이는 것이고, $\mathbb{R}^n = W + W^\perp$이다. $W \cap W^\perp = \{0\}$임은 쉽게 알 수 있으므로(연습문제 4.5절의 7번), 정리 4.1.27에 의해 $\mathbb{R}^n = W \oplus W^\perp$이다.

따름정리 4.5.22

W가 $\mathbb{R}^n$의 부분공간이면, $\mathbb{R}^n$의 모든 벡터는 W의 벡터와 $W^\perp$의 벡터의 합으로 유일하게 표현된다.

예제 4.5.23

$\mathbb{R}^3$의 벡터 $\mathbf{v}_1 = (1, -1, 0)$, $\mathbf{v}_2 = (1, 1, 2)$, $\mathbf{v}_3 = (-1, 2, 1)$에 대해, $W = \operatorname{span}\{\mathbf{v}_1, \mathbf{v}_2, \mathbf{v}_3\}$라 하자.

(1) W의 직교보충공간 $W^\perp$을 구하여라.

(2) $\mathbf{x} = (3, 7, 4)$를 W의 벡터와 $W^\perp$의 벡터의 합으로 표현하여라.

풀이 $\langle \mathbf{v}_1, \mathbf{v}_2 \rangle = 0$이므로 정리 4.5.15에 의해 $\mathbf{v}_1, \mathbf{v}_2$는 1차독립이다. $\left(-\dfrac{3}{2}\right)\mathbf{v}_1 + \dfrac{1}{2}\mathbf{v}_2 = \mathbf{v}_3$이므로 $\mathbf{v}_1, \mathbf{v}_2, \mathbf{v}_3$는 1차종속이다. 따라서 $W = \operatorname{span}\{\mathbf{v}_1, \mathbf{v}_2, \mathbf{v}_3\} = \operatorname{span}\{\mathbf{v}_1, \mathbf{v}_2\}$이고, $\{\mathbf{v}_1, \mathbf{v}_2\}$는 W의 기저이다.

(1) 만약 $\mathbf{u} = (a, b, c) \in W^\perp$이면, $\mathbf{u} \perp \mathbf{v}_1$이고 $\mathbf{u} \perp \mathbf{v}_2$이다. 따라서 $\langle \mathbf{u}, \mathbf{v}_1 \rangle = 0$이고 $\langle \mathbf{u}, \mathbf{v}_2 \rangle = 0$이다. 즉, $a - b = 0$이고 $a + b + 2c = 0$을 얻는다. 따라서 $a = b = t$이면 $c = -t$이므로, $\mathbf{u} = (t, t, -t)$임을 알 수 있다. 따라서 W의 보충공간은 $W^\perp = \{(t, t, -t) \mid t \in \mathbb{R}\} = \operatorname{span}\{(1, 1, -1)\}$이다.

(1)의 별해 :

$W = \operatorname{span}\{\mathbf{v}_1, \mathbf{v}_2\} = \{a\mathbf{v}_1 + b\mathbf{v}_2 \mid a, b \in \mathbb{R}\} = \{(a+b, -a+b, 2b) \mid a, b \in \mathbb{R}\}$이므로, $a = b = \dfrac{1}{2}$를 생각하면, $\mathbf{v}_4 = (-1, 0, 1) \notin W$이다. 따라서 $\mathbf{v}_1, \mathbf{v}_2, \mathbf{v}_4$는 1차독립이고 $\{\mathbf{v}_1, \mathbf{v}_2, \mathbf{v}_4\}$는 $\mathbb{R}^3$의 기저이다. 이 기저에 대해 Gram-Schmidt의 직교화를 이

용하여 정규직교기저 $\{\mathbf{a}_1, \mathbf{a}_2, \mathbf{a}_3\}$를 구해보자.

$\mathbf{a}_1=\left(\frac{1}{\sqrt{2}}, \frac{-1}{\sqrt{2}}, 0\right)$, $\mathbf{a}_2=\left(\frac{1}{\sqrt{6}}, \frac{1}{\sqrt{6}}, \frac{2}{\sqrt{6}}\right)$임을 쉽게 계산할 수 있고 $\mathbf{a}_3{}'=\mathbf{v}_4-\langle \mathbf{v}_4, \mathbf{a}_1\rangle \mathbf{a}_1-\langle \mathbf{v}_4, \mathbf{a}_2\rangle \mathbf{a}_2$를 계산하여 $\mathbf{a}_3{}'=\left(\frac{-2}{\sqrt{3}}, \frac{-2}{\sqrt{3}}, \frac{2}{\sqrt{3}}\right)$를 얻을 수 있다. $W=\text{span}\{\mathbf{v}_1, \mathbf{v}_2\}=\text{span}\{\mathbf{a}_1, \mathbf{a}_2\}$이고 $\dim \mathbb{R}^3=3$, $\dim W=2$이므로 $\dim W^{\perp}=1$이어서 W의 보충공간은 $W^{\perp}=\text{span}\{\mathbf{a}_3{}'\}$이다. 따라서

$$W^{\perp}=\text{span}\left\{\left(\frac{-2}{\sqrt{3}}, \frac{-2}{\sqrt{3}}, \frac{2}{\sqrt{3}}\right)\right\}=\text{span}\{(-1, -1, 1)\}$$

이다.

(2) $\langle \mathbf{v}_1, \mathbf{v}_2\rangle=0$이고 $\{\mathbf{v}_1, \mathbf{v}_2\}$는 W의 기저이므로, $\mathbf{w}_1=\frac{\mathbf{v}_1}{\|\mathbf{v}_1\|}$, $\mathbf{w}_2=\frac{\mathbf{v}_2}{\|\mathbf{v}_2\|}$이면 $\{\mathbf{w}_1, \mathbf{w}_2\}$는 W의 정규직교기저이다.

$\mathbf{w}_1=\left(\frac{1}{\sqrt{2}}, \frac{-1}{\sqrt{2}}, 0\right)$이고 $\mathbf{w}_2=\left(\frac{1}{\sqrt{6}}, \frac{1}{\sqrt{6}}, \frac{2}{\sqrt{6}}\right)$이다. 위 정리 4.5.21에서처럼

$$\begin{aligned}\mathbf{x}_1 &= \langle (3,7,4), \mathbf{w}_1\rangle \mathbf{w}_1+\langle (3,7,4), \mathbf{w}_2\rangle \mathbf{w}_2 \\ &= \left(\frac{3}{\sqrt{2}}-\frac{7}{\sqrt{2}}\right)\mathbf{w}_1+\left(\frac{3}{\sqrt{6}}+\frac{7}{\sqrt{6}}+\frac{8}{\sqrt{6}}\right)\mathbf{w}_2 \\ &= \frac{-4}{\sqrt{2}}\left(\frac{1}{\sqrt{2}}, \frac{-1}{\sqrt{2}}, 0\right)+\frac{18}{\sqrt{6}}\left(\frac{1}{\sqrt{6}}, \frac{1}{\sqrt{6}}, \frac{2}{\sqrt{6}}\right) \\ &= (-2, 2, 0)+(3, 3, 6)=(1, 5, 6)\end{aligned}$$

그리고

$$\mathbf{x}_2=(3, 7, 4)-\mathbf{x}_1=(2, 2, -2)$$

이라 둔다. 그러면 $\mathbf{x}_1=(1, 5, 6)\in W$, $\mathbf{x}_2=(2, 2, -2)\in W^{\perp}$이고 $(3, 7, 4)=(1, 5, 6)+(2, 2, -2)$이다.

정리 4.5.24

$m\times n$ 행렬 A의 행공간을 U라 하고 동차선형연립방정식 $A\mathbf{x}=0$의 해공간을 W라 하면, $W=(U^{\perp})^T$이다. 따라서 $A\mathbf{x}=0$의 해공간의 차원은 $n-rank(A)$이다.

증명 A의 행벡터를 $\mathbf{a}_1, \cdots, \mathbf{a}_m$이라 하자. 모든 i에 대해, $A\mathbf{x}=\mathbf{0}$의 해 $\mathbf{x}$에 대해 $\langle \mathbf{a}_i, \mathbf{x}^T \rangle = 0$이다. 따라서 $\mathbf{x}^T \in U^{\perp}$이고 $\mathbf{x} \in (U^{\perp})^T$이다. 따라서 $W \subseteq (U^{\perp})^T$이다. 역으로 $(U^{\perp})^T \subseteq W$을 알 수 있다. 따라서 $W = (U^{\perp})^T$이다.

따라서 $A\mathbf{x}=\mathbf{0}$의 해공간 W의 차원은 $U^{\perp}$의 차원과 같고 정리 4.5.21에서

$$\dim(W) = \dim(U^{\perp}) = n - \dim(U) = n - rank(A)$$

이다.

위 정리를 이용하여 P, Q가 정칙행렬이고 곱셈이 잘 정의되었다면, 행렬 A에 대해 $rank(PA) = rank(A) = rank(AQ)$ 임을 보인다.

정리 4.5.25

P, Q가 정칙행렬일 때 행렬 A에 대해 다음이 성립한다.

(1) $rank(PA) = rank(A)$ (2) $rank(AQ) = rank(A)$

증명 (1) P가 정칙행렬이므로 $A\mathbf{x}=\mathbf{0}$와 $(PA)\mathbf{x}=\mathbf{0}$의 해공간이 같다. 따라서 정리 4.5.24에 의해 각각의 해공간의 차원은 $n - rank(A) = n - rank(PA)$이다. 따라서

$$rank(PA) = rank(A)$$

이다.

(2) 따름정리 4.2.16에서 $rank(AQ) = rank((AQ)^T)$이다. $(AQ)^T = Q^T A^T$이고 위 (1)에서 $rank(Q^T A^T) = rank(A^T) = rank(A)$이므로 $rank(AQ) = rank(A)$이다.

연습문제 4.5

01. $\mathbb{R}^n$의 도트곱에 대해 다음 명제들의 참, 거짓을 판정하여라.

(1) 두 벡터의 도트곱은 음수일 수 없다.

(2) 0아닌 두 벡터의 도트곱은 0아니다.

(3) 0아닌 벡터들로 이루어진 직교집합의 원소의 개수는 항상 차원보다 같거나 작다.

(4) $\mathbb{R}^n$의 부분공간의 정규직교기저는 항상 존재한다.

(5) $\mathbb{R}^n$의 부분공간의 직교보충공간은 유일하다.

02. 정리 4.5.2를 증명하여라.

03. c_1, c_2를 양의 실수라 하자. $\mathbb{R}^2$의 각각의 벡터 $\mathbf{x}=(x_1, x_2)$, $\mathbf{y}=(y_1, y_2)$에 대해, $\langle \mathbf{x}, \mathbf{y} \rangle = c_1x_1y_1 + c_2x_2y_2$이 정리 4.5.2의 (1)−(4)를 만족함을 보여라(참고로, 정리 4.5.2의 (1)−(4)를 만족하는 함수를 **유클리드 가중내적**이라 한다).

04. 앞 정리 4.5.8의 (3), (4), (5)를 증명하여라.

05. $\mathbb{R}^n$의 벡터 $\mathbf{v}, \mathbf{w}_1, \cdots, \mathbf{w}_m$에 대해, 만약 모든 i에 대해 $\langle \mathbf{v}, \mathbf{w}_i \rangle = 0$이면 모든 $\mathbf{w} \in \mathrm{span}\{\mathbf{w}_1, \cdots, \mathbf{w}_m\}$에 대해 $\langle \mathbf{v}, \mathbf{w} \rangle = 0$임을 보여라.

06. 예제 4.5.4의 $\mathbb{R}^2$의 내적에 관하여 다음을 풀어라.

(1) $\mathbf{x}=(1, 1)$의 길이 $\|\mathbf{x}\|$를 구하여라.

(2) $\mathbf{x} \perp \mathbf{y}$인 단위벡터 $\mathbf{y}$를 구하여라.

07. 다음을 보여라.

(1) $\mathbb{R}^n$의 부분공간 W에 대해 $W \cap W^{\perp} = \{0\}$임을 증명하여라.

(2) $\mathbb{R}^n$의 벡터 $\mathbf{a}$가 $\mathbb{R}^n$의 모든 원소와 수직이면 $\mathbf{a}=0$이다.

(3) $\mathbb{R}^n$의 벡터 $\mathbf{a}, \mathbf{b}$가 $\mathbb{R}^n$의 모든 벡터 $\mathbf{v}$에 대해 $\langle \mathbf{a}, \mathbf{v} \rangle = \langle \mathbf{b}, \mathbf{v} \rangle$이면 $\mathbf{a}=\mathbf{b}$이다.

08. $\mathbb{R}^n$의 부분공간 W, W_1, W_2에 대해 다음을 보여라.

(1) $W = (W^{\perp})^{\perp}$

(2) $W_1 \subset W_2 \Rightarrow W_2^{\perp} \subset W_1^{\perp}$

(3) $(W_1 + W_2)^{\perp} = W_1^{\perp} \cap W_2^{\perp}$

(4) $(W_1 \cap W_2)^{\perp} = W_1^{\perp} + W_2^{\perp}$

09. $\mathbb{R}^3$의 두 벡터 $\mathbf{v}_1 = (1, -3, 2)$, $\mathbf{v}_2 = (2, -1, 1)$에 대해 다음에 답하여라.

(1) $\mathbf{v}_1, \mathbf{v}_2$가 이루는 각을 θ라 하면 $\sin\theta$를 구하여라.

(2) $\mathbf{v}_1, \mathbf{v}_2$에 동시에 수직인 모든 단위벡터를 구하여라.

(3) $W = \text{span}\{\mathbf{v}_1, \mathbf{v}_2\}$일 때 W의 보충공간을 구하여라.

10. **(피타고라스 정리)** $\mathbb{R}^n$의 두 벡터 $\mathbf{v}, \mathbf{u}$에 대해, $\|\mathbf{v}+\mathbf{u}\|^2 = \|\mathbf{v}\|^2 + \|\mathbf{u}\|^2$일 필요충분조건은 $\langle \mathbf{v}, \mathbf{u} \rangle = 0$일 때이다.

11. $\mathbb{R}^n$의 두 단위벡터 $\mathbf{v}, \mathbf{u}$가 도트곱에 관하여 직교할 때 $\|\mathbf{v}-\mathbf{u}\|$, $\|\mathbf{v}+\mathbf{u}\|$를 구하여라.

12. Gram-Schmidt의 방법(정리 4.5.18)을 이용하여 다음 벡터들로 이루어진 기저를 정규직교기저로 바꾸어라.

(1) $\mathbb{R}^3$에서 $\mathbf{v}_1 = (1, 2, 1)$, $\mathbf{v}_2 = (-1, 1, 0)$, $\mathbf{v}_3 = (1, 1, 1)$

(2) $\mathbb{R}^4$에서 $\mathbf{v}_1 = (1, 0, 0, 1)$, $\mathbf{v}_2 = (0, 2, 1, 0)$, $\mathbf{v}_3 = (1, 2, 0, -1)$, $\mathbf{v}_4 = (1, -1, 0, 0)$

13. $\mathbb{R}^4$의 $\mathbf{v}_1 = (1, 0, 0, 1)$, $\mathbf{v}_2 = (0, 2, 1, 0)$에 대해

(1) $W = \text{span}\{\mathbf{v}_1, \mathbf{v}_2\}$의 직교보충공간을 구하여라.

(2) $(3, 5, 0, -1)$을 W의 원소와 $W^\perp$의 원소의 합으로 나타내어라.

14. $\mathbb{R}^4$의 부분공간 $W = \text{span}\{(1, 0, 0, 0), (0, 1, 1, 0), (1, 2, 3, 4)\}$에 대하여 $\{(1, 0, 0, 0), \mathbf{u}, \mathbf{v}\}$가 W의 정규직교기저가 되도록 하는 $\mathbf{u}$, $\mathbf{v}$를 구하시오(Hint: Gram-Schmidt의 직교화).

15. $W = \left\{(x, y, z) \in \mathbb{R}^3 \;\middle|\; \frac{x}{1} = \frac{y}{2} = \frac{z}{3}\right\}$이라 두자.

(1) W 의 기저를 구하시오.

(2) $W^\perp$의 기저를 구하시오.

16. $W = \text{span}\{(1, -1, 0)\}$, $\mathbf{v} = (1, 2, 0)$ 일 때, $\mathbf{w} \in W$에 대해 $\|\mathbf{v} - \mathbf{w}\|$의 최소값을 구하여라.

17. $W = \text{span}\{\mathbf{v}_1, \mathbf{v}_2\}$, $\mathbf{v}_1 = (1, -1, 0)$, $\mathbf{v}_2 = (1, 1, 2)$, $\mathbf{v} = (1, 2, 0)$에 대해 다음을 구하여라.

(1) $Proj_W \mathbf{v}$를 구하여라.

(2) $\min\{\|\mathbf{v} - \mathbf{w}\| \mid \mathbf{w} \in W\}$를 구하여라.

(3) 벡터 $\mathbf{v}_1$, $\mathbf{v}_2$를 품는 평면의 방정식을 구하여라.

(4) 점$(1,2,0)$에서 (3)에서 구한 평면까지의 거리를 구하여 (2)의 값과 같음을 확인하여라.

18. $A=\begin{pmatrix}1&1&0\\2&1&1\\1&0&1\end{pmatrix}$, $b=\begin{pmatrix}1\\2\\0\end{pmatrix}$이라 하자. 집합 $\{\|A\mathbf{x}-\mathrm{b}\| \mid \mathbf{x}\in M_{3\times 1}(\mathbb{R})\}$의 최소값이 $\|A\mathbf{x}_0-\mathrm{b}\|$일 때 $A\mathbf{x}_0$를 구하시오.

(Hint : $W=\{A\mathbf{x}\mid \mathbf{x}\in M_{3\times 1}(\mathbb{R})\}$이면, $W=\mathrm{span}\left\{\begin{pmatrix}1\\2\\1\end{pmatrix},\begin{pmatrix}1\\1\\0\end{pmatrix}\right\}$이고, 보조정리4.5.17에서 구하는 $A\mathbf{x}_0=Proj_W\mathrm{b}$이다.)

19. Cauchy-schwartz의 부등식을 이용하여 다음을 증명하여라.

(1) 모든 실수 x,y,z에 대해

$$(x+2y+3z)^2 \le 14(x^2+y^2+z^2)$$

(2) 모든 실수 a,b,c,d에 대해

$$(a+b+c+d)^2 \le 4(a^2+b^2+c^2+d^2)$$

종합문제 4

01. $\mathbb{R}^3$의 부분공간은 영공간 $\{(0, 0, 0)\}$, 원점을 지나는 직선, 원점을 지나는 평면, 그리고 $\mathbb{R}^3$ 자신의 4가지 형태임을 보여라.

02. $W_1 = \{(a, a, 0) \mid a \in \mathbb{R}\}$, $W_2 = \{(a, 0, b) \mid a, b \in \mathbb{R}\}$, $W_3 = \{(a, b, 0) \mid a, b \in \mathbb{R}\}$ 라 할 때 다음을 구하여라.

(1) $W_1 + W_2$

(2) $W_1 \cap W_2$

(3) $W_1 + W_3$

(4) $W_1 \cap W_3$

(5) $W_2 + W_3$

(6) $W_2 \cap W_3$

(7) 위를 이용하여 $\mathbb{R}^3 = W_1 \oplus W_2$임을 보여라.

(8) 위를 이용하여 $\mathbb{R}^3$는 W_2과 W_3의 직합이 아님을 보여라.

03. 다음 벡터들의 1차독립성을 조사하고 1차종속이면 이 벡터들 사이의 관계식을 만들어라.

(1) $\mathbf{v}_1 = (2, 5, -1)$, $\mathbf{v}_2 = (1, -4, -1)$, $\mathbf{v}_3 = (3, 1, 1)$

(2) $\mathbf{v}_1 = (1, 2, 3)$, $\mathbf{v}_2 = (1, 1, 0)$, $\mathbf{v}_3 = (0, 1, 1)$, $\mathbf{v}_4 = (1, 5, 8)$

(3) $\mathbf{v}_1 = (0, 0, 1, 1)$, $\mathbf{v}_2 = (0, 1, 0, 1)$, $\mathbf{v}_3 = (1, 0, 1, 0)$, $\mathbf{v}_4 = (2, 2, 3, 3)$

(4) $\mathbf{v}_1 = (1, -1, 1, -1)$, $\mathbf{v}_2 = (2, 0, 3, -1)$, $\mathbf{v}_3 = (1, 5, 4, 2)$

(5) $\mathbf{v}_1 = (1, 1, 0, 0)$, $\mathbf{v}_2 = (0, 1, 1, 0)$, $\mathbf{v}_3 = (0, 0, 1, 1)$, $\mathbf{v}_4 = (1, 0, 0, 1)$

04. 위 문제 3에서 주어진 벡터들이 이루는 부분공간의 기저와 차원을 구하여라.

05. 위 문제 3에서 주어진 벡터들이 이루는 부분공간의 $\mathbb{R}^3$ 혹은 $\mathbb{R}^4$에서의 보충공간을 구하여라.

06. 다음 두 행렬에 대해 답하여라.

$$A=\begin{pmatrix}1 & 2 & 3 & 4\\ 1 & 3 & 5 & 7\\ 1 & 4 & 7 & 10\end{pmatrix},\qquad B=\begin{pmatrix}1 & 2 & 3 & 4\\ 1 & 3 & 5 & 7\\ 1 & 4 & 7 & 9\end{pmatrix}$$

(1) A, B의 계수를 구하여라.

(2) A, B의 행공간의 기저를 구하여라.

(3) A, B를 계수행렬로 하는 동차선형연립방정식의 해공간의 기저를 구하여라.

(4) 위 (3)의 해공간의 벡터를 전치시켜 $\mathbb{R}^4$의 벡터로 생각할 때 이 벡터들은 A, B의 행벡터들과 수직임을 확인하여라.

(5) A, B의 행공간의 직교보충공간을 구하여라.

07. $\mathbf{v}_1, \cdots, \mathbf{v}_r \in \mathbb{R}^n$이고 $A \in M_{m\times n}(\mathbb{R})$일 때 다음을 증명하여라.

(1) $A\mathbf{v}_1, \cdots, A\mathbf{v}_r$이 1차독립이면 $\mathbf{v}_1, \cdots, \mathbf{v}_r$도 1차독립이다.

(2) 만약 A가 가역행렬이면, 위 (1)의 역도 성립한다. 즉 $\mathbf{v}_1, \cdots, \mathbf{v}_r$가 1차독립이면 $A\mathbf{v}_1, \cdots, A\mathbf{v}_r$도 1차독립이다.

08. 다음 주어진 두 벡터 사이각을 구하여라.

(1) $(1, 1)$, $(1, 0)$

(2) $(1, 1, 1)$, $(1, 0, 0)$

(3) $(1, 1, -1, 1)$, $(2, 3, 1, 2)$

09. 다음 벡터들로부터 $\mathbb{R}^3$의 정규직교기저를 만들어라.

(1) $(-1, 0, 1)$, $(1, 1, 0)$, $(1, -1, 1)$

(2) $(1, -1, 0)$, $(0, 1, 1)$, $(1, 0, 1)$

10. 다음 조건을 만족하는 벡터를 구하여라.

(1) $(1, -2)$와 직교하는 $\mathbb{R}^2$의 단위벡터

(2) $(2, -1, -6)$와 $(1, -3, 2)$에 직교하는 $\mathbb{R}^3$의 단위벡터

11. $\mathbf{a}_1, \cdots, \mathbf{a}_n$이 내적공간 $\mathbb{R}^n$의 정규직교기저라 할 때 다음을 보여라.

(1) $\mathbf{x} \in \mathbb{R}^n$이면, $\mathbf{x} = \langle \mathbf{x}, \mathbf{a}_1\rangle \mathbf{a}_1 + \cdots + \langle \mathbf{x}, \mathbf{a}_n\rangle \mathbf{a}_n$

(2) $\mathbf{x}, \mathbf{y} \in \mathbb{R}^n$이면, $\langle \mathbf{x}, \mathbf{y}\rangle = \langle \mathbf{x}, \mathbf{a}_1\rangle \langle \mathbf{y}, \mathbf{a}_1\rangle + \cdots + \langle \mathbf{x}, \mathbf{a}_n\rangle \langle \mathbf{y}, \mathbf{a}_n\rangle$이다.

(3) $\mathbf{x} \in \mathbb{R}^n$이면, $\|\mathbf{x}\|^2 = \langle \mathbf{x}, \mathbf{a}_1 \rangle^2 + \cdots + \langle \mathbf{x}, \mathbf{a}_n \rangle^2$이다(Parseval의 등식).

12. $\{(1, 0, 0, 0), (1, -1, 1, 1), (1, 2, 1, 0)\}$은 $\mathbb{R}^4$의 부분공간 W의 기저라고 하자.

(1) 주어진 W의 기저를 가지고 Gram-Schmidt 직교화를 이용하여 W의 정규직교기저를 구하였더니 $\left\{(1, 0, 0, 0),\ \left(0\ \frac{-1}{\sqrt{3}}\ \frac{1}{\sqrt{3}}\ \frac{1}{\sqrt{3}}\right),\ v\right\}$였다. v를 구하여라.

(2) $(2, 2, 0, 4) \in \mathbb{R}^4$를 W에 속한 벡터와 $W^{\perp}$(W의 직교보충공간)에 속한 벡터의 합으로 나타내어라.

13. 유클리드 내적공간 $\mathbb{R}^3$에서 $W = \{(a, b, c) \in \mathbb{R}^3 \mid a + 2b - c = 0\}$라 두자.
또한 $\mathbf{v}_1 = (2, -1, 0)$, $\mathbf{v}_2 = (0, 1, 2)$라 두자.

(1) W가 $\mathbb{R}^3$의 부분공간임을 보이시오.

(2) $\mathbf{v}_1$과 $\mathbf{v}_2$가 일차독립임을 보이시오.

(3) $W = \text{span}\{\mathbf{v}_1, \mathbf{v}_2\}$임을 보이시오.

(4) W의 직교보충공간 $W^{\perp}$의 기저를 구하시오.

(5) $\mathbf{x} = (3, 7, 4)$를 W의 벡터와 $W^{\perp}$의 벡터의 합으로 표현하시오.

(6) W와 $W^{\perp}$의 기저를 이용하여 R^3의 정규직교기저를 구하시오.
(단, Gram-Schmit의 방법 이용할 것.)

05

Chapter

선형변환과 행렬

5.1 유클리드 공간의 선형변환

$\mathbb{R}^n$은 실수들의 n순서쌍 $(a_1, a_2, \cdots, a_n)$들의 모임이다. $\mathbb{R}^n$의 두 원소 $(a_1, a_2, \cdots, a_n)$와 $(b_1, b_2, \cdots, b_n)$와 실수 α에 대하여

$$(a_1, a_2, \cdots, a_n)+(b_1, b_2, \cdots, b_n)=(a_1+b_1, a_2+b_2, \cdots, a_n+b_n)$$
$$\alpha(a_1, a_2, \cdots, a_n)=(\alpha a_1, \alpha a_2, \cdots, \alpha a_n)$$

으로 정의함으로서 $\mathbb{R}^n$은 벡터공간이 되었으며 이 공간이 n차원 유클리드 공간이라 불리워진다(정의 4.1.1). 이제 두 유클리드 공간에서 정의된 특수한 함수에 대하여 알아본다. 이장에서의 모든 벡터공간은 유클리드 공간으로 한정하며 일반 벡터공간에서의 선형변환에 대한 이론도 같은 방법으로 확장될 수 있다.

정의 5.1.1 **(선형변환)**

다음 성질을 만족하는 함수 $T: \mathbb{R}^n \to \mathbb{R}^m$를 $\mathbb{R}^n$에서 $\mathbb{R}^m$으로 대응되는 **선형변환**(Linear Transformation) 또는 **선형사상**(Linear map)이라 부른다.

(1) 모든 $\mathbf{v}_1, \mathbf{v}_2 \in \mathbb{R}^n$에 대하여 $T(\mathbf{v}_1+\mathbf{v}_2)=T(\mathbf{v}_1)+T(\mathbf{v}_2)$이다.

(2) 모든 $\mathbf{v} \in \mathbb{R}^n$와 실수 α에 대하여 $T(\alpha\mathbf{v})=\alpha T(\mathbf{v})$이다.

선형변환의 정의는 다음과 같이 간단하게 적을 수 있다. $T: \mathbb{R}^n \to \mathbb{R}^m$가 모든 실수 α, β와 모든 $\mathbf{v}_1, \mathbf{v}_2 \in \mathbb{R}^n$에 대하여

$$T(\alpha \mathbf{v}_1 + \beta \mathbf{v}_2) = \alpha T(\mathbf{v}_1) + \beta T(\mathbf{v}_2)$$

을 만족하면 $T: \mathbb{R}^n \to \mathbb{R}^m$는 선형변환이다. 이 사실에 의하면 2차원 또는 3차원 벡터공간 $\mathbb{R}^2$, $\mathbb{R}^3$상에서 정의된 선형사상은 $\mathbb{R}^2$, $\mathbb{R}^3$에 속하는 모든 직선을 직선 또는 점으로 대응시키는 함수이다. 왜냐하면 $\mathbb{R}^2$, $\mathbb{R}^3$에 속하는 벡터 $\mathbf{u}$, $\mathbf{w}$에 대하여 집합

$$A = \{\mathbf{u} + t\mathbf{w} \mid t: \text{ 실수}\}$$

이라 두면 A의 원소는 $\mathbf{u}$를 지나는 $\mathbf{w}$방향의 직선상의 벡터이다. 만약 T가 선형사상이면

$$T(A) = \{T(\mathbf{u}) + tT(\mathbf{w}) \mid t: \text{ 실수}\}$$

이다. 따라서 $T(A)$는 $T(\mathbf{u})$를 지나는 $T(\mathbf{w})$방향의 직선상의 벡터들의 집합이다.

다음 예제에서 $\mathbb{R}^2$상에서 정의된 몇 가지 선형사상을 알아보자.

예제 5.1.2

$\mathbb{R}^2$상에서 다음과 같이 정의된 함수는 선형사상임을 보여라.

(1) $T((a, b)) = (a, 0)$로 정의된 함수 $T: \mathbb{R}^2 \to \mathbb{R}^2$

(2) $T((a, b)) = (a, -b)$로 정의된 함수 $T: \mathbb{R}^2 \to \mathbb{R}^2$

(3) $T((a, b)) = (b, a)$로 정의된 함수 $T: \mathbb{R}^2 \to \mathbb{R}^2$

(4) 고정된 실수 β에 대하여 $T((a, b)) = (\beta a, \beta b)$로 정의된 함수 $T: \mathbb{R}^2 \to \mathbb{R}^2$

(5) 고정된 실수 $\theta(0 \le \theta \le 2\pi)$에 대하여 $T((a, b)) = (a\cos\theta - b\sin\theta,\ a\sin\theta + b\cos\theta)$로 정의된 함수 $T: \mathbb{R}^2 \to \mathbb{R}^2$

풀이 (1) $\mathbf{v}_1 = (a_1, b_1)$, $\mathbf{v}_2 = (a_2, b_2) \in \mathbb{R}^2$이고 α를 임의의 실수라 하면

$$\begin{aligned} T(\mathbf{v}_1 + \mathbf{v}_2) &= T((a_1 + a_2, b_1 + b_2)) = (a_1 + a_2, 0) \\ &= (a_1, 0) + (a_2, 0) = T(\mathbf{v}_1) + T(\mathbf{v}_2) \end{aligned}$$

이다. 그리고

$$\begin{aligned} T(\alpha \mathbf{v}_1) &= T((\alpha a_1, \alpha b_1)) = (\alpha a_1, 0) \\ &= \alpha(a_1, 0) = \alpha T(\mathbf{v}_1) \end{aligned}$$

이다. 따라서 T는 선형변환이다. 이 선형변환을 기하적으로 살펴보면 임의의 $\mathbf{v} \in \mathbb{R}^2$에 대하여 $T(\mathbf{v})$는 $\mathbf{v}$의 x축 위로의 정사영이다(그림 5.1 참고).

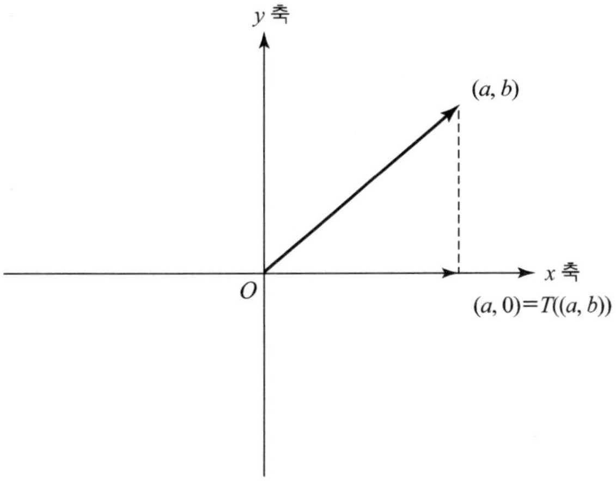

그림 5.1

(2) $\mathbf{v}_1 = (a_1, b_1),\ \mathbf{v}_2 = (a_2,\ b_2) \in \mathbb{R}^2$이고 α를 임의의 실수라 하면

$$\begin{aligned} T(\mathbf{v}_1 + \mathbf{v}_2) &= T((a_1 + a_2,\ b_1 + b_2)) = (a_1 + a_2, -(b_1 + b_2)) \\ &= (a_1,\ -b_1) + (a_2,\ -b_2) = T(\mathbf{v}_1) + T(\mathbf{v}_2) \end{aligned}$$

이다. 그리고

$$\begin{aligned} T(\alpha\mathbf{v}_1) &= T((\alpha a_1, \alpha b_1)) = (\alpha a_1,\ -\alpha b_1) \\ &= \alpha(a_1, -b_1) = \alpha T(\mathbf{v}_1) \end{aligned}$$

이다. 따라서 T는 선형변환이다. 이 선형변환을 기하적으로 살펴보면 임의의 $\mathbf{v} \in \mathbb{R}^2$에 대하여 $T(\mathbf{v})$는 $\mathbf{v}$를 x축에 관하여 대칭이동한 벡터이다(그림 5.2 참고).

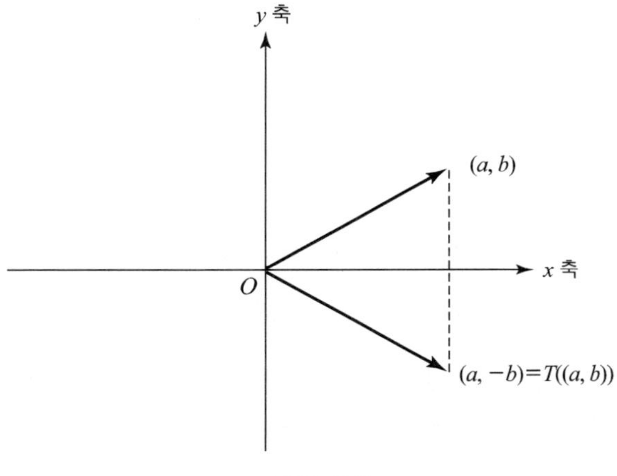

그림 5.2

(3) $\mathbf{v}_1 = (a_1, b_1),\ \mathbf{v}_2 = (a_2,\ b_2) \in \mathbb{R}^2$이고 α를 임의의 실수라 하면

$$\begin{aligned} T(\mathbf{v}_1 + \mathbf{v}_2) &= T((a_1 + a_2,\ b_1 + b_2)) = (b_1 + b_2,\ a_1 + a_2) \\ &= (b_1, a_1) + (b_2, a_2) = T(\mathbf{v}_1) + T(\mathbf{v}_2) \end{aligned}$$

이다. 그리고

$$\begin{aligned} T(\alpha \mathbf{v}_1) &= T((\alpha a_1, \alpha b_1)) = (\alpha b_1, \alpha a_1) \\ &= \alpha (b_1,\ a_1) = \alpha T(\mathbf{v}_1) \end{aligned}$$

이다. 따라서 T는 선형변환이다. 이 선형변환을 기하적으로 살펴보면 임의의 $\mathbf{v} \in \mathbb{R}^2$에 대하여 $T(\mathbf{v})$는 $\mathbf{v}$를 직선 $y = x$에 관하여 대칭이동한 벡터이다(그림 5.3 참고).

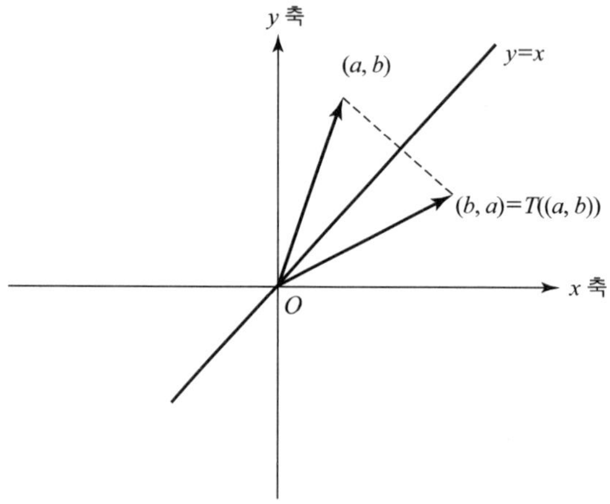

그림 5.3

(4) $\mathbf{v}_1 = (a_1,\ b_1),\ \mathbf{v}_2 = (a_2,\ b_2) \in \mathbb{R}^2$이고 α를 임의의 실수라 하면

$$\begin{aligned} T(\mathbf{v}_1 + \mathbf{v}_2) &= T((a_1 + a_2,\ b_1 + b_2)) = (\beta(a_1 + a_2),\ \beta(b_1 + b_2)) \\ &= \beta(a_1,\ b_1) + \beta(a_2, b_2) = T(\mathbf{v}_1) + T(\mathbf{v}_2) \end{aligned}$$

이다. 그리고

$$\begin{aligned} T(\alpha \mathbf{v}_1) &= T((\alpha a_1, \alpha b_1)) = (\beta \alpha a_1, \beta \alpha b_2) \\ &= \alpha (\beta a_1, \beta b_1) = \alpha T(\mathbf{v}_1) \end{aligned}$$

이다. 따라서 T는 선형변환이다. 이 선형변환을 기하적으로 살펴보면 임의의 $\mathbf{v} \in \mathbb{R}^2$에 대하여 $T(\mathbf{v})$는 $\mathbf{v}$의 β배한 벡터이다(그림 5.4 참고)

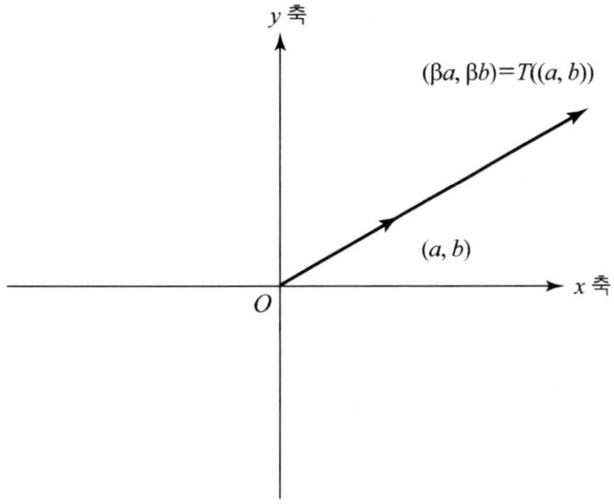

그림 5.4

(5) 위와 같은 방법으로 주어진 함수가 선형변환임을 보일 수 있다. 따라서 여기서 기하적 개념만 살펴본다. 벡터 $\mathbf{v} = (a,\ b) \in \mathbb{R}^2$를 극좌표로 표현하여

$$\mathbf{v} = (r\cos\phi,\ r\sin\phi)$$

이라 하면

$$\begin{aligned} T(\mathbf{v}) &= (r\cos\phi\cos\theta - r\sin\phi\sin\theta,\ r\sin\phi\cos\theta + r\cos\phi\sin\theta) \\ &= (r\cos(\theta+\phi),\ r\sin(\theta+\phi)) \end{aligned}$$

이다. 그러므로 $T(\mathbf{v})$는 벡터 $\mathbf{v}$를 시계반대방향으로 θ만큼 회전이동한 벡터이다(그림 5.5참고).

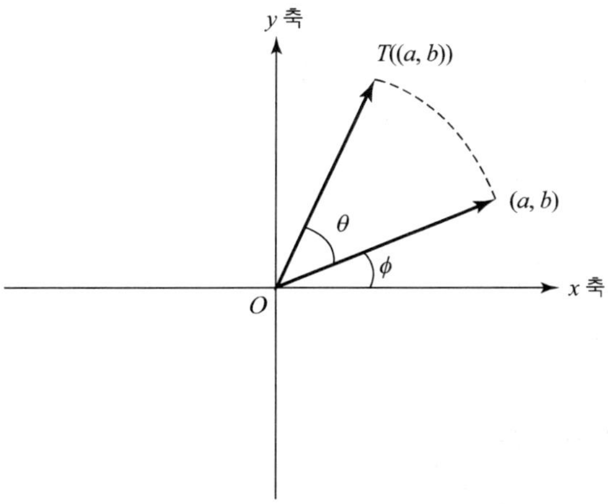

그림 5.5

다음 정리에서 선형변환이 가지는 성질을 조사한다.

정리 5.1.3

모든 선형변환 $T: \mathbb{R}^n \to \mathbb{R}^m$는 다음 성질을 갖는다.

(1) $T(0)=0$이다.

(2) 모든 $\mathbf{v} \in \mathbb{R}^n$에 대하여 $T(-\mathbf{v}) = -T(\mathbf{v})$이다.

(3) W가 $\mathbb{R}^n$의 부분공간이면 $T(W)$는 $\mathbb{R}^m$의 부분공간이다.

(4) $\mathrm{Ker}(T) = \{\mathbf{v} \in \mathbb{R}^n \mid T(\mathbf{v}) = 0\}$는 $\mathbb{R}^n$의 부분공간이다.

증명 (1) $T: \mathbb{R}^n \to \mathbb{R}^m$이 선형변환이므로

$$T(0) = T(0+0) = T(0) + T(0)$$

이다. 그러므로 $T(0)=0$이다.

(2) (1)에 의해

$$T(0) = T(\mathbf{v}-\mathbf{v}) = T(\mathbf{v}) + T(-\mathbf{v}) = 0$$

이다. 따라서

$$T(-\mathbf{v}) = -T(\mathbf{v})$$

이다.

(3) $\mathbf{w}_1, \mathbf{w}_2 \in T(W)$이면 $T(\mathbf{v}_1) = \mathbf{w}_1$, $T(\mathbf{v}_2) = \mathbf{w}_2$를 만족하는 $\mathbf{v}_1, \mathbf{v}_2 \in W$가 존재한다. W가 $\mathbb{R}^n$의 부분공간이므로 모든 실수 α, β에 대하여 $\alpha\mathbf{v}_1 + \beta\mathbf{v}_2 \in W$이다. 그러므로

$$T(\alpha\mathbf{v}_1 + \beta\mathbf{v}_2) = \alpha T(\mathbf{v}_1) + \beta T(\mathbf{v}_2) \in T(W)$$

이다. 그러므로 $T(W)$는 $\mathbb{R}^m$의 부분공간이다.

(4) 모든 $\mathbf{v}_1, \mathbf{v}_2 \in \mathrm{Ker}(T)$와 실수 α, β에 대하여

$$T(\alpha\mathbf{v}_1 + \beta\mathbf{v}_2) = \alpha T(\mathbf{v}_1) + \beta T(\mathbf{v}_2) = 0$$

이다. 따라서 $\mathrm{Ker}(T)$는 $\mathbb{R}^n$의 부분공간이다.

정의 5.1.4 **(상, 핵)**

선형변환 $T: \mathbb{R}^n \to \mathbb{R}^m$에 대하여

$$\mathrm{Im}(T) = \{T(\mathbf{v}) \mid \mathbf{v} \in \mathbb{R}^n\}$$

을 T의 **상**(Image)이라 부르고

$$\operatorname{Ker}(T)=\{\mathbf{v}\in\mathbb{R}^n \mid T(\mathbf{v})=0\}$$

을 T의 **핵**(Kernel)이라 부른다.

편의상 $\mathbb{R}^n=\left\{\begin{pmatrix}a_1\\a_2\\\vdots\\a_n\end{pmatrix}\middle|\ a_i\in\mathbb{R}\right\}$로 보자. 이때 표준기저 $\mathbf{e}_1,\ \mathbf{e}_2,\ \cdots,\ \mathbf{e}_n$도 열 벡터로 생각하면 편리하다.

예제 5.1.5

다음과 같이 정의된 선형변환의 상과 핵의 기저를 구하여라.

(1) $T\begin{pmatrix}x\\y\\z\end{pmatrix}=\begin{pmatrix}x+y\\z-x\end{pmatrix}$ 로 정의된 함수 $T:\mathbb{R}^3\to\mathbb{R}^2$

(2) $A=\begin{pmatrix}0&1&1\\1&0&1\\1&1&0\end{pmatrix}$라 둘 때 $T_A(\mathbf{v})=A\mathbf{v}$로 정의된 함수 $T:\mathbb{R}^3\to\mathbb{R}^3$

풀이 (1) T의 상은 표준기저 $\{\mathbf{e}_1,\ \mathbf{e}_2,\ \mathbf{e}_3\}$의 상에 의해 생성된다. 따라서

$$\begin{aligned}\operatorname{Im}(T)&=\operatorname{span}\{T(\mathbf{e}_1),\ T(\mathbf{e}_2),\ T(\mathbf{e}_3)\}\\&=\operatorname{span}\left\{\begin{pmatrix}1\\-1\end{pmatrix},\ \begin{pmatrix}1\\0\end{pmatrix},\ \begin{pmatrix}0\\1\end{pmatrix}\right\}\end{aligned}$$

이다. 그러므로 $\operatorname{Im}(T)$의 기저는 $\left\{\begin{pmatrix}1\\0\end{pmatrix},\ \begin{pmatrix}0\\1\end{pmatrix}\right\}$이다.

만약 $\mathbf{v}=\begin{pmatrix}x\\y\\z\end{pmatrix}\in\operatorname{Ker}(T)$이면

$$T(\mathbf{v})=T\begin{pmatrix}x\\y\\z\end{pmatrix}=\begin{pmatrix}x+y\\z-x\end{pmatrix}=\begin{pmatrix}0\\0\end{pmatrix}$$

를 만족한다. 그러므로

$$\begin{cases}x+y=0\\z-x=0\end{cases}$$

이다. 그러므로

$$\begin{pmatrix} x \\ y \\ z \end{pmatrix} = s\begin{pmatrix} 1 \\ -1 \\ 1 \end{pmatrix}, \quad s: \text{실수}$$

이다. 그러므로

$$\operatorname{Ker}(T) = \left\{ s\begin{pmatrix} 1 \\ -1 \\ 1 \end{pmatrix} \;\middle|\; s: \text{ 실수} \right\}$$

이며 기저는 $\left\{\begin{pmatrix} 1 \\ -1 \\ 1 \end{pmatrix}\right\}$이다.

(2) T의 상은 표준기저 $\{\mathbf{e}_1, \mathbf{e}_2, \mathbf{e}_3\}$의 상에 의해 생성된다. 따라서

$$\begin{aligned} \operatorname{Im}(T) &= \operatorname{span}\{T(\mathbf{e}_1), T(\mathbf{e}_2), T(\mathbf{e}_3)\} \\ &= \operatorname{span}\left\{\begin{pmatrix} 0 \\ 1 \\ 1 \end{pmatrix}, \begin{pmatrix} 1 \\ 0 \\ 1 \end{pmatrix}, \begin{pmatrix} 1 \\ 1 \\ 0 \end{pmatrix}\right\} \end{aligned}$$

이다. 그러므로 $\operatorname{Im}(T)$의 기저는 $\left\{\begin{pmatrix} 0 \\ 1 \\ 1 \end{pmatrix}, \begin{pmatrix} 1 \\ 0 \\ 1 \end{pmatrix}, \begin{pmatrix} 1 \\ 1 \\ 0 \end{pmatrix}\right\}$이다.

만약 $\mathbf{v} = \begin{pmatrix} x \\ y \\ z \end{pmatrix} \in \operatorname{Ker}(T)$이면

$$T(\mathbf{v}) = T\begin{pmatrix} x \\ y \\ z \end{pmatrix} = \begin{pmatrix} 0 & 1 & 1 \\ 1 & 0 & 1 \\ 1 & 1 & 0 \end{pmatrix}\begin{pmatrix} x \\ y \\ z \end{pmatrix} = \begin{pmatrix} 0 \\ 0 \\ 0 \end{pmatrix}$$

를 만족한다. 그러므로

$$\begin{cases} y + z = 0 \\ x + z = 0 \\ x + y = 0 \end{cases}$$

이다. 따라서 이 연립방정식을 풀면 $x = y = z = 0$을 얻는다. 그러므로 $\operatorname{Ker}(T) = \{0\}$이다.

정리 5.1.6

선형변환 $T: \mathbb{R}^n \to \mathbb{R}^m$이 단사함수일 필요충분조건은 $\operatorname{Ker}(T) = \{0\}$이다.

증명 만약 선형변환 $T: \mathbb{R}^n \to \mathbb{R}^m$이 단사함수이면 $T(\mathbf{0}) = \mathbf{0}$이므로 $\mathrm{Ker}(T) = \{\mathbf{0}\}$ 임은 자명하다. 역으로 $\mathrm{Ker}(T) = \{\mathbf{0}\}$ 이고 $T(\mathbf{v}_1) = T(\mathbf{v}_2)$라 가정하자. 그러면

$$T(\mathbf{v}_1) - T(\mathbf{v}_2) = T(\mathbf{v}_1 - \mathbf{v}_2) = \mathbf{0}$$

이다. 그러므로 $\mathbf{v}_1 - \mathbf{v}_2 \in \mathrm{Ker}(T)$이다. $\mathrm{Ker}(T) = \{\mathbf{0}\}$ 이므로 $\mathbf{v}_1 = \mathbf{v}_2$이다.

정리 5.1.7

$\mathbf{v}_1,\ \mathbf{v}_2,\ \cdots,\ \mathbf{v}_k \in \mathbb{R}^n$이 일차독립이고 선형변환 $T: \mathbb{R}^n \to \mathbb{R}^m$이 단사함수이면 $T(\mathbf{v}_1),\ T(\mathbf{v}_2),\ \cdots,\ T(\mathbf{v}_k)$은 일차독립이다.

증명 만약 실수 $a_1,\ a_2,\ \cdots,\ a_k$에 대하여

$$a_1 T(\mathbf{v}_1) + a_2 T(\mathbf{v}_2) + \cdots + a_k T(\mathbf{v}_k) = \mathbf{0}$$

라 가정하면 T가 선형변환이므로

$$T(a_1\mathbf{v}_1 + a_2\mathbf{v}_2 + \cdots + a_k\mathbf{v}_k) = \mathbf{0}$$

이다. 그러나 T가 단사함수이고 $T(\mathbf{0}) = \mathbf{0}$이므로

$$a_1\mathbf{v}_1 + a_2\mathbf{v}_2 + \cdots + a_k\mathbf{v}_k = \mathbf{0}$$

이다. 한편 $\mathbf{v}_1, \mathbf{v}_2, \cdots, \mathbf{v}_k \subseteq \mathbb{R}^n$이 일차독립이므로 $a_1 = a_2 = \cdots = a_k = 0$이다. 따라서 $T(\mathbf{v}_1), T(\mathbf{v}_2), \cdots, T(\mathbf{v}_k)$은 일차독립이다.

정리 5.1.8

$V_1,\ V_2,\ V_3$을 유클리드 벡터공간이라 하면 다음 성질이 성립된다.

(1) 항등함수 $id: V_1 \to V_1$는 선형변환이다.

(2) $T_1 : V_1 \to V_2,\ T_2 : V_2 \to V_3$을 선형변환이라 하면 합성함수 $T_2 \circ T_1 : V_1 \to V_3$도 선형변환이다.

(3) 만약 선형변환 $T_1 : V_1 \to V_2$ 이 역함수를 가지면 $T_1^{-1}: V_2 \to V_1$도 선형변환이다.

증명 (1) 모든 $\mathbf{v} \in V_1$에 대하여 $id(\mathbf{v}) = \mathbf{v}$ 이므로 $\mathbf{v}_1,\ \mathbf{v}_2 \in V_1$이면

$$id(\mathbf{v}_1 + \mathbf{v}_2) = \mathbf{v}_1 + \mathbf{v}_2 = id(\mathbf{v}_1) + id(\mathbf{v}_2)$$

이고 모든 실수 α와 $\mathbf{v}\in V_1$에 대하여

$$id(\alpha\mathbf{v}) = \alpha\mathbf{v} = \alpha id(\mathbf{v})$$

이다. 그러므로 항등함수 $id: V_1 \to V_1$는 선형변환이다.

(2) $\mathbf{v}_1, \mathbf{v}_2 \in V_1$이면 T_1, T_2가 선형변환이므로

$$\begin{aligned}(T_2 \circ T_1)(\mathbf{v}_1+\mathbf{v}_2) &= T_2(T_1(\mathbf{v}_1+\mathbf{v}_2))\\ &= T_2(T_1(\mathbf{v}_1)+T_1(\mathbf{v}_2))\\ &= T_2(T_1(\mathbf{v}_1))+T_2(T_1(\mathbf{v}_2))\\ &= (T_2 \circ T_1)(\mathbf{v}_1)+(T_2 \circ T_1)(\mathbf{v}_2)\end{aligned}$$

을 얻는다. 그리고 모든 실수 α와 $\mathbf{v} \in V_1$에 대하여 T_1, T_2가 선형변환이므로

$$\begin{aligned}(T_2 \circ T_1)(\alpha\mathbf{v}) &= T_2(T_1(\alpha\mathbf{v}))\\ &= T_2(\alpha T_1(\mathbf{v}))\\ &= \alpha T_2(T_1(\mathbf{v}))\\ &= \alpha(T_2 \circ T_1)(\mathbf{v})\end{aligned}$$

을 얻는다. 그러므로 $T_2 \circ T_1 : V_1 \to V_3$도 선형변환이다.

(3) 만약 선형변환 $T_1 : V_1 \to V_2$이 역함수를 가지면 T_1은 전사이고 단사함수이다. 그러므로 모든 $\mathbf{w}\in V_2$에 대하여 $T_1(\mathbf{v}) = \mathbf{w}$를 만족하는 $\mathbf{v}\in V_1$가 단 하나 존재한다. 따라서 만약 $\mathbf{w}_1, \mathbf{w}_2 \in V_2$이면 $\mathbf{w}_1 = T_1(\mathbf{v}_1)$, $\mathbf{w}_2 = T_1(\mathbf{v}_2)$를 만족하는 $\mathbf{v}_1, \mathbf{v}_2\in V_1$이 존재한다. 그러므로

$$\mathbf{w}_1+\mathbf{w}_2 = T_1(\mathbf{v}_1)+T_1(\mathbf{v}_2) = T_1(\mathbf{v}_1+\mathbf{v}_2)$$

이다. 따라서

$$T_1^{-1}(\mathbf{w}_1+\mathbf{w}_2) = \mathbf{v}_1+\mathbf{v}_2 = T_1^{-1}(\mathbf{w}_1)+T_1^{-1}(\mathbf{w}_2)$$

이다. 그리고 모든 실수 α와 $\mathbf{w} \in V_2$에 대하여 $T_1(\mathbf{v}) = \mathbf{w}$라 가정하면 양변에 α를 곱하여

$$\alpha T_1(\mathbf{v}) = \alpha\mathbf{w}$$

를 얻는다. T_1이 선형변환이므로

$$T_1(\alpha\mathbf{v}) = \alpha T_1(\mathbf{v}) = \alpha\mathbf{w}$$

이다. 따라서

$$T_1^{-1}(\alpha\mathbf{w}) = \alpha\mathbf{v} = \alpha T_1^{-1}(\mathbf{w})$$

를 얻는다. 그러므로 $T_1^{-1}: V_2 \to V_1$도 선형변환이다.

예제 5.1.9

$A \in M_{m \times n}(\mathbb{R})$이면 다음과 같이 정의된 함수 $T_A : \mathbb{R}^n \to \mathbb{R}^m$는 선형변환이다.

$\mathbb{R}^n$에 속하는 모든 $\mathbf{v} = \begin{pmatrix} a_1 \\ a_2 \\ \vdots \\ a_n \end{pmatrix}$에 대하여 $T_A(\mathbf{v})$를 행렬들의 연산, 즉

$$T_A(\mathbf{v}) = A\mathbf{v}$$

로 정의한다.

증명 모든 실수 α, β와 모든 $\mathbf{v}_1, \mathbf{v}_2 \in \mathbb{R}^n$에 대하여

$$\begin{aligned} T_A(\alpha\mathbf{v}_1 + \beta\mathbf{v}_2) &= A(\alpha\mathbf{v}_1 + \beta\mathbf{v}_2) \\ &= \alpha(A\mathbf{v}_1) + \beta(A\mathbf{v}_2) = \alpha T(\mathbf{v}_1) + \beta T(\mathbf{v}_2) \end{aligned}$$

이다.

위의 예제 5.1.9의 역은 참인가를 알아본다. 즉, 모든 선형변환 $T: \mathbb{R}^n \to \mathbb{R}^m$에 대하여 $T = T_A$를 만족하는 행렬 $A \in M_{m \times n}(\mathbb{R})$이 존재하는가? 다음 정리에서 이 문제의 답을 알아보자.

정리 5.1.10

모든 선형변환 $T: \mathbb{R}^n \to \mathbb{R}^m$에 대하여 $T = T_A$를 만족하는 행렬 $A \in M_{m \times n}(\mathbb{R})$가 존재한다.

증명 $\{\mathbf{e}_1, \mathbf{e}_2, \cdots, \mathbf{e}_n\}$을 $\mathbb{R}^n$의 표준기저라 하고 행렬

$$A = (T(\mathbf{e}_1)\ T(\mathbf{e}_2) \cdots T(\mathbf{e}_n))$$

이라 둔다. 여기서 $T(\mathbf{e}_i)$는 $\mathbf{e}_i$의 T의 상의 표준기저에 대한 좌표이다. 따라서 $A \in M_{m \times n}(\mathbb{R})$이다. 그리고 $\{\mathbf{e}_1, \mathbf{e}_2, \cdots, \mathbf{e}_n\}$이 $\mathbb{R}^n$의 표준기저이므로 모든 $\mathbf{v} \in \mathbb{R}^n$에 대하여

$$\mathbf{v} = a_1\mathbf{e}_1 + a_2\mathbf{e}_2 + \cdots + a_n\mathbf{e}_n$$

으로 유일하게 표현된다. 그러므로

$$
\begin{aligned}
T(\mathbf{v}) &= T(a_1\mathbf{e}_1 + a_2\mathbf{e}_2 + \cdots + a_n\mathbf{e}_n) \\
&= a_1 T(\mathbf{e}_1) + a_2 T(\mathbf{e}_2) + \cdots + a_n T(\mathbf{e}_n) \\
&= (T(\mathbf{e}_1)\ T(\mathbf{e}_2) \cdots\ T(\mathbf{e}_n))\begin{pmatrix} a_1 \\ a_2 \\ \vdots \\ a_n \end{pmatrix} = A\mathbf{v} = T_A(\mathbf{v})
\end{aligned}
$$

이다.

정리 5.1.10에서 주어진 행렬 $A \in M_{m\times n}(\mathbb{R})$를 선형변환 $T: \mathbb{R}^n \to \mathbb{R}^m$의 **표준행렬** (standard matrix)이라 부른다. 예제 5.1.2에서 정의된 모든 선형변환은 $M_{2\times 2}(\mathbb{R})$에 속하는 행렬에 의해 유도된 선형변환과 같음을 알 수 있다. 예를 들어 (5)에서 정의된 함수 T는

$$
T\left(\begin{pmatrix} a \\ b \end{pmatrix}\right) = \begin{pmatrix} a\cos\theta - b\sin\theta \\ a\sin\theta + b\cos\theta \end{pmatrix}
$$

이므로

$$
T(\mathbf{e}_1) = T\begin{pmatrix} 1 \\ 0 \end{pmatrix} = \begin{pmatrix} \cos\theta \\ \sin\theta \end{pmatrix},\quad T(\mathbf{e}_2) = T\begin{pmatrix} 0 \\ 1 \end{pmatrix} = \begin{pmatrix} -\sin\theta \\ \cos\theta \end{pmatrix}
$$

이다. 그러므로 $A = \begin{pmatrix} \cos\theta & -\sin\theta \\ \sin\theta & \cos\theta \end{pmatrix}$이며 $T = T_A$이다.

정리 5.1.3에서 선형변환 $T: \mathbb{R}^n \to \mathbb{R}^m$에 대하여 $\mathrm{Ker}(T)$이 $\mathbb{R}^n$의 부분공간임을 알았다. 실제로 $T = T_A$을 만족하는 행렬 $A \in M_{m\times n}(\mathbb{R})$가 존재하므로

$$
\mathrm{Ker}(T) = \{\mathbf{v} \in \mathbb{R}^n \mid T_A(\mathbf{v}) = \mathbf{0}\} = \{\mathbf{v} \in R^n \ \ A\mathbf{v} = \mathbf{0}\}
$$

이다. 따라서 $\mathrm{Ker}(T)$는 연립방정식 $A\mathbf{v} = \mathbf{0}$의 해집합이며 $\mathbb{R}^n$의 부분공간임을 알 수 있다.

정리 5.1.11

선형변환 $T: \mathbb{R}^n \to \mathbb{R}^m$에 대하여 $T = T_A$라 가정하자. 여기서 $A \in M_{m\times n}(\mathbb{R})$이다. 그러면 다음이 성립한다.

(1) $\dim \mathrm{Im}(T) = rank(A)$

(2) $\dim \mathrm{Ker}(T) = n - rank(A)$

증명 (1) $\{\mathbf{e}_1, \mathbf{e}_2, \cdots, \mathbf{e}_n\}$을 $\mathbb{R}^n$의 표준기저라 하면 모든 $\mathbf{v} \in \mathbb{R}^n$에 대하여

$$\mathbf{v} = a_1\mathbf{e}_1 + a_2\mathbf{e}_2 + \cdots + a_n\mathbf{e}_n$$

으로 유일하게 표현된다. 그러므로

$$\begin{aligned} T(\mathbf{v}) &= T(a_1\mathbf{e}_1 + a_2\mathbf{e}_2 + \cdots + a_n\mathbf{e}_n) \\ &= a_1 T(\mathbf{e}_1) + a_2 T(\mathbf{e}_2) + \cdots + a_n T(\mathbf{e}_n) \end{aligned}$$

이다. 따라서

$$\begin{aligned} T(\mathbb{R}^n) &= \mathrm{span}\{T(\mathbf{e}_1), T(\mathbf{e}_2), \cdots, T(\mathbf{e}_n)\} \\ &= \mathrm{span}\{C_1(A), C_2(A), \cdots, C_n(A)\} \end{aligned}$$

이다. 여기서 $C_i(A)$는 행렬 A의 i열을 나타낸다. 그러므로 $\mathrm{Im}(T)$는 A의 열 공간이다. 따라서 $\dim \mathrm{Im}(T) = rank(A)$이다(따름정리 4.3.16).

(2) $\mathrm{Ker}(T)$는 연립방정식 $A\mathbf{v} = \mathbf{0}$의 해공간이므로 우리는 이미 $\dim \mathrm{Ker}(T) = n - rank(A)$임을 알고 있다(정리 4.5.24).

위의 정리에 의하면 선형변환 $T: \mathbb{R}^n \to \mathbb{R}^m$에 대하여

$$\dim \mathrm{Im}(T) + \dim \mathrm{Ker}(T) = n = \text{정의역의 차원}$$

임을 알 수 있다.

연습문제 5.1

01. 예제 5.1.2에서 주어진 각 함수에 대하여 $T = T_A$를 만족하는 행렬 $A \in M_2(\mathbb{R})$을 구하여라.

02. 다음의 각 사상 f가 선형변환인지 아닌지 판별하여라.

(1) $f: \mathbb{R}^2 \to \mathbb{R}^2$, $f(x, y) = (x - y, x)$

(2) $f: \mathbb{R}^2 \to \mathbb{R}^2$, $f(x, y) = (x + y, y + 1)$

(3) $f: \mathbb{R}^2 \to \mathbb{R}^3$, $f(x, y) = (x + y, y, x^2 + y)$

03. 함수 $T:\mathbb{R}^2 \to \mathbb{R}^2$가 다음과 같이 정의되어 있을 때 다음 물음에 답하여라.

$$T\begin{pmatrix} x \\ y \end{pmatrix} = \begin{pmatrix} 2x+2y \\ 3x+\ y \end{pmatrix}$$

(1) $T=T_A$를 만족하는 행렬 $A\in M_2(\mathbb{R})$을 구하여라.

(2) $T(X)=\alpha X$를 만족하는 실수 α를 모두 구하여라. 단, $O\neq X\in\mathbb{R}^2$이다.

(3) (2)에서 구한 각 α에 대하여 $T(X)=\alpha X$를 만족하는 $X\in\mathbb{R}^2$를 모두 구하여라.

04. 함수 $T:\mathbb{R}^3 \to \mathbb{R}^2$가 다음과 같이 정의되어 있을 때 다음 물음에 답하여라.

$$T\begin{pmatrix} x \\ y \\ z \end{pmatrix} = \begin{pmatrix} 2x+y-z \\ x-2y+z \end{pmatrix}$$

(1) T가 선형변환임을 보여라.

(2) $\mathrm{Ker}(T)$의 기저를 구하여라.

(3) $\mathrm{Im}(T)$의 기저를 구하여라.

(4) $\mathrm{Im}(T)$의 직교보충공간의 기저를 구하여라.

(5) $T=T_A$를 만족하는 행렬 $A\in M_{2\times 3}(\mathbb{R})$을 구하여라.

05. $T\begin{pmatrix} x \\ y \\ z \\ w \end{pmatrix} = \begin{pmatrix} x+y+z \\ y+z+w \\ z+w+x \end{pmatrix}$로 정의된 함수 $T:\mathbb{R}^4 \to \mathbb{R}^3$에 대하여 다음 물음에 답하여라.

(1) T가 선형사상임을 보여라.

(2) $\mathrm{Ker}(T)$의 기저를 구하여라.

(3) $\mathrm{Im}(T)$의 기저를 구하여라.

(4) $T=T_A$를 만족하는 행렬 $A\in M_{3\times 4}(\mathbb{R})$을 구하여라.

06. $T_1\begin{pmatrix} x \\ y \\ z \end{pmatrix} = \begin{pmatrix} 2x+y-z \\ x-2y+z \end{pmatrix}$, $T_2\begin{pmatrix} x \\ y \\ z \\ w \end{pmatrix} = \begin{pmatrix} x+y+z \\ y+z+w \\ z+w+x \end{pmatrix}$, $T_3=T_1 \circ T_2:\mathbb{R}^4 \to \mathbb{R}^2$이라 두고 다음 물음에 답하여라.

(1) $T_3\begin{pmatrix} x \\ y \\ z \\ w \end{pmatrix} = \begin{pmatrix} \quad \end{pmatrix}$

(2) 행렬 A_i를 $T_i=T_{iA_i}$를 만족하는 행렬이라 둘 때 이들 사이의 관계를 구하라. 단

$i = 1, 2, 3$이다.

07. 함수 $f : \mathbb{R} \to \mathbb{R}$ 가 $f(x) = ax^2 + bx + c$로 정의되어 있을 때, f가 선형변환이 되도록 a, b, c를 결정하여라.

08. 함수 $f : \mathbb{R}^2 \to \mathbb{R}^2$가 $f(x, y) = (a_1x + b_1y + c_1,\ a_2x + b_2y + c_2)$로 정의되어 있을 때, f가 선형변환이 되도록 하는 a_1, b_1, c_1, a_2, b_2, c_2를 모두 구하여라.

09. 선형변환 $f : \mathbb{R}^2 \to \mathbb{R}^3$가 $f((1, 0)) = (1, 2, 3)$, $f((1, 1)) = (-2, 1, -1)$을 만족한다.

(1) 벡터 $(3, 5)$를 두 벡터 $(1, 0)$, $(1, 1)$의 일차결합으로 나타내어라.

(2) $f((3, 5))$를 구하여라.

5.2 선형변환과 행렬

이 절에서 선형변환 $T: \mathbb{R}^n \to \mathbb{R}^m$에 대응되는 여러 가지 행렬과 이들 사이의 관계를 알아본다. 각 선형변환 $T: \mathbb{R}^n \to \mathbb{R}^m$에 대하여 다음과 같이 행렬을 대응시킨다. 먼저 $E=\{\mathbf{v}_1, \mathbf{v}_2, \cdots, \mathbf{v}_n\}$을 $\mathbb{R}^n$의 기저 그리고 $F=\{\mathbf{w}_1, \mathbf{w}_2, \cdots, \mathbf{w}_m\}$을 $\mathbb{R}^m$의 기저라 하자. 각 $\mathbf{v} \in \mathbb{R}^n$에 대하여 $T(\mathbf{v}) \in \mathbb{R}^m$이고 $F=\{\mathbf{w}_1, \mathbf{w}_2, \cdots, \mathbf{w}_m\}$가 $\mathbb{R}^m$의 기저이므로 $T(\mathbf{v})$는 이 기저들의 일차결합으로 유일하게 표현된다. 따라서 $\mathbb{R}^n$의 기저 E에 속하는 각 원소의 상이 F에 속하는 원소들의 일차결합으로 다음과 같이 표현되었다고 가정하자.

$$\begin{aligned} T(\mathbf{v}_1) &= a_{11}\mathbf{w}_1 + a_{21}\mathbf{w}_2 + \cdots + a_{m1}\mathbf{w}_m \\ T(\mathbf{v}_2) &= a_{12}\mathbf{w}_1 + a_{22}\mathbf{w}_2 + \cdots + a_{m2}\mathbf{w}_m \\ &\vdots \\ T(\mathbf{v}_n) &= a_{1n}\mathbf{w}_1 + a_{2n}\mathbf{w}_2 + \cdots + a_{mn}\mathbf{w}_m \end{aligned} \tag{5.1}$$

그러면, 임의의 $\mathbf{v}=c_1\mathbf{v}_1 + c_2\mathbf{v}_2 + \cdots + c_n\mathbf{v}_n \in \mathbb{R}^n$에 대하여,

$$\begin{aligned} T(\mathbf{v}) &= T(c_1\mathbf{v}_1 + c_2\mathbf{v}_2 + \cdots + c_n\mathbf{v}_n) = c_1T(\mathbf{v}_1) + c_2T(\mathbf{v}_2) + \cdots + c_nT(\mathbf{v}_n) \\ &= c_1(a_{11}\mathbf{w}_1 + a_{21}\mathbf{w}_2 + \cdots + a_{m1}\mathbf{w}_m) + c_2(a_{12}\mathbf{w}_1 + a_{22}\mathbf{w}_2 + \cdots + a_{m2}\mathbf{w}_m) + \cdots \\ &\quad + c_n(a_{1n}\mathbf{w}_1 + a_{2n}\mathbf{w}_2 + \cdots + a_{mn}\mathbf{w}_m) \\ &= (c_1a_{11} + c_2a_{12} + \cdots + c_na_{1n})\mathbf{w}_1 + (c_1a_{21} + c_2a_{22} + \cdots + c_na_{2n})\mathbf{w}_2 + \cdots \\ &\quad + (c_1a_{m1} + c_2a_{m2} + \cdots + c_na_{mn})\mathbf{w}_m \end{aligned}$$

이다. 따라서, 기저 F에 대한 $T(\mathbf{v})$의 좌표행렬 $[T(\mathbf{v})]_F$과 기저 E에 대한 $\mathbf{v}$의 좌표행렬 $[\mathbf{v}]_E$ 사이에 다음과 같은 관계식이 성립한다.

$$[T(\mathbf{v})]_F = \begin{pmatrix} c_1a_{11} + c_2a_{12} + \cdots + c_na_{1n} \\ c_1a_{21} + c_2a_{22} + \cdots + c_na_{2n} \\ \vdots \\ c_1a_{m1} + c_2a_{m2} + \cdots + c_na_{mn} \end{pmatrix} = \begin{pmatrix} a_{11} & a_{12} & \cdots & a_{1n} \\ a_{21} & a_{22} & \cdots & a_{2n} \\ \vdots & \vdots & \vdots & \vdots \\ a_{m1} & a_{m2} & \cdots & a_{mn} \end{pmatrix} \begin{pmatrix} c_1 \\ c_2 \\ \vdots \\ c_n \end{pmatrix} = \begin{pmatrix} a_{11} & a_{12} & \cdots & a_{1n} \\ a_{21} & a_{22} & \cdots & a_{2n} \\ \vdots & \vdots & \vdots & \vdots \\ a_{m1} & a_{m2} & \cdots & a_{mn} \end{pmatrix} [\mathbf{v}]_E$$

정의 5.2.1 **(기저 E, F에 관한 선형변환 T의 행렬)**

위 관계식에서 나타나는 $m \times n$ 행렬

$$\begin{pmatrix} a_{11} & a_{12} & \cdots & a_{1n} \\ a_{21} & a_{22} & \cdots & a_{2n} \\ \vdots & \vdots & \vdots & \vdots \\ a_{m1} & a_{m2} & \cdots & a_{mn} \end{pmatrix}$$

을 기저 E, F에 관한 **선형변환 T의 행렬**(matrix of T with respect to E, F)이라 부르고 기호로 $[T]_{F,E}$로 적는다. 특히 선형변환 $T: \mathbb{R}^n \to \mathbb{R}^n$이고 $E = \{\mathbf{v}_1, \mathbf{v}_2, \cdots, \mathbf{v}_n\}$을 $\mathbb{R}^n$의 기저라 할 때 $[T]_{E,E}$를 간단히 $[T]_E$로 적기로 한다.

다시 한 번 요약하면, $\mathbb{R}^n$의 기저 E와 $\mathbb{R}^m$의 기저 F에 대하여, 기저 E, F에 관한 선형변환 T의 행렬은

$$[T]_{F,E} = ([T(\mathbf{v}_1)]_F \ \ [T(\mathbf{v}_2)]_F \ \cdots \ [T(\mathbf{v}_n)]_F)$$

으로 나타나고, 임의의 $\mathbf{v} \in \mathbb{R}^n$에 대하여

$$[T(\mathbf{v})]_F = [T]_{F,E}[\mathbf{v}]_E$$

가 성립한다.

$E = \{\mathbf{v}_1, \mathbf{v}_2, \cdots, \mathbf{v}_n\}$와 $F = \{\mathbf{w}_1, \mathbf{w}_2, \cdots, \mathbf{w}_n\}$을 R^n의 기저라 하자. $id: \mathbb{R}^n \to \mathbb{R}^n$을 항등함수라 하면 id는 선형변환이므로 이 선형변환의 기저 E, F에 관한 행렬 $[id]_{F,E}$은 기저 E에서 기저 F로의 전이행렬이다. 따라서 $[id]_{E,F}$는 기저 F에서 기저 E로의 전이행렬이며 $[id]_{F,E}$의 역행렬이다. 즉,

$$[id]_{F,E} \ [id]_{E,F} = [id]_{E,F}[id]_{F,E} = I_n$$

이다. 정리 5.1.10에서 모든 선형변환 $T: R^n \to R^m$에 대하여 $T = T_A$를 만족하는 행렬 $A \in M_{m \times n}(\mathbb{R})$가 존재함을 보였다. 이 행렬 A는 표준기저 E, F에 관한 선형변환 T의 행렬임을 알 수 있다.

예제 5.2.2

다음 선형사상 $T: \mathbb{R}^2 \to \mathbb{R}^3$의 주어진 기저에 관한 행렬을 구하여라.

$$T\begin{pmatrix} x \\ y \end{pmatrix} = \begin{pmatrix} x+2y \\ -x+y \\ 5x-y \end{pmatrix}$$

(1) $E=\{\mathbf{e}_1, \mathbf{e}_2\}$, $F=\{\mathbf{e}_1, \mathbf{e}_2, \mathbf{e}_3\}$을 각각 $\mathbb{R}^2$와 $\mathbb{R}^3$의 표준기저라 할 때 $[T]_{F,E}$를 구하여라.

(2) $E'=\{\mathbf{v}_1, \mathbf{v}_2\}$, $F'=\{\mathbf{w}_1, \mathbf{w}_2, \mathbf{w}_3\}$을 각각 $\mathbb{R}^2$와 $\mathbb{R}^3$의 기저라 할 때 $[T]_{F',E'}$를 구하여라. 여기서

$$\mathbf{v}_1 = \begin{pmatrix} 1 \\ 2 \end{pmatrix}, \mathbf{v}_2 = \begin{pmatrix} 3 \\ 4 \end{pmatrix}, \mathbf{w}_1 = \begin{pmatrix} 1 \\ 0 \\ 0 \end{pmatrix}, \mathbf{w}_2 = \begin{pmatrix} 1 \\ 1 \\ 0 \end{pmatrix}, \mathbf{w}_3 = \begin{pmatrix} 1 \\ 1 \\ 1 \end{pmatrix}$$

이다.

(3) $[id]_{F',F}$과 $[id]_{F,F'}$를 구하고 행렬 계산을 통하여 서로 역행렬임을 보여라.

풀이 (1) $T(\mathbf{e}_1) = T\begin{pmatrix} 1 \\ 0 \end{pmatrix} = \begin{pmatrix} 1 \\ -1 \\ 5 \end{pmatrix}$, $T(\mathbf{e}_2) = T\begin{pmatrix} 0 \\ 1 \end{pmatrix} = \begin{pmatrix} 2 \\ 1 \\ -1 \end{pmatrix}$

이므로

$$[T]_{F,E} = \begin{pmatrix} 1 & 2 \\ -1 & 1 \\ 5 & -1 \end{pmatrix}$$

이다.

(2) 먼저 $[T]_{F',E'}$을 구하기 위해 $T(\mathbf{v}_1)$, $T(\mathbf{v}_2)$를 $\mathbf{w}_1$, $\mathbf{w}_2$, $\mathbf{w}_3$들의 일차결합으로 표현해 보자.

$$T(\mathbf{v}_1) = T\begin{pmatrix} 1 \\ 2 \end{pmatrix} = \begin{pmatrix} 5 \\ 1 \\ 3 \end{pmatrix} = a_1\mathbf{w}_1 + a_2\mathbf{w}_2 + a_3\mathbf{w}_3 = \begin{pmatrix} a_1+a_2+a_3 \\ a_2+a_3 \\ a_3 \end{pmatrix}$$

에서 $a_3=3$, $a_2=-2$, $a_1=4$를 얻는다. 마찬가지 방법으로

$$T(\mathbf{v}_2) = T\begin{pmatrix} 3 \\ 4 \end{pmatrix} = \begin{pmatrix} 11 \\ 1 \\ 11 \end{pmatrix} = b_1\mathbf{w}_1 + b_2\mathbf{w}_2 + b_3\mathbf{w}_3 = \begin{pmatrix} b_1+b_2+b_3 \\ b_2+b_3 \\ b_3 \end{pmatrix}$$

에서 $b_3=11$, $b_2=-10$, $b_1=10$을 얻는다. 그러므로

$$[T]_{F',E'} = ([T(\mathbf{v}_1)]_{F'} \quad [T(\mathbf{v}_2)]_{F'}) = \begin{pmatrix} 4 & 10 \\ -2 & -10 \\ 3 & 11 \end{pmatrix}$$

이다.

(3) $id(\mathbf{e}_1) = \mathbf{e}_1 = a_1\mathbf{w}_1 + a_2\mathbf{w}_2 + a_3\mathbf{w}_3 = \begin{pmatrix} a_1 + a_2 + a_3 \\ a_2 + a_3 \\ a_3 \end{pmatrix}$

을 풀면 $a_3 = 0$, $a_2 = 0$, $a_1 = 1$를 얻는다. 마찬가지 방법으로

$$id(\mathbf{e}_2) = \mathbf{e}_2 = b_1\mathbf{w}_1 + b_2\mathbf{w}_2 + b_3\mathbf{w}_3 = \begin{pmatrix} b_1 + b_2 + b_3 \\ b_2 + b_3 \\ b_3 \end{pmatrix}$$

에서 $b_3 = 0$, $b_2 = 1$, $b_1 = -1$을 얻는다. 마찬가지 방법으로

$$id(\mathbf{e}_3) = \mathbf{e}_3 = c_1\mathbf{w}_1 + c_2\mathbf{w}_2 + c_3\mathbf{w}_3 = \begin{pmatrix} c_1 + c_2 + c_3 \\ c_2 + c_3 \\ c_3 \end{pmatrix}$$

에서 $c_3 = 1$, $c_2 = -1$, $c_1 = 0$을 얻는다. 그러므로

$$[id]_{F',F} = \begin{pmatrix} 1 & -1 & 0 \\ 0 & 1 & -1 \\ 0 & 0 & 1 \end{pmatrix}$$

이다. 이제 역으로

$$\begin{aligned} id(\mathbf{w}_1) &= \mathbf{w}_1 = \mathbf{e}_1, \\ id(\mathbf{w}_2) &= \mathbf{w}_2 = \mathbf{e}_1 + \mathbf{e}_2, \\ id(\mathbf{w}_3) &= \mathbf{w}_3 = \mathbf{e}_1 + \mathbf{e}_2 + \mathbf{e}_3 \end{aligned}$$

이다. 그러므로

$$[id]_{F,F'} = \begin{pmatrix} 1 & 1 & 1 \\ 0 & 1 & 1 \\ 0 & 0 & 1 \end{pmatrix}$$

이다. 따라서

$$[id]_{F',F}\,[id]_{F,F'} = \begin{pmatrix} 1 & -1 & 0 \\ 0 & 1 & -1 \\ 0 & 0 & 1 \end{pmatrix}\begin{pmatrix} 1 & 1 & 1 \\ 0 & 1 & 1 \\ 0 & 0 & 1 \end{pmatrix} = \begin{pmatrix} 1 & 0 & 0 \\ 0 & 1 & 0 \\ 0 & 0 & 1 \end{pmatrix}$$

을 얻을 수 있다. 마찬가지로

$$[id]_{F,F'}\,[id]_{F',F} = \begin{pmatrix} 1 & 1 & 1 \\ 0 & 1 & 1 \\ 0 & 0 & 1 \end{pmatrix}\begin{pmatrix} 1 & -1 & 0 \\ 0 & 1 & -1 \\ 0 & 0 & 1 \end{pmatrix} = \begin{pmatrix} 1 & 0 & 0 \\ 0 & 1 & 0 \\ 0 & 0 & 1 \end{pmatrix}$$

이다. 그러므로 $[id]_{F',F}$과 $[id]_{F,F'}$은 서로 역행렬이다.

정리 5.1.11에서 두 선형변환의 합성함수와 선형변환의 역함수도 선형변환임을 알았다. 이제 각 선형변환에 대응되는 행렬들의 곱과 합성함수에 대응되는 행렬과의 관계를 조사해 보자. 이를 이용하여 선형변환에 대응되는 행렬과 그 역변환에 대응되는 행렬과의 관계를 구해본다.

정리 5.2.3

V_1, V_2, V_3을 유클리드 벡터공간이라 하고 E, F, G를 각각 V_1, V_2, V_3의 고정된 기저들이라 하면 다음 성질이 성립된다.

(1) $T_1 : V_1 \to V_2$, $T_2 : V_2 \to V_3$을 선형변환이라 하면

$$[T_2 \circ T_1]_{G,E} = [T_2]_{G,F}\,[T_1]_{F,E}$$

(2) 만약 선형변환 $T_1 : V_1 \to V_2$이 역함수를 가지면

$$[T_1^{-1}]_{E,F} = ([T_1]_{F,E})^{-1}$$

이다.

증명 (1) $E = \{\mathbf{u}_1, \mathbf{u}_2, \cdots, \mathbf{u}_n\}$, $F = \{\mathbf{v}_1, \mathbf{v}_2, \cdots, \mathbf{v}_m\}$, $G = \{\mathbf{w}_1, \mathbf{w}_2, \cdots, \mathbf{w}_l\}$이라 두자. 그리고

$$[T_1]_{F,E} = P, \quad [T_2]_{G,F} = Q$$

이라 두면

$$(\mathbf{v}_1\,\mathbf{v}_2\,\cdots\,\mathbf{v}_m)P = (T_1(\mathbf{u}_1)\ T_1(\mathbf{u}_2)\cdots\ T_1(\mathbf{u}_n)),$$
$$(\mathbf{w}_1\,\mathbf{w}_2\cdots\,\mathbf{w}_l)Q = (T_2(\mathbf{v}_1)\ T_2(\mathbf{v}_2)\cdots\ T_2(\mathbf{v}_m))$$

을 얻는다. 따라서 첫 번째 식에 T_2에 관한 상을 취하여

$$\begin{aligned}(T_2(T_1(\mathbf{u}_1))\ T_2(T_1(\mathbf{u}_2))\ \cdots\ T_2(T_1(\mathbf{u}_n))) &= (T_2(\mathbf{v}_1)\ T_2(\mathbf{v}_2)\ \cdots\ T_2(\mathbf{v}_m))P \\ &= (\mathbf{w}_1\ \mathbf{w}_2\ \cdots\ \mathbf{w}_l)QP\end{aligned}$$

얻는다. 그러므로

$$[T_2 \circ T_1]_{G,E} = QP = [T_2]_{G,F}\,[T_1]_{F,E}$$

이다.

(2) (1)에 의해

$$[T_1^{-1} \circ T_1]_{E,E} = [T_1^{-1}]_{E,F}\,[T_1]_{F,E}$$

이며 $T_1^{-1} \circ T_1 = id$이고 $[id]_{E,E} = I_n$이므로

$$[T_1^{-1}]_{E,F} = ([T_1]_{F,E})^{-1}$$

이다.

이 정리를 일반화하여 다음과 같이 n개의 선형변환의 합성함수에 대응되는 행렬은 각 선형변환에 대응되는 행렬들의 곱으로 표현된다.

따름정리 5.2.4

$V_1, V_2, \cdots, V_n, V_{n+1}$을 유클리드 벡터공간이라 하고 $E_1, E_2, \cdots, E_n, E_{n+1}$을 각각 $V_1, V_2, \cdots, V_n, V_{n+1}$의 기저라 하자. 각 $i\,(1 \le i \le n)$에 대하여 $T_i : V_i \to V_{i+1}$이 선형변환이면

$$[T_n]_{E_{n+1}, E_n} \cdots [T_1]_{E_2, E_1} = [T_n \circ \cdots \circ T_1]_{E_{n+1}, E_1}$$

이다.

정의에 의하면 기저 E, F에 관한 선형변환 T의 행렬은 기저에 영향을 받는다. 다음 정리에서 기저를 바꾸면 선형변환에 대응되는 행렬은 어떻게 바뀌는지 알아본다.

정리 5.2.5

V, W를 유클리드 벡터공간이라 하고 E, E'를 V의 기저, F, F'를 W의 기저라 하자. 만약 T: $V \to W$이 선형변환이면

$$[T]_{F', E'} = Q\,[T]_{F,\,E}\,P$$

이다. 여기서 P는 기저 E'에서 E로의 V의 전이행렬이고 Q는 기저 F에서 F'로의 W의 전이행렬이다.

증명 위의 따름정리를 이용하여 다음 합성함수에 대응되는 행렬을 조사하자.

$$V \xrightarrow{id_V} V \xrightarrow{T} W \xrightarrow{id_W} W$$

여기서 id_V는 V에서 항등함수이고 id_W는 W에서 항등함수이다. $id_W \circ T \circ id_V = T$이므로

$$
\begin{aligned}
[T]_{F',E'} &= [id_W \circ T \circ id_V]_{F',E'} \\
&= [id_W]_{F',F}\,[T]_{F,E}\,[id_V]_{E,E'} \\
&= Q\,[T]_{F,E}\,P
\end{aligned}
$$

이다.

따름정리 5.2.6

V를 유클리드 벡터공간이라 하고 E, E'를 V의 기저라 하자. 만약 $T: V \to V$이 선형변환이면

$$[T]_{E'} = P^{-1}[T]_E\,P$$

이다. 여기서 P는 기저 E'에서 E로의 V의 전이행렬이다.

예제 5.2.7

예제 5.2.2에서 주어진 선형변환에 대하여 계산을 통하여 $[T]_{F',E'} = Q[T]_{F,E}P$임을 확인하라. 여기서 P는 기저 E'에서 E로의 V의 전이행렬이고 Q는 기저 F에서 F'로의 W의 전이행렬이다.

풀이 예제 5.2.2의 계산에 의해

$$Q = [id]_{F',F} = \begin{pmatrix} 1 & -1 & 0 \\ 0 & 1 & -1 \\ 0 & 0 & 1 \end{pmatrix},\ [T]_{F,E} = \begin{pmatrix} 1 & 2 \\ -1 & 1 \\ 5 & -1 \end{pmatrix},\ [T]_{F',E'} = \begin{pmatrix} 4 & 10 \\ -2 & -10 \\ 3 & 11 \end{pmatrix}$$

임을 알고 있다. 이제 기저 E'에서 E로의 V의 전이행렬 P를 구하면

$$id_{\mathbb{R}^2}(\mathbf{v}_1) = \mathbf{e}_1 + 2\mathbf{e}_2,\ id_{\mathbb{R}^2}(\mathbf{v}_2) = 3\mathbf{e}_1 + 4\mathbf{e}_2$$

이므로

$$P = [id]_{E,E'} = \begin{pmatrix} 1 & 3 \\ 2 & 4 \end{pmatrix}$$

이다. 그러므로

$$
\begin{aligned}
Q[T]_{F,E}P &= \begin{pmatrix} 1 & -1 & 0 \\ 0 & 1 & -1 \\ 0 & 0 & 1 \end{pmatrix} \begin{pmatrix} 1 & 2 \\ -1 & 1 \\ 5 & -1 \end{pmatrix} \begin{pmatrix} 1 & 3 \\ 2 & 4 \end{pmatrix} \\
&= \begin{pmatrix} 4 & 10 \\ -2 & -10 \\ 3 & 11 \end{pmatrix} = [T]_{F',E'}
\end{aligned}
$$

이다.

예제 5.2.8

$\mathbb{R}^3$에서 정의된 선형변환

$$T\begin{pmatrix} x \\ y \\ z \end{pmatrix} = \begin{pmatrix} x-2y+z \\ -2x+5z \\ y-3z \end{pmatrix}$$

에 대하여 다음 물음에 답하여라.

(1) E를 $\mathbb{R}^3$의 표준기저라 할 때 $[T]_E$를 구하여라.

(2) $F=\{\mathbf{v}_1, \mathbf{v}_2, \mathbf{v}_3\}$라 할 때 $[T]_F$를 구하여라.

여기서 $\mathbf{v}_1 = \begin{pmatrix} 1 \\ 0 \\ 0 \end{pmatrix}$, $\mathbf{v}_2 = \begin{pmatrix} 1 \\ 1 \\ 0 \end{pmatrix}$, $\mathbf{v}_3 = \begin{pmatrix} 1 \\ 1 \\ 1 \end{pmatrix}$이다.

(3) 계산을 통하여 $[T]_E P = P[T]_F$ 임을 보여라. 여기서 P는 기저 F에서 기저 E로의 전이행렬이다.

풀이 (1)

$$T\begin{pmatrix} 1 \\ 0 \\ 0 \end{pmatrix} = \begin{pmatrix} 1 \\ -2 \\ 0 \end{pmatrix},\ T\begin{pmatrix} 0 \\ 1 \\ 0 \end{pmatrix} = \begin{pmatrix} -2 \\ 0 \\ 1 \end{pmatrix},\ T\begin{pmatrix} 0 \\ 0 \\ 1 \end{pmatrix} = \begin{pmatrix} 1 \\ 5 \\ -3 \end{pmatrix}$$

이다. 그러므로

$$[T]_E = \begin{pmatrix} 1 & -2 & 1 \\ -2 & 0 & 5 \\ 0 & 1 & -3 \end{pmatrix}$$

이다.

(2)

$$T(\mathbf{v}_1) = \begin{pmatrix} 1 \\ -2 \\ 0 \end{pmatrix} = a_1\mathbf{v}_1 + a_2\mathbf{v}_2 + a_3\mathbf{v}_3 = \begin{pmatrix} a_1+a_2+a_3 \\ a_2+a_3 \\ a_3 \end{pmatrix}$$

을 풀면 $a_3 = 0$, $a_2 = -2$, $a_1 = 3$를 얻는다. 마찬가지 방법으로

$$T(\mathbf{v}_2) = \begin{pmatrix} -1 \\ -2 \\ 1 \end{pmatrix} = b_1\mathbf{v}_1 + b_2\mathbf{v}_2 + b_3\mathbf{v}_3 = \begin{pmatrix} b_1+b_2+b_3 \\ b_2+b_3 \\ b_3 \end{pmatrix}$$

에서 $b_3 = 1$, $b_2 = -3$, $b_1 = 1$을 얻는다. 마찬가지 방법으로

$$T(\mathbf{v}_3) = \begin{pmatrix} 0 \\ 3 \\ -2 \end{pmatrix} = c_1\mathbf{v}_1 + c_2\mathbf{v}_2 + c_3\mathbf{v}_3 = \begin{pmatrix} c_1+c_2+c_3 \\ c_2+c_3 \\ c_3 \end{pmatrix}$$

에서 $c_3 = -2$, $c_2 = 5$, $c_1 = -3$을 얻는다. 그러므로

$$[T]_F = ([T(\mathbf{v}_1)]_F \quad [T(\mathbf{v}_2)]_F \quad [T(\mathbf{v}_3)]_F) = \begin{pmatrix} 3 & 1 & -3 \\ -2 & -3 & 5 \\ 0 & 1 & -2 \end{pmatrix}$$

이다.

(3) 예제 5.2.2에 의해

$$P = [id]_{E,F} = \begin{pmatrix} 1 & 1 & 1 \\ 0 & 1 & 1 \\ 0 & 0 & 1 \end{pmatrix}$$

임을 알고 있다. 그러므로

$$[T]_E P = \begin{pmatrix} 1 & -2 & 1 \\ -2 & 0 & 5 \\ 0 & 1 & -3 \end{pmatrix} \begin{pmatrix} 1 & 1 & 1 \\ 0 & 1 & 1 \\ 0 & 0 & 1 \end{pmatrix}$$

$$= \begin{pmatrix} 1 & 1 & 1 \\ 0 & 1 & 1 \\ 0 & 0 & 1 \end{pmatrix} \begin{pmatrix} 3 & 1 & -3 \\ -2 & -3 & 5 \\ 0 & 1 & -2 \end{pmatrix} = P[T]_F$$

이다. 즉, $P^{-1}[T]_E P = [T]_F$ 임을 알 수 있다.

연습문제 5.2

01. 선형변환 $f: \mathbb{R}^3 \to \mathbb{R}^2$, $f(x, y, z) = (3x-2y+z,\ x+2y-4z)$의 아래의 각 기저들에 관한 행렬을 구하여라.

(1) $\mathbb{R}^3$의 표준기저와 $\mathbb{R}^2$의 표준기저

(2) $\mathbb{R}^3$의 표준기저와 $\mathbb{R}^2$의 기저 $\{\mathbf{w}_1 = (1, 2),\ \mathbf{w}_2 = (-1, 1)\}$

(3) $\mathbb{R}^3$의 기저 $\{\mathbf{v}_1 = (1, 0, 0),\ \mathbf{v}_2 = (1, 1, 0),\ \mathbf{v}_3 = (1, 1, 1)\}$와 $\mathbb{R}^2$의 표준기저

(4) $\mathbb{R}^3$의 기저 $\{\mathbf{v}_1,\ \mathbf{v}_2,\ \mathbf{v}_3\}$와 $\mathbb{R}^2$의 기저 $\{\mathbf{w}_1,\ \mathbf{w}_2\}$

02. 함수 $T,\ T': \mathbb{R}^2 \to \mathbb{R}^2$가 다음과 같이 정의되어 있을 때 다음 물음에 답하여라.

$$T\begin{pmatrix} x \\ y \end{pmatrix} = \begin{pmatrix} x+y \\ y \end{pmatrix} \quad T'\begin{pmatrix} x \\ y \end{pmatrix} = \begin{pmatrix} 2x+y \\ x-y \end{pmatrix}$$

(1) β를 $\mathbb{R}^2$의 표준기저라 할 때 행렬 $[T]_\beta$와 $[T']_\beta$를 구하여라.

(2) $T: \mathbb{R}^2 \to \mathbb{R}^2$가 단사함수임을 보여라.

(3) $T: \mathbb{R}^2 \to \mathbb{R}^2$의 역변환 $T^{-1}: \mathbb{R}^2 \to \mathbb{R}^2$에 대하여 $T^{-1}\begin{pmatrix} x \\ y \end{pmatrix}$를 구하여라.

(4) 행렬 $[T^{-1}]_\beta$를 구하여라.

(5) 행렬 $[T]_\beta$과 $[T^{-1}]_\beta$의 관계를 구하여라.

(6) $(T \circ T')\begin{pmatrix} x \\ y \end{pmatrix}$를 구하여라.

(7) $[T \circ T']_\beta$를 구하여라.

(8) 행렬 $[T]_\beta$, $[T']_\beta$ 와 $[T \circ T']_\beta$의 관계를 구하여라.

03. 함수 $T: \mathbb{R}^3 \to \mathbb{R}^2$가 다음과 같이 정의되어 있을 때 다음 물음에 답하여라.

$$T\begin{pmatrix} x \\ y \\ z \end{pmatrix} = \begin{pmatrix} 2x+y-z \\ x-2y+z \end{pmatrix}$$

(1) β, β'를 각각 $\mathbb{R}^3$과 $\mathbb{R}^2$의 표준기저라 할 때 행렬 $[T]_{\beta', \beta}$를 구하여라.

(2) 다음에 정의한 β_1, $\beta_1{}'$은 각각 $\mathbb{R}^3$과 $\mathbb{R}^2$의 기저이다. 행렬 $[T]_{\beta_1', \beta_1}$를 구하여라.

$\beta_1 = \{\mathbf{v}_1, \mathbf{v}_2, \mathbf{v}_3\}$, $\beta_1{}' = \{\mathbf{w}_1, \mathbf{w}_2\}$이고

$\mathbf{v}_1 = \begin{pmatrix} 0 \\ 1 \\ 1 \end{pmatrix}$, $\mathbf{v}_2 = \begin{pmatrix} 1 \\ 0 \\ 1 \end{pmatrix}$, $\mathbf{v}_3 = \begin{pmatrix} 1 \\ 1 \\ 0 \end{pmatrix}$, $\mathbf{w}_1 = \begin{pmatrix} 1 \\ 2 \end{pmatrix}$, $\mathbf{w}_2 = \begin{pmatrix} 2 \\ 1 \end{pmatrix}$이다.

(3) β에서 β_1으로의 전이행렬 P를 구하여라.

(4) β'에서 $\beta_1{}'$으로의 전이행렬 Q를 구하여라.

(5) 행렬 P, Q, $[T]_{\beta', \beta}$, $[T]_{\beta_1', \beta_1}$ 사이의 관계를 구하여라.

04. $T\begin{pmatrix} x \\ y \\ z \\ w \end{pmatrix} = \begin{pmatrix} x+y+z \\ y+z+w \\ z+w+x \end{pmatrix}$로 정의된 함수 $T: \mathbb{R}^4 \to \mathbb{R}^3$에 대하여 다음 물음에 답하여라.

(1) E를 $\mathbb{R}^4$의 표준기저, F를 $\mathbb{R}^3$의 표준기저라 둘 때 기저 E, F에 관한 T의 행렬 $[T]_{F,E}$를 구하여라.

(2) $E' = \{\mathbf{v}_1, \mathbf{v}_2, \mathbf{v}_3, \mathbf{v}_4\}$라 둘 때 E'가 $\mathbb{R}^4$의 기저임을 보여라. 단,

여기서 $\mathbf{v}_1 = \begin{pmatrix} 1 \\ 1 \\ 1 \\ 0 \end{pmatrix}$, $\mathbf{v}_2 = \begin{pmatrix} 1 \\ 1 \\ 0 \\ 1 \end{pmatrix}$, $\mathbf{v}_3 = \begin{pmatrix} 1 \\ 0 \\ 1 \\ 1 \end{pmatrix}$, $\mathbf{v}_4 = \begin{pmatrix} 0 \\ 1 \\ 1 \\ 1 \end{pmatrix}$이다.

(3) 기저 E'에서 E로의 전이행렬(기저변환 행렬) P을 구하여라.

(4) $F' = \{\mathbf{w}_1, \mathbf{w}_2, \mathbf{w}_3\}$라 둘 때 기저 F에서 F'로의 전이행렬(기저변환 행렬) Q를 구하여라. 여기서 $\mathbf{w}_1 = \begin{pmatrix} 1 \\ 1 \\ 0 \end{pmatrix}$, $\mathbf{w}_2 = \begin{pmatrix} 1 \\ 0 \\ 1 \end{pmatrix}$, $\mathbf{w}_3 = \begin{pmatrix} 0 \\ 1 \\ 1 \end{pmatrix}$이다.

(5) $[T]_{F', E'}$를 위에서 구한 P, Q, $[T]_{F, E}$으로 표현하여라.

05. 선형변환 $f: \mathbb{R}^3 \to \mathbb{R}^3$의 표준기저에 관한 행렬이 $\begin{pmatrix} 1 & -1 & 0 \\ 0 & 1 & -1 \\ -1 & 0 & 1 \end{pmatrix}$일 때 다음 물음에 답하여라.

(1) 벡터 $\begin{bmatrix} -1 \\ 2 \\ a \end{bmatrix}$가 f의 상(image) $\mathrm{Im}(f)$에 속하게 되는 a를 구하여라.

(2) f의 상 $\mathrm{Im}(f)$의 직교보충공간에 속하는 영이 아닌 벡터를 하나 구하여라.

06. 기저 α, β에 관한 선형변환 $f: \mathbb{R}^3 \to \mathbb{R}^2$의 행렬이 $[f]_{\beta, \alpha} = \begin{pmatrix} 1 & 1 & 1 \\ 1 & -1 & -1 \end{pmatrix}$일 때, 기저 α_0, β_0에 관한 f의 행렬 $[f]_{\beta_0, \alpha_0}$를 구하여라. 단, $\alpha = \left\{ \begin{pmatrix} 1 \\ 0 \\ 0 \end{pmatrix}, \begin{pmatrix} 0 \\ 1 \\ 0 \end{pmatrix}, \begin{pmatrix} 0 \\ 0 \\ 1 \end{pmatrix} \right\}$, $\beta = \left\{ \begin{pmatrix} 0 \\ -1 \end{pmatrix}, \begin{pmatrix} 1 \\ 0 \end{pmatrix} \right\}$, $\alpha_0 = \left\{ \begin{pmatrix} 1 \\ 0 \\ 0 \end{pmatrix}, \begin{pmatrix} 0 \\ 1 \\ 1 \end{pmatrix}, \begin{pmatrix} 0 \\ -1 \\ 1 \end{pmatrix} \right\}$, $\beta_0 = \left\{ \begin{pmatrix} 1 \\ 0 \end{pmatrix}, \begin{pmatrix} 0 \\ 1 \end{pmatrix} \right\}$ 이다.

07. 선형변환 $f: \mathbb{R}^2 \to \mathbb{R}^3$가 $f\left(\begin{pmatrix} x \\ y \end{pmatrix}\right) = \begin{pmatrix} ax + 2y \\ bx + cy \\ 2x + 3y \end{pmatrix}$로 정의되었다. $\mathbb{R}^2$의 기저 $\alpha = \left\{ \begin{pmatrix} 1 \\ 0 \end{pmatrix}, \begin{pmatrix} 1 \\ 1 \end{pmatrix} \right\}$, $\beta = \left\{ \begin{pmatrix} 1 \\ 0 \\ 0 \end{pmatrix}, \begin{pmatrix} 1 \\ 1 \\ 0 \end{pmatrix}, \begin{pmatrix} 1 \\ 1 \\ 1 \end{pmatrix} \right\}$에 관한 선형변환 f의 행렬은 다음과 같다. $[f]_{\beta, \alpha} = \begin{pmatrix} 1 & 1 \\ 1 & 0 \\ 2 & 5 \end{pmatrix}$.

미지수 a, b, c를 구하여라.

08. 선형변환 $T: \mathbb{R}^3 \to \mathbb{R}^2$, $T\begin{pmatrix} x \\ y \\ z \end{pmatrix} = \begin{pmatrix} 3x + 2y - 4z \\ x + y + 3z \end{pmatrix}$에 대하여 다음 물음에 답하여라.

(1) $\mathrm{Ker}(T)$의 기저를 구하여라.

(2) $\mathbb{R}^3$의 기저 $\alpha = \{\mathbf{v}_1, \mathbf{v}_2, \mathbf{v}_3\}$와 $\mathbb{R}^2$의 기저, $\beta = \{\mathbf{e}_1, \mathbf{e}_2\}$라 두자, 단, $\mathbf{e}_1 = \begin{pmatrix} 1 \\ 0 \end{pmatrix}$, $\mathbf{e}_2 = \begin{pmatrix} 0 \\ 1 \end{pmatrix}$, $\mathbf{v}_1 = \begin{pmatrix} 2 \\ -1 \\ 1 \end{pmatrix}$, $\mathbf{v}_2 = \begin{pmatrix} 1 \\ -1 \\ 0 \end{pmatrix}$, $\mathbf{v}_3 = \begin{pmatrix} 1 \\ 1 \\ 0 \end{pmatrix}$이다. T의 기저 α, β에 관한 행렬 $[T]_{\beta,\alpha}$를 구하여라.

(3) $\beta_0 = \{\mathbf{w}_1, \mathbf{w}_2\}$라 둘 때 β_0에서 β로의 전이행렬 P를 구하여라. 단, $\mathbf{w}_1 = \begin{pmatrix} 1 \\ 1 \end{pmatrix}$, $\mathbf{w}_2 = \begin{pmatrix} 1 \\ -1 \end{pmatrix}$이다.

(4) $[T]_{\beta,\alpha}$와 $[T]_{\beta_0,\alpha}$ 그리고 P와의 관계를 구하여라.

09. $f : \mathbb{R}^n \to \mathbb{R}^m$가 영변환이면 $\mathbb{R}^n$와 $\mathbb{R}^m$의 임의의 기저에 관한 f의 행렬이 영행렬임을 밝혀라.

5.3 상사인 행렬과 행렬의 고유치

$V=\mathbb{R}^n$이라 하고 E, E'를 V의 기저라 하자. 만약 $T: V\to V$이 선형변환이면 따름정리 5.2.6은 기저 E에 관한 T의 행렬 $[T]_E$와 기저 E'에 관한 T의 행렬 $[T]_{E'}$와의 관계를 설명하고 있다. 즉,

$$[T]_{E'}=P^{-1}[T]_E P$$

이다. 여기서 P는 기저 E'에서 E로의 V의 전이행렬이다. 이러한 성질을 가지는 두 행렬을 서로 상사이다 라 부른다.

정의 5.3.1 (상사)

두 정사각 행렬 $A, B\in M_{n\times n}(\mathbb{R})$에 대하여

$$B=P^{-1}AP$$

를 만족하는 정칙행렬 $P\in M_{n\times n}(\mathbb{R})$가 존재하면 두 행렬 A, B는 **상사**(similar)이다 라 부른다.

상사인 두 행렬은 많은 성질을 공유한다. 여기서 잘 알려진 몇 가지를 소개한다.

정리 5.3.2

두 정사각 행렬 $A, B\in M_{n\times n}(\mathbb{R})$에 대하여

$$B=P^{-1}AP$$

이면 다음 성질이 만족된다.

(1) $|A|=|B|$.

(2) $rank(A)=rank(B)$.

(3) 두 동차연립방정식 $AX=0$와 $BX=0$의 해 집합의 차원이 같다.

증명 (1) 두 정사각 행렬을 곱한 행렬의 행렬식은 각 행렬의 행렬식의 곱과 같다. 따라서

$$|B|=|P^{-1}AP|=|P^{-1}||A||P|=|A|$$

이다.

(2) P가 정칙행렬이므로 정리 4.5.25에 의해

$$rank(A) = rank(P^{-1}AP) = rank(B)$$

이다.

(3) 동차연립방정식 $AX=0$의 해 집합의 차원은 $n-rank(A)$이다(정리 4.5.24). 따라서 (2)에 의해 두 해 집합의 차원은 같다.

(1)에 의해 상사인 두 행렬의 행렬식이 같으므로 유클리드 벡터공간 V에서 정의된 선형변환 T의 행렬식을 정의할 수 있다. E가 V의 기저이면

$$\det(T) = |[T]_E|$$

으로 정의한다. V의 다른 기저 E'를 선택하면 $[T]_E$과 $[T]_{E'}$은 상사이므로 $\det(T)$는 기저의 선택에 영향을 받지 않는다. 마찬가지로 선형변환 $T: V \to W$에 대하여 $rank(T)$도 같은 방법으로 정의할 수 있다. E, E'를 V의 기저, F, F'를 W의 기저라 할 때, $T: V \to W$이 선형변환이면 정리 5.2.5에 의해

$$[T]_{F', E'} = Q[T]_{F, E}P$$

이다. 여기서 P는 기저 E'에서 E로의 V의 전이행렬이고 Q는 기저 F에서 F'로의 W의 전이행렬이다. P, Q는 모두 정칙행렬이므로

$$rank([T]_{F', E'}) = rank(Q[T]_{F, E}P)$$

이다. 따라서

$$rank(T) = rank([T]_{F,E})$$

로 정의하면 $rank(T)$는 V, W의 기저의 선택에 영향을 받지 않는다.

정리 5.3.3

V, W를 유클리드 벡터공간이라 하고 $T: V \to W$이 선형변환이라 하자. 그러면 T가 단사함수일 필요충분조건은

$$rank(T) = \dim(V)$$

이다.

증명 T가 단사함수이면 정리 5.1.7에 의해 $T(\mathbf{v}_1), T(\mathbf{v}_2), \cdots, T(\mathbf{v}_n)$일차독립이다. 그러므로

$$[T]_{F,E} = ([T(\mathbf{v}_1)]_F \ \ [T(\mathbf{v}_2)]_F \ \cdots \ [T(\mathbf{v}_n)]_F)$$

의 열벡터들이 일차독립이고

$$rank(T) = rank([T]_{F,E}) = n$$

이다. 역으로 $rank(T) = n$이면

$$[T]_{F,E} = ([T(\mathbf{v}_1)]_F \ \ [T(\mathbf{v}_2)]_F \ \cdots \ [T(\mathbf{v}_n)]_F)$$

의 열벡터들의 일차독립이다. 그러므로 $T(\mathbf{v}_1), T(\mathbf{v}_2), \cdots, T(\mathbf{v}_n)$이 일차독립이다. 만약

$$\mathbf{v} = a_1\mathbf{v}_1 + a_2\mathbf{v}_2 + \cdots + a_n\mathbf{v}_n \in \mathrm{Ker}(T)$$

이면

$$\begin{aligned} T(\mathbf{v}) &= T(a_1\mathbf{v}_1 + a_2\mathbf{v}_2 + \cdots + a_n\mathbf{v}_n) \\ &= a_1 T(\mathbf{v}_1) + a_2 T(\mathbf{v}_2) + \cdots + a_n T(\mathbf{v}_n) = \mathbf{0} \end{aligned}$$

이다. $T(\mathbf{v}_1), T(\mathbf{v}_2), \cdots, T(\mathbf{v}_n)$이 일차독립이므로 $a_1 = a_2 = \cdots = a_n = 0$이다. 따라서 $\mathbf{v} = \mathbf{0}$이다. 따라서 T가 단사함수이다.

선형변환 T가 단사함수인지를 결정하는 방법으로 $\mathrm{Ker}(T) = \{\mathbf{0}\}$인지를 조사하거나 또는 $rank(T) = n$인지를 조사하는 두 가지가 있다. 문제에 따라서는 후자가 편리한 경우가 있다. 다음 예제를 살펴보자.

예제 5.3.4

다음에 주어진 선형변환 $T: \mathbb{R}^3 \to \mathbb{R}^4$이 단사함수인지 결정하라.

$$T\begin{pmatrix} x \\ y \\ z \end{pmatrix} = \begin{pmatrix} x + 3y - 5z \\ -x + 3z \\ y + 2z \\ 2x - 3y \end{pmatrix}$$

풀이 $rank(T)$는 $\mathbb{R}^3$, $\mathbb{R}^4$의 기저의 선택에 영향을 받지 않으므로 E, F를 각각 $\mathbb{R}^3$, $\mathbb{R}^4$의 표준기저라 하면

$$T(\mathbf{e}_1)=\begin{pmatrix}1\\-1\\0\\2\end{pmatrix},\quad T(\mathbf{e}_2)=\begin{pmatrix}3\\0\\1\\-3\end{pmatrix},\quad T(\mathbf{e}_3)=\begin{pmatrix}-5\\3\\2\\0\end{pmatrix}$$

이다. 따라서

$$[T]_{F,E}=\begin{pmatrix}1&3&-5\\-1&0&3\\0&1&2\\2&-3&0\end{pmatrix}$$

이다. $rank(T)=rank([T]_{F,E})=3$이다. 그러므로 T는 단사함수이다. 다른 방법으로 $\mathrm{Ker}(T)=0$임을 보이기 위해서는 연립방정식

$$\begin{cases}x+3y-5z=0\\-x+3z=0\\y+2z=0\\2x-3y=0\end{cases}$$

이 자명해만을 가짐을 보여야 된다. 결과적으로 위에서 보이는 것과 같은 과정을 거치게 된다.

따름정리 5.3.5

V, W를 유클리드 벡터공간이라 하고 선형변환 $T : V \to W$이 단사함수이면 $\dim(W) \geq \dim(V)$이다. 즉 $\dim(W) < \dim(V)$이면 T는 단사함수가 아니다.

일반적으로 주어진 두 행렬이 상사인지를 결정하는 특별한 방법은 없다. 그러나 주어진 하나의 행렬과 상사인 특수한 행렬(대각행렬)을 찾는 과정을 다음 절에서 알아본다.

정의 5.3.6 **(고유치, 고유벡터)**

n차 정사각행렬 A에 대하여

$$A\mathbf{x}=\lambda\mathbf{x}$$

를 만족하는 0이 아닌 벡터 $\mathbf{x}\in\mathbb{R}^n$와 실수 λ가 존재하면 λ를 A의 **고유치**(eigenvalue)라 부르고 $\mathbf{x}$를 고유치 λ에 속하는 **고유벡터**(eigenvector belonging to λ)라 부른다.

고유벡터의 기하적 의미를 살펴보자. n차 정사각행렬 A는 $\mathbb{R}^n$에서 선형변환 T_A를 유도한다. 즉, 모든 $\mathbf{x}\in\mathbb{R}^n$에 대하여

$$T_A(\mathbf{x}) = A\mathbf{x}$$

이다. 따라서 $\mathbf{x}$를 고유치 λ에 속하는 고유벡터라 두면

$$T_A(\mathbf{x}) = A\mathbf{x} = \lambda\mathbf{x}$$

를 만족한다. 즉, 선형변환 T_A는 고유벡터 $\mathbf{x}$를 $\mathbf{x}$와 나란한 $\lambda\mathbf{x}$로 대응시키는 함수이다.

이러한 고유치와 고유벡터를 구하는 것은 고유벡터와 고유치의 대수적 성질을 이용한다. 우리는 $A\mathbf{x}= \lambda\mathbf{x}$ 를 만족하는 0이 아닌 벡터 $\mathbf{x}$와 λ를 동시에 구해야 한다. $\mathbf{0}$이 아닌 벡터 $\mathbf{x}$와 λ가 $A\mathbf{x}= \lambda\mathbf{x}$을 만족한다는 것은 $\mathbf{x}$가 동차연립방정식

$$(A - \lambda I_n)\mathbf{x} = 0$$

의 비 자명해임을 뜻한다. 한편 동차연립방정식이 비 자명해를 가질 필요충분조건은 계수행렬의 행렬식이 0이므로

$$\det(A - \lambda I_n) = 0$$

이다. 즉, 우리가 구하고자 하는 λ는 방정식 $\det(A - \lambda I_n) = 0$의 근이다. 이 방정식은 λ 에 관한 n차 방정식이며 이 방정식의 왼쪽 다항식 $\det(A - \lambda I_n)$을 A의 **특성다항식** (characteristic polynomial) 그리고 $\det(A - \lambda I_n) = 0$을 A의 **특성방정식** 또는 **고유방정식**이라 부른다. 이를 요약하면 다음 정리를 얻는다.

정리 5.3.7

n차 정사각행렬 A에 대하여 다음은 동치이다.

(1) λ가 A의 고유치이다.

(2) λ가 특성방정식 $\det(A - \lambda I_n) = 0$의 근이다.

(3) 행렬 $A - \lambda I_n$이 정칙이 아니다.

(4) 동차연립방정식 $(A - \lambda I_n)\mathbf{x} = 0$이 비 자명해를 가진다.

(5) $rank(A - \lambda I_n) < n$.

예제 5.3.8

다음 행렬의 고유치, 고유벡터를 구하라.

(1) $A = \begin{pmatrix} 2 & 3 \\ 0 & 1 \end{pmatrix}$ (2) $B = \begin{pmatrix} 0 & 1 & 1 \\ 1 & 0 & 1 \\ 1 & 1 & 0 \end{pmatrix}$

풀이 (1) A의 고유치를 구하기 위해 특성방정식

$$\det(A - \lambda I_n) = 0$$

을 풀면 $(2-\lambda)(1-\lambda) = 0$을 얻는다. 그러므로 고유치는 $\lambda = 1$, $\lambda = 2$를 얻는다. 그리고 각 고유치에 속하는 고유벡터를 구해보자. $\lambda = 1$에 속하는 고유벡터를 구하기 위해 방정식 $x + 3y = 0$을 풀면 된다. 그러므로 고유벡터는 $(x, y) = \alpha(-3, 1)$이다. 단 α는 0이 아닌 실수이다. 그리고 $\lambda = 2$에 속하는 고유벡터를 구하기 위해 방정식 $3y = 0$을 풀면 된다. 그러므로 고유벡터는 $(x, y) = \alpha(1, 0)$이다. 단 α는 0이 아닌 실수이다.

(2) B의 고유치를 구하기 위해 특성방정식

$$\det(B - \lambda I_n) = 0$$

을 풀면 $\lambda^3 - 3\lambda - 2 = (\lambda+1)^2(\lambda-2) = 0$을 얻는다. 그러므로 고유치는 $\lambda = -1$, $\lambda = 2$를 얻는다. 그리고 각 고유치에 속하는 고유벡터를 구해보자. $\lambda = -1$에 속하는 고유벡터를 구하기 위해 방정식 $x + y + z = 0$을 풀면 된다. 그러므로 고유벡터는 $(x, y, z) = \alpha(-1, 1, 0) + \beta(-1, 0, 1)$이다. 단 α, β는 동시에 0은 아닌 실수이다. 그리고 $\lambda = 2$에 속하는 고유벡터를 구하기 위해 연립방정식

$$\begin{pmatrix} -2 & 1 & 1 \\ 1 & -2 & 1 \\ 1 & 1 & -2 \end{pmatrix}\begin{pmatrix} x \\ y \\ z \end{pmatrix} = \begin{pmatrix} 0 \\ 0 \\ 0 \end{pmatrix}$$

을 풀면 된다. 그러므로 고유벡터는

$$\begin{pmatrix} x \\ y \\ z \end{pmatrix} = \alpha \begin{pmatrix} 1 \\ 1 \\ 1 \end{pmatrix}$$

이다. 단 α는 0이 아닌 실수이다.

정리 5.3.9

만약 A, B가 상사(similar)인 n차 정사각행렬이면 A, B는 같은 고유치를 갖는다.

증명 A, B가 상사이면 $B = Q^{-1}AQ$를 만족하는 정칙행렬 Q가 존재한다. 그러므로

$$\begin{aligned}\det(B - \lambda I_n) &= \det(Q^{-1}AQ - Q^{-1}\lambda I_n Q) \\ &= \det(Q^{-1}(A - \lambda I_n)Q) \\ &= \det(Q^{-1})\det(A - \lambda I_n)\det(Q) \\ &= \det(A - \lambda I_n)\end{aligned}$$

이다. 그러므로 A, B는 같은 특성다항식을 갖는다. 그러므로 A, B는 같은 고유치를 갖는다.

정리 5.3.10

만약 A가 n차 정사각행렬이고 중근을 허용하여 n개의 실수인 고유치 $\lambda_1, \lambda_2, \cdots, \lambda_n$ 을 가진다고 가정하면

$$\det(A) = \lambda_1\lambda_2 \cdots \lambda_n, \quad tr(A) = \lambda_1 + \lambda_2 + \cdots + \lambda_n$$

이다. 여기서 $tr(A)$는 행렬 A의 대각선 상의 요소들의 합이다.

증명 $\lambda_1, \lambda_2, \cdots, \lambda_n$이 A의 고유치이면 $\lambda_1, \lambda_2, \cdots, \lambda_n$은 특성방정식 $\det(A - \lambda I_n) = 0$의 근들이다. $\det(A - \lambda I_n) = 0$이 λ에 관한 n차 방정식이므로

$$\det(A - \lambda I_n) = (\lambda_1 - \lambda)(\lambda_2 - \lambda)\cdots(\lambda_n - \lambda)$$

이다. 여기서 $\lambda = 0$을 대입하면

$$\det(A) = \lambda_1\lambda_2 \cdots \lambda_n$$

을 얻는다. 한편

$$\begin{aligned}(\lambda_1 - \lambda)(\lambda_2 - \lambda)\cdots(\lambda_n - \lambda) &= \det(A - \lambda I_n) \\ &= \det\begin{pmatrix} a_{11} - \lambda & a_{12} & \cdots & a_{1n} \\ a_{21} & a_{22} - \lambda & \cdots & a_{2n} \\ \vdots & \vdots & \ddots & \vdots \\ a_{n1} & a_{n2} & \cdots & a_{nn} - \lambda \end{pmatrix}\end{aligned}$$

이다. 이식은 λ에 관한 n차 다항식이다. 이 다항식의 λ^{n-1}의 계수를 비교하면 위의 식의 왼쪽 변에서

$$(-1)^{n-1}(\lambda_1 + \lambda_2 + \cdots + \lambda_n)$$

을 얻을 수 있으며 위 오른쪽 행렬식의 계산에서 λ^{n-1}의 계수는 대각성분의 곱

$$(a_{11}-\lambda)(a_{12}-\lambda)\cdots(a_{nn}-\lambda)$$

의 계산에서

$$(-1)^{n-1}(a_{11}+a_{22}+\cdots+a_{nn})$$

을 얻을 수 있다. 그러므로

$$tr(A)=\lambda_1+\lambda_2+\cdots+\lambda_n$$

을 얻는다.

일반적으로 실수를 요소로 갖는 행렬의 고유방정식의 해가 실수인 것은 아니다. 먼저 다음 예제를 살펴보자.

예제 5.3.11

다음 행렬 A의 고유방정식의 해를 구하라.

$$A=\begin{pmatrix}1&0&1\\1&1&0\\0&1&1\end{pmatrix}$$

풀이 고유방정식

$$\begin{aligned}\det(A-\lambda I_n)&=\begin{vmatrix}1-\lambda&0&1\\1&1-\lambda&0\\0&1&1-\lambda\end{vmatrix}\\&=(2-\lambda)(w_1-\lambda)(w_2-\lambda)\end{aligned}$$

이다. 여기서 $w_1=\frac{1}{2}(1+\sqrt{3}\,i)$, $w_2=\frac{1}{2}(1-\sqrt{3}\,i)=\overline{w_1}$ 이다. 그러므로 $2, w_1, w_2$가 A의 고유방정식의 해이다.

예제 5.3.11에서 주어진 행렬 A는 복소수인 고유치를 가진다. 그러면 이 경우에 정리 5.3.10이 만족되는가를 알아보자. 먼저 간단한 계산에 의해 $\det(A)=2$이다. 그리고 세 고유치의 곱

$$\lambda_1\lambda_2\lambda_3=2w_1w_2=2$$

이다. 따라서 A의 행렬식의 값이 고유치들의 곱과 같다. 또한 $tr(A)=3$이다. 한편 세 고유치들의 합

$$\lambda_1+\lambda_2+\lambda_3=2+w_1+w_2=3$$

이다. 그러므로 대각요소들의 합 $tr(A)$와 고유치들의 합은 일치함을 알 수 있다.

이러한 사실은 우연히 나타난 성질은 아니고 다음의 대수적 성질에 기인한다.

"실수를 계수로 갖는 방정식이 하나의 복소 근 w를 가지면 그 공액 복소수 $\overline{w}$도 주어진 방정식의 근이다. 그리고 $w\overline{w}$와 $w+\overline{w}$는 실수이다."

실수를 요소로 갖는 행렬의 행렬식의 값과 대각요소들의 합은 실수이어야 하는데 위의 사실에 의해 고유방정식의 해들의 곱과 합이 실수이므로 고유방정식의 해가 실수가 아니더라도 위의 증명과정이 성립함을 알 수 있다. 따라서 정리 5.3.10에서 실수인 고유치를 가진다는 가정대신 λ_i가 고유방정식의 해들이라 해도 성립함을 알 수 있다.

따름정리 5.3.12

n차 정사각행렬 A가 정칙일 필요충분조건은 0가 A의 고유치가 아니다.

증명 n차 정사각행렬 A가 정칙일 필요충분조건은 $\det(A)\neq 0$임을 알고 있다. 정리 5.3.10에 의해 $\det(A)=\lambda_1\lambda_2\cdots\lambda_n$이므로 $\det(A)\neq 0$일 필요충분조건은 모든 i $(1\leq i\leq n)$에 대하여 $\lambda_i\neq 0$이다. 따라서 모든 고유치가 0이 아니다.

정리 5.3.13

만약 A, B가 n차 정사각행렬이면 AB와 BA는 같은 고유치를 갖는다.

증명 만약 0가 AB의 고유치이면 따름정리 5.3.12에 의해

$$0=\det(AB)=\det(A)\det(B)$$

이다. 그러므로 $\det(A)=0$ 또는 $\det(B)=0$이다. 그러므로

$$\det(BA)=\det(B)\det(A)=0$$

이다. 따라서 0는 BA의 고유치이다. 같은 방법으로 그 역도 증명할 수 있다. 이제 λ가 AB의 0이 아닌 고유치라 하고 $\mathbf{v}$를 고유치 λ에 속하는 고유벡터라 가정하면 $\lambda\neq 0$이고 $\mathbf{v}\neq 0$

이므로 관계식

$$(AB)\mathbf{v} = \lambda\mathbf{v} \tag{1}$$

에 의해 $B\mathbf{v} \neq \mathbf{0}$이다. (1)식의 양변에 B를 곱하여

$$(BA)(B\mathbf{v}) = \lambda(B\mathbf{v}) \tag{2}$$

를 얻을 수 있다. (2)식은 $B\mathbf{v}$가 고유치 λ에 속하는 BA의 고유벡터임을 뜻한다. 따라서 AB의 0이 아닌 고유치는 BA의 고유치임을 뜻한다. 역으로 BA의 0이 아닌 고유치는 AB의 고유치임을 보일 수 있다. 따라서 AB와 BA는 같은 고유치를 갖는다.

연습문제 5.3

01. $A = (a_{ij})$가 n차 삼각행렬(상삼각행렬 또는 하삼각행렬)이면 A의 고유치는 $a_{ii}\,(1 \le i \le n)$임을 보여라.

02. 다음 행렬 A, B의 고유치와 고유벡터를 구하고 고유치는 같지만 고유벡터는 같지 않음을 보여라. 또한 그 이유를 설명하라.

$$A = \begin{pmatrix} 1 & 5 \\ 2 & 4 \end{pmatrix}, \quad B = \begin{pmatrix} -1 & 0 \\ 2 & 6 \end{pmatrix} = Q^{-1}AQ, \quad Q = \begin{pmatrix} 1 & 1 \\ 0 & 1 \end{pmatrix}$$

(**힌트**: $\mathbf{v}$가 고유치 λ에 속하는 B의 고유벡터이면, $Q\mathbf{v}$가 고유치 λ에 속하는 A의 고유벡터이다.)

03. 만약 A, B가 상사(similar)인 n차 정사각행렬이면 A, B의 행렬식의 값과 대각합은 같다. 즉,

$$\det(A) = \det(B), \quad tr(A) = tr(B)$$

임을 보여라.

04. A와 A^T는 같은 고유치를 가짐을 보여라.

05. A가 n차 정사각행렬이고 $\lambda_1, \lambda_2, \cdots, \lambda_n$이 A의 고유치일 때 다음 물음에 답하라.

(1) A가 정칙일 필요충분조건은 $i\,(1 \le i \le n)$에 대하여 $\lambda_i \neq 0$임을 보여라.

(2) A가 정칙이면 $\dfrac{1}{\lambda_1}, \dfrac{1}{\lambda_2}, \cdots, \dfrac{1}{\lambda_n}$ 이 A^{-1}의 고유치임을 보여라.

06. 다음 행렬 A의 고유치와 고유벡터를 구하라.

(1) $A = \begin{pmatrix} 0 & 1 \\ 1 & 1 \end{pmatrix}$

(2) $A = \begin{pmatrix} 1 & 0 & 1 \\ 0 & 1 & 1 \\ 1 & 1 & 1 \end{pmatrix}$

(3) $A = \begin{pmatrix} 1 & 2 & 2 \\ 0 & 2 & 1 \\ -1 & 2 & 2 \end{pmatrix}$

(4) $A = \begin{pmatrix} 2 & 3 & -2 \\ -2 & -2 & 1 \\ 4 & -1 & 6 \end{pmatrix}$

07. 문제 6에서 주어진 행렬에 대하여 정리 5.3.10이 성립함을 보여라.

08. $\mathbb{R}^3$에서 정의된 선형변환

$$T\begin{pmatrix} x \\ y \\ z \end{pmatrix} = \begin{pmatrix} x-2y+z \\ -2x+5z \\ y-3z \end{pmatrix}$$

에 대하여 다음 물음에 답하라.

(1) $\det(T)$와 $rank(T)$를 구하라.

(2) $rank(T)$를 이용하여 T가 단사함수인지를 결정하라.

5.4 행렬의 대각화

주어진 n차 정사각행렬 A에 대하여 $Q^{-1}AQ$가 대각행렬인 정칙행렬 Q의 존재성에 대하여 알아본다. 이러한 Q와 대각행렬을 찾는 과정을 대각화한다고 한다.

정의 5.4.1 **(대각화 가능)**

주어진 n차 정사각행렬 A에 대하여

$$Q^{-1}AQ = \begin{pmatrix} \lambda_1 & 0 & \cdots & 0 \\ 0 & \lambda_2 & \cdots & 0 \\ \vdots & \vdots & \ddots & \vdots \\ 0 & 0 & \cdots & \lambda_n \end{pmatrix}$$

을 만족하는 정칙행렬 Q가 존재하면 A는 **대각화 가능**(diagonalizable)하다고 한다. 또한 이러한 Q와 λ들을 구하는 과정을 대각화한다고 한다.

정리 5.4.2

주어진 n차 정사각행렬 A에 대하여 A가 대각화 가능일 필요충분조건은 A가 일차독립인 n개의 고유벡터를 가진다.

증명 A가 대각화 가능하다고 가정하면

$$(1) \qquad Q^{-1}AQ = \begin{pmatrix} \lambda_1 & 0 & \cdots & 0 \\ 0 & \lambda_2 & \cdots & 0 \\ \vdots & \vdots & \ddots & \vdots \\ 0 & 0 & \cdots & \lambda_n \end{pmatrix}$$

을 만족하는 정칙행렬 Q가 존재한다. $\mathbf{v}_i$를 Q의 i열 벡터라 두자. 즉, $Q = (\mathbf{v}_1\ \mathbf{v}_2 \cdots \mathbf{v}_n)$이다. 그러면 식 (1)에 의해

$$\begin{aligned} AQ &= (A\mathbf{v}_1\ A\mathbf{v}_2\ \cdots\ A\mathbf{v}_n) \\ &= (\mathbf{v}_1\ \mathbf{v}_2 \cdots \mathbf{v}_n) \begin{pmatrix} \lambda_1 & 0 & \cdots & 0 \\ 0 & \lambda_2 & \cdots & 0 \\ \vdots & \vdots & \ddots & \vdots \\ 0 & 0 & \cdots & \lambda_n \end{pmatrix} \\ &= (\lambda_1\mathbf{v}_1\ \lambda_2\mathbf{v}_2\ \cdots\ \lambda_n\mathbf{v}_n) \end{aligned}$$

이다. 그러므로 모든 i $(1 \le i \le n)$에 대하여

$$A\mathbf{v}_i = \lambda_i \mathbf{v}_i$$

이다. 그러므로 λ_i는 A의 고유치이고 $\mathbf{v}_i$는 고유치 λ_i에 속하는 고유벡터임을 의미한다. 한편 Q가 정칙행렬이므로 $\mathbf{v}_1, \mathbf{v}_2, \cdots, \mathbf{v}_n$은 일차독립이다(정리 4.2.17). 즉, A가 일차독립인 n개의 고유벡터를 가진다. 역으로 A의 고유값 $\lambda_1, \lambda_2, \cdots, \lambda_n$에 속하는 고유벡터 $\mathbf{v}_1, \mathbf{v}_2, \cdots, \mathbf{v}_n$이 일차독립이라 가정하자. 그리고

$$Q = (\mathbf{v}_1 \ \mathbf{v}_2 \cdots \ \mathbf{v}_n)$$

이라 두면 $\mathbf{v}_1, \mathbf{v}_2, \cdots, \mathbf{v}_n$이 일차독립이므로 Q는 정칙행렬이다(정리 4.2.17). 그리고 $\mathbf{v}_i$는 고유치 λ_i에 속하는 고유벡터이므로

$$\begin{aligned} AQ &= (A\mathbf{v}_1 \ A\mathbf{v}_2 \cdots \ A\mathbf{v}_n) \\ &= (\lambda_1\mathbf{v}_1 \ \lambda_2\mathbf{v}_2 \ \cdots \ \lambda_n\mathbf{v}_n) \\ &= (\mathbf{v}_1 \ \mathbf{v}_2 \cdots \ \mathbf{v}_n) \begin{pmatrix} \lambda_1 & 0 & \cdots & 0 \\ 0 & \lambda_2 & \cdots & 0 \\ \vdots & \vdots & \ddots & \vdots \\ 0 & 0 & \cdots & \lambda_n \end{pmatrix} \\ &= Q \begin{pmatrix} \lambda_1 & 0 & \cdots & 0 \\ 0 & \lambda_2 & \cdots & 0 \\ \vdots & \vdots & \ddots & \vdots \\ 0 & 0 & \cdots & \lambda_n \end{pmatrix} \end{aligned}$$

이다. 그러므로

$$Q^{-1}AQ = \begin{pmatrix} \lambda_1 & 0 & \cdots & 0 \\ 0 & \lambda_2 & \cdots & 0 \\ \vdots & \vdots & \ddots & \vdots \\ 0 & 0 & \cdots & \lambda_n \end{pmatrix}$$

이며 따라서 A가 Q에 의해 대각화가 된다.

주어진 n차 정사각행렬 A를 대각화하기 위해서는 다음의 과정을 거쳐야 한다.

(1) A의 고유치 λ_i를 모두 구한다.

(2) A의 각 고유치 λ_i에 속하는 고유벡터 $\mathbf{v}_i$를 구한다.

(3) (2)에서 구한 n개의 고유벡터들이 일차독립인가를 조사한다.

(4) 고유벡터 $\mathbf{v}_1, \mathbf{v}_2, \cdots, \mathbf{v}_n$이 일차독립일 때 $Q = (\mathbf{v}_1 \ \mathbf{v}_2 \cdots \ \mathbf{v}_n)$이라 두면

$$Q^{-1}AQ=\begin{pmatrix}\lambda_1 & 0 & \cdots & 0\\ 0 & \lambda_2 & \cdots & 0\\ \vdots & \vdots & \ddots & \vdots\\ 0 & 0 & \cdots & \lambda_n\end{pmatrix}$$

으로 대각화가 된다.

정의 5.4.3 **(고유 공간)**

n차 정사각행렬 A에 대하여 λ가 A의 고유치일 때 동차 연립방정식 $(A-\lambda I_n)X=0$의 해들의 집합을 고유치 λ에 속하는 **고유 공간**(eigenspace belonging to λ)이라 부르고 기호로 $E(\lambda)$로 적는다. 따라서 $E(\lambda)$는 R^n의 부분공간이다.

정리 5.4.4

n차 정사각행렬 A에 대하여 λ_1, λ_2가 A의 서로 다른 고유치이면

$$E(\lambda_1)\cap E(\lambda_2)=\{\mathbf{0}\}$$

이다.

증명 $\mathbf{x}\in E(\lambda_1)\cap E(\lambda_2)$이라 두면 $\mathbf{x}\in E(\lambda_1)$이므로 $A\mathbf{x}=\lambda_1\mathbf{x}$이고 $\mathbf{x}\in E(\lambda_2)$이므로 $A\mathbf{x}=\lambda_2\mathbf{x}$이다. 그러므로 $\lambda_1\mathbf{x}=\lambda_2\mathbf{x}$이다. 즉, $(\lambda_1-\lambda_2)\mathbf{x}=0$이다. $\lambda_1\neq\lambda_2$이므로 $\mathbf{x}=0$이다.

정리 5.4.4는 두 개의 서로 다른 고유치에 속하는 고유 공간들의 합은 직합임을 의미한다. 이를 일반화하여 k개의 서로 다른 고유치에 속하는 고유 공간들의 합은 직합임을 증명할 수 있다.

정리 5.4.5

n차 정사각행렬 A에 대하여 서로 다른 고유치에 속하는 고유벡터는 일차독립이다.

증명 $\lambda_1, \lambda_2, \cdots, \lambda_k$를 A의 서로 다른 고유치라 두고 $\mathbf{v}_1, \mathbf{v}_2, \cdots, \mathbf{v}_k$를 각각 이들 고유치에 속하는 고유벡터라 가정하자. 즉, $i\ (1\le i\le k)$에 대하여

$$A\mathbf{v}_i = \lambda_i \mathbf{v}_i$$

이다. 이제 필요하다면 순서를 교환하여 $\mathbf{v}_1, \mathbf{v}_2, \cdots, \mathbf{v}_r$을 $\mathbf{v}_1, \mathbf{v}_2, \cdots, \mathbf{v}_k$ 중에서 최대 일차독립인 벡터들의 집합이라 하자. 즉, $\mathbf{v}_1, \mathbf{v}_2, \cdots, \mathbf{v}_r$에 여기에 포함되지 않는 $\mathbf{v}_1, \mathbf{v}_2, \cdots, \mathbf{v}_k$의 벡터를 첨가하면 일차종속임을 뜻한다. 만약 $k=r$이면 $\mathbf{v}_1, \mathbf{v}_2, \cdots, \mathbf{v}_k$이 일차독립임을 뜻한다. 그러면 위의 정리가 증명되었다. 만약 $1 \le r < k$이라 가정하면 $\mathbf{v}_1, \mathbf{v}_2, \cdots, \mathbf{v}_r, \mathbf{v}_{r+1}$은 일차종속이다. 그러므로

(1) $$a_1\mathbf{v}_1 + a_2\mathbf{v}_2 + \cdots + a_r\mathbf{v}_r + a_{r+1}\mathbf{v}_{r+1} = 0$$

을 만족하는 실수 $a_1, a_2, \cdots, a_r, a_{r+1}$이 존재한다. 여기서 $a_{r+1} \neq 0$이다. 따라서 위의 (1) 식에 A를 양변에 곱하여

$$A(a_1\mathbf{v}_1 + a_2\mathbf{v}_2 + \cdots + a_r\mathbf{v}_r + a_{r+1}\mathbf{v}_{r+1}) = A\,0 = 0$$

를 얻는다. 즉,

(2) $$a_1\lambda_1\mathbf{v}_1 + a_2\lambda_2\mathbf{v}_2 + \cdots + a_r\lambda_r\mathbf{v}_r + a_{r+1}\lambda_{r+1}\mathbf{v}_{r+1} = 0$$

이다. 한편 (1)식의 양변에 λ_{r+1}을 곱하여

(3) $$a_1\lambda_{r+1}\mathbf{v}_1 + a_2\lambda_{r+1}\mathbf{v}_2 + \cdots + a_r\lambda_{r+1}\mathbf{v}_r + a_{r+1}\lambda_{r+1}\mathbf{v}_{r+1} = 0$$

을 얻는다. (2)식에서 (3)식을 빼면

$$a_1(\lambda_1 - \lambda_{r+1})\mathbf{v}_1 + a_2(\lambda_2 - \lambda_{r+1})\mathbf{v}_2 + \cdots + a_r(\lambda_r - \lambda_{r+1})\mathbf{v}_r = 0$$

을 얻는다. $\mathbf{v}_1, \mathbf{v}_2, \cdots, \mathbf{v}_r$이 일차독립이므로

$$a_1(\lambda_1 - \lambda_{r+1}) = a_2(\lambda_2 - \lambda_{r+1}) = \cdots = a_r(\lambda_r - \lambda_{r+1}) = 0$$

을 얻는다. 그러나 λ_i들은 서로 다른 고유치이므로

$$a_1 = a_2 = \cdots = a_r = 0$$

이다. 따라서 (1)식에 의해 $a_{r+1}\mathbf{v}_{r+1} = 0$이며 $\mathbf{v}_{r+1} \neq 0$이므로 $a_{r+1} = 0$이다. 그러나 이것은 $a_{r+1} \neq 0$라는 사실에 모순이다. 즉, $r=k$이다.

따름정리 5.4.6

주어진 n차 정사각행렬 A에 대하여 A가 n개의 서로 다른 고유치를 가지면 A는 대각화 가능하다.

증명 정리 5.4.5에 의해 서로 다른 고유치에 속하는 고유벡터들은 일차독립임을 알고 있다. 따라서 위의 정리에 의해 A는 대각화 가능하다.

정리 5.4.7

n차 정사각행렬 A에 대하여 $\lambda_1, \lambda_2, \cdots, \lambda_k$를 A의 서로 다른 고유치라 두면

$$E(\lambda_i) \cap \left(\sum_{1 \le j \le k,\, j \ne i} E(\lambda_j) \right) = \{0\}$$

이다. 즉, 서로 다른 고유치에 속하는 고유 공간들의 합은 직합임을 뜻한다.

증명 $E(\lambda_1) \cap \left(\sum_{j=2}^{k} E(\lambda_j) \right) = \{0\}$임을 보이면 충분하다. 만약

$$\mathbf{v} \in E(\lambda_1) \cap \left(\sum_{j=2}^{k} E(\lambda_j) \right)$$

이라 두고 $\mathbf{v} \ne 0$라 가정하자. $\mathbf{v} \in \sum_{j=2}^{k} E(\lambda_j)$이므로

$$\mathbf{v} = \mathbf{v}_2 + \cdots + \mathbf{v}_k$$

를 만족하는 $\mathbf{v}_i \in E(\lambda_i)$가 존재한다. 이것은 $\mathbf{v}_1, \mathbf{v}_2, \cdots, \mathbf{v}_k$이 일차종속임을 뜻한다. 한편 $\mathbf{v}, \mathbf{v}_2, \cdots, \mathbf{v}_k$가 서로 다른 고유치 $\lambda_1, \lambda_2, \cdots, \lambda_k$에 속하는 고유벡터이므로 정리 5.4.5에 의해 $\mathbf{v}_1, \mathbf{v}_2, \cdots, \mathbf{v}_k$는 일차독립이다. 이것은 모순이다. 그러므로 $\mathbf{v} = 0$이다.

예제 5.4.8

다음 행렬들을 대각화 하여라.

(1) $A = \begin{pmatrix} 1 & 2 \\ 2 & 1 \end{pmatrix}$ (2) $B = \begin{pmatrix} 0 & 1 & 1 \\ 1 & 0 & 1 \\ 1 & 1 & 0 \end{pmatrix}$ (3) $C = \begin{pmatrix} 1 & 1 & 1 \\ 0 & 1 & 0 \\ 1 & 0 & 1 \end{pmatrix}$

풀이 (1) 고유방정식

$$\det(A - \lambda I_n) = \begin{vmatrix} 1-\lambda & 2 \\ 2 & 1-\lambda \end{vmatrix} = (\lambda+1)(\lambda-3) = 0$$

이다. 그러므로 A의 고유치는 -1과 3이다. 고유치 -1에 속하는 고유벡터를 구하기 위해 방정식

$$\begin{pmatrix} 1-(-1) & 2 \\ 2 & 1-(-1) \end{pmatrix} \begin{pmatrix} x \\ y \end{pmatrix} = \begin{pmatrix} 0 \\ 0 \end{pmatrix}$$

을 풀면

$$E(-1)=\left\{\alpha\begin{pmatrix}1\\-1\end{pmatrix}\ \middle|\ \alpha\in\mathbb{R}\right\}$$

을 얻는다. 마찬가지로 고유치 3에 속하는 고유벡터를 구하기 위해 방정식

$$\begin{pmatrix}1-3 & 2\\ 2 & 1-3\end{pmatrix}\begin{pmatrix}x\\y\end{pmatrix}=\begin{pmatrix}0\\0\end{pmatrix}$$

을 풀면

$$E(3)=\left\{\alpha\begin{pmatrix}1\\1\end{pmatrix}\ \middle|\ \alpha\in\mathbb{R}\right\}$$

을 얻는다. 그러므로

$$P=\begin{pmatrix}1 & 1\\ -1 & 1\end{pmatrix}$$

이라 두면

$$P^{-1}AP=\begin{pmatrix}-1 & 0\\ 0 & 3\end{pmatrix}$$

이다.

(2) 예제 5.3.7의 (2)에서 고유치는 $\lambda=-1$, $\lambda=2$를 얻었다. 그리고 $\lambda=-1$에 속하는 고유벡터는 $(x,\ y,\ z)=\alpha\begin{pmatrix}-1\\1\\0\end{pmatrix}+\beta\begin{pmatrix}-1\\0\\1\end{pmatrix}$이다. 단 α, β는 동시에 0은 아닌 실수이다. 그러므로

$$E(-1)=\left\{\alpha\begin{pmatrix}-1\\1\\0\end{pmatrix}+\beta\begin{pmatrix}-1\\0\\1\end{pmatrix}\ \middle|\ \alpha,\beta\in\mathbb{R}\right\}$$

이다. 그리고 $\lambda=2$에 속하는 고유벡터는

$$\begin{pmatrix}x\\y\\z\end{pmatrix}=\alpha\begin{pmatrix}1\\1\\1\end{pmatrix}$$

이므로

$$E(2)=\left\{\alpha\begin{pmatrix}1\\1\\1\end{pmatrix}\ \middle|\ \alpha\in\mathbb{R}\right\}$$

이다. 그러므로

$$P=\begin{pmatrix}-1 & -1 & 1\\ 1 & 0 & 1\\ 0 & 1 & 1\end{pmatrix}$$

이라 두면

$$P^{-1}BP=\begin{pmatrix}-1 & 0 & 0\\ 0 & -1 & 0\\ 0 & 0 & 2\end{pmatrix}$$

이다.

(3) 고유방정식

$$\det(C-\lambda I_n)=\begin{vmatrix}1-\lambda & 1 & 1\\ 0 & 1-\lambda & 0\\ 1 & 0 & 1-\lambda\end{vmatrix}$$
$$=-\lambda(2-\lambda)(1-\lambda)=0$$

이다. 그러므로 고유치는 0, 1과 2이다. 고유치 0에 속하는 고유벡터를 구하기 위해 방정식

$$\begin{pmatrix}1-0 & 1 & 1\\ 0 & 1-0 & 0\\ 1 & 0 & 1-0\end{pmatrix}\begin{pmatrix}x\\ y\\ z\end{pmatrix}=\begin{pmatrix}0\\ 0\\ 0\end{pmatrix}$$

을 풀면

$$E(0)=\left\{\alpha\begin{pmatrix}1\\ 0\\ -1\end{pmatrix}\middle|\ \alpha\in\mathbb{R}\right\}$$

을 얻는다. 마찬가지로 고유치 1에 속하는 고유벡터를 구하기 위해 방정식

$$\begin{pmatrix}1-1 & 1 & 1\\ 0 & 1-1 & 0\\ 1 & 0 & 1-1\end{pmatrix}\begin{pmatrix}x\\ y\\ z\end{pmatrix}=\begin{pmatrix}0\\ 0\\ 0\end{pmatrix}$$

을 풀면

$$E(1)=\left\{\alpha\begin{pmatrix}0\\ 1\\ -1\end{pmatrix}\middle|\ \alpha\in\mathbb{R}\right\}$$

을 얻는다. 또한 고유치 2에 속하는 고유벡터를 구하기 위해 방정식

$$\begin{pmatrix}1-2 & 1 & 1\\ 0 & 1-2 & 0\\ 1 & 0 & 1-2\end{pmatrix}\begin{pmatrix}x\\ y\\ z\end{pmatrix}=\begin{pmatrix}0\\ 0\\ 0\end{pmatrix}$$

을 풀면

$$E(2)=\left\{\alpha\begin{pmatrix}1\\0\\1\end{pmatrix}\,\middle|\;\alpha\in\mathbb{R}\right\}$$

을 얻는다. 그러므로

$$P=\begin{pmatrix}1&0&1\\0&1&0\\-1&-1&1\end{pmatrix}$$

이라 두면

$$P^{-1}CP=\begin{pmatrix}0&0&0\\0&1&0\\0&0&2\end{pmatrix}$$

이다.

정리 5.4.2에 의하면 주어진 n차 정사각행렬 A에 대하여 A가 대각화가능일 필요충분조건은 일차독립인 n개의 고유벡터를 가질 때이다. 그러므로 정리 5.4.7에 의하여 A가 대각화가능일 필요충분조건은 $\lambda_1, \lambda_2, \cdots, \lambda_k$를 A의 모든 서로 다른 고유치라 할 때

$$\sum_{i=1}^{k}\dim(E(\lambda_i))=n$$

이다. 즉,

$$E(\lambda_1)\oplus E(\lambda_2)\oplus\cdots\oplus E(\lambda_k)=\mathbb{R}^n$$

이다. 다시 말하면 고유벡터들이 $\mathbb{R}^n$을 생성하는 것이다.

정의 5.4.9 **(기하적 중복도, 대수적 중복도)**

주어진 n차 정사각행렬 A에 대하여 λ_i가 A의 고유치라 가정하자. 그러면 $\dim(E(\lambda_i))$을 λ_i의 **기하적 중복도**(geometric multiplicity)라 부른다. 한편 λ_i가 A의 고유치이므로 λ_i는 특성방정식 $\det(A-\lambda I_n)=0$의 근이다. 따라서

$$\det(A-\lambda I_n)=(\lambda_i-\lambda)^r g(\lambda)$$

로 인수분해된다. 여기서 $g(\lambda_i)\neq 0$이다. 이 때 r을 λ_i의 **대수적 중복도**(algebraic multiplicity)라 부른다.

따라서 주어진 n차 정사각행렬 A에 대하여 A가 대각화가능일 필요충분조건은 모든 고유치에 대하여 기하적 중복도와 대수적 중복도가 같다. 다음 정리에서 일반적으로 기하적 중복도는 대수적 중복도보다 작거나 같음을 보인다.

정리 5.4.10

주어진 n차 정사각행렬 A에 대하여 λ_i가 A의 고유치라 가정하자. 그러면 λ_i의 기하적 중복도는 대수적 중복도보다 작거나 같다.

증명 λ_i의 기하적 중복도가 r이라 가정하고 $\mathbf{v}_1, \mathbf{v}_2, \cdots, \mathbf{v}_r$을 일차독립인 λ_i에 속하는 고유벡터라 가정하자. 즉, $\mathbf{v}_1, \mathbf{v}_2, \cdots, \mathbf{v}_r$은 λ_i의 고유공간 $E(\lambda_i)$의 기저이다. 이 기저를 $\mathbb{R}^n$의 기저로 확장하여 $\mathbf{v}_1, \mathbf{v}_2, \cdots, \mathbf{v}_r, \mathbf{v}_{r+1}, \cdots, \mathbf{v}_n$ 을 $\mathbb{R}^n$의 기저라 하자. 행렬

$$B = (\mathbf{v}_1\ \mathbf{v}_2 \cdots\ \mathbf{v}_r\ \ \mathbf{v}_{r+1} \cdots\ \mathbf{v}_n)$$

이라 두면 B는 정칙행렬이고

$$AB = B\begin{pmatrix} \lambda_i I_r & X \\ 0 & Y \end{pmatrix}$$

를 얻는다. 그러므로 $C = \begin{pmatrix} \lambda_i I_r & X \\ 0 & Y \end{pmatrix}$이라 두면 A와 C는 상사(similar)인 행렬이다. 따라서 A와 C는 같은 특성방정식을 가지고 같은 고유치를 갖는다. 이제

$$\det(C - \lambda I_n) = (\lambda_i - \lambda)^k g(\lambda)$$

이라 두자. 여기서 $g(\lambda_i) \neq 0$이다. 그러면 $r \leq k$이다. λ_i의 기하적 중복도는 대수적 중복도보다 작거나 같다.

행렬의 대각화를 응용하는 가장 간단한 경우는 주어진 행렬 A와 자연수 n에 대하여 A^n을 계산하는 것이다. 만약 A가 행렬 Q에 의해 대각화가 되었다고 가정하자. 즉,

$$Q^{-1}AQ = \begin{pmatrix} \lambda_1 & 0 & \cdots & 0 \\ 0 & \lambda_2 & \cdots & 0 \\ \vdots & \vdots & \ddots & \vdots \\ 0 & 0 & \cdots & \lambda_n \end{pmatrix} = D$$

이라 두면

$$D^2 = (Q^{-1}AQ)^2 = Q^{-1}AQQ^{-1}AQ = Q^{-1}A^2Q$$

이다. 그러므로

$$A^2 = QD^2Q^{-1}$$

을 얻을 수 있다. 여기서 D가 대각행렬이므로 D^2은 간단히 계산할 수 있다. 일반적으로

$$A^n = QD^nQ^{-1}$$

을 얻는다.

예제 5.4.11

다음 행렬 A에 대하여 A^{100}을 구하라.

$$A = \begin{pmatrix} 1 & 1 & 1 \\ 0 & 1 & 0 \\ 1 & 0 & 1 \end{pmatrix}$$

풀이 예제 5.4.8의 (3)에 의해

$$P = \begin{pmatrix} 1 & 0 & 1 \\ 0 & 1 & 0 \\ -1 & -1 & 1 \end{pmatrix}, \qquad P^{-1} = \frac{1}{2}\begin{pmatrix} 1 & -1 & -1 \\ 0 & 2 & 0 \\ 1 & 1 & 1 \end{pmatrix}$$

이라 두면

$$P^{-1}AP = \begin{pmatrix} 0 & 0 & 0 \\ 0 & 1 & 0 \\ 0 & 0 & 2 \end{pmatrix}$$

이다. 그러므로

$$A = P\begin{pmatrix} 0 & 0 & 0 \\ 0 & 1 & 0 \\ 0 & 0 & 2 \end{pmatrix}P^{-1}$$

이다. 따라서

$$A^{100} = P\begin{pmatrix} 0 & 0 & 0 \\ 0 & 1 & 0 \\ 0 & 0 & 2^{100} \end{pmatrix}P^{-1} = \frac{1}{2}\begin{pmatrix} 2^{100} & 2^{100} & 2^{100} \\ 0 & 2 & 0 \\ 2^{100} & 2^{100}-2 & 2^{100} \end{pmatrix}$$

이다.

연습문제 5.4

01. 연습문제 5.3의 6번에 주어진 행렬 중에서 대각화 가능한 행렬을 구하고 만약 대각화가 가능하면 대각화하라.

02. 행렬 $A=\begin{pmatrix} 3 & -1 & 1 \\ 7 & -5 & 1 \\ 6 & -6 & 2 \end{pmatrix}$에 대하여 다음 물음에 답하라.

(1) A의 고유방정식과 고유치, 고유공간을 구하라.

(2) 각 고유치의 기하적 중복도와 대수적 중복도를 구하고 대각화 가능성을 논하라.

(3) 선형변환 $T=T_A$로 정의하면 각 고유공간은 $T=T_A$에 의해 불변임을 보여라. 즉 $T(E(\lambda))\subseteq E(\lambda)$임을 보여라.

03. $\mathbb{R}^3$에서 정의된 선형변환

$$T\begin{pmatrix} x \\ y \\ z \end{pmatrix}=\begin{pmatrix} x \\ y \\ 0 \end{pmatrix}$$

에 대하여 다음 물음에 답하라.

(1) $F=\{\mathbf{v}_1, \mathbf{v}_2, \mathbf{v}_3\}$라 할 때 $[T]_F$를 구하라.

여기서 $\mathbf{v}_1=(1, 0, 0)$, $\mathbf{v}_2=(1, 1, 0)$, $\mathbf{v}_3=(1, 1, 1)$이다.

(2) $[T]_F$의 고유치와 고유벡터를 구하라.

(3) $[T]_F$ 을 대각화하라.

04. 행렬 $A\in M_n(\mathbb{R})$가 $A^2=A$를 만족하는 단위행렬도 영행렬도 아닌 정사각행렬일 때 다음 물음에 답하라.

(1) 0와 1이 A의 고유치임을 보여라.

(2) $rank(A)=r$이면 $\dim E(0)=n-r$이고 $\dim E(1)=r$임을 보여라.

(3) A가 대각화됨을 보이고 이 때 A와 상사인 대각행렬을 구하라.

05. 행렬 $A\in M_n(\mathbb{R})$가 $A=\begin{pmatrix} B & C \\ 0 & D \end{pmatrix}$이고 $B\in M_r(\mathbb{R})$, $D\in M_s(\mathbb{R})$, $r+s=n$일 때 다음 물음에 답하라.

(1) $\det(A) = \det(B)\det(D)$임을 보여라.

(2) A의 고유다항식은 B의 고유다항식과 D의 고유다항식의 곱이다. 따라서 B의 고유치와 D의 고유치들의 합집합이 A의 고유치들의 집합이다.

06. 다음 행렬의 고유방정식과 고유치를 구하고, 대각화가 가능한 행렬에 대하여 대각화하여라.

(1) $A = \begin{pmatrix} 9 & -1 & 2 & -7 \\ 8 & 3 & -2 & 4 \\ 0 & 0 & 3 & 6 \\ 0 & 0 & -1 & 8 \end{pmatrix}$ (2) $A = \begin{pmatrix} 0 & 0 & 1 \\ 1 & 0 & -3 \\ 0 & 1 & 3 \end{pmatrix}$

(3) $A = \begin{pmatrix} 9 & -1 & 0 & 0 & 0 \\ 8 & 3 & 0 & 0 & 0 \\ 0 & 0 & 2 & 0 & 0 \\ 0 & 0 & 0 & 3 & 6 \\ 0 & 0 & 0 & -1 & 8 \end{pmatrix}$ (4) $\begin{pmatrix} 3 & 2 \\ -2 & 3 \end{pmatrix}$

(5) $\begin{pmatrix} 1 & i \\ -i & 1 \end{pmatrix}$, 단 $i = \sqrt{-1}$ (6) $\begin{pmatrix} 6 & 0 & -4 \\ 1 & 2 & 1 \\ 4 & 0 & -2 \end{pmatrix}$

07. 행렬 $A = \begin{pmatrix} 1 & 2 \\ 2 & 1 \end{pmatrix}$에 대하여 다음 물음에 답하라.

(1) A의 고유치와 고유벡터를 구하라.

(2) $P^{-1}AP = D$를 만족하는 정칙행렬 P와 대각행렬 D를 구하라.

(3) A^{10}과 $f(A)$를 구하라. 여기서 $f(x) = x^4 - 5x^3 - 7x^2 - 3x + 11$이다.

(4) A^n을 구하라.

08. n차 정사각행렬 A가 대각화가 가능하고 $\lambda_1, \lambda_2, \cdots, \lambda_n$을 A의 고유치라 두면 $|A| = \lambda_1 \lambda_2 \cdots \lambda_n$임을 보여라.

09. $A = \begin{pmatrix} 2 & 1 & 1 \\ 1 & 2 & 1 \\ 1 & 1 & 2 \end{pmatrix}$에 대하여 함수 $T: \mathbb{R}^3 \to \mathbb{R}^3$를 $T(\mathbf{v}) = A\mathbf{v}$로 정의할 때 다음 물음에 답하여라.

(1) A의 고유치를 구하여라.

(2) $W_1 = \{\mathbf{v} \in \mathbb{R}^3 \mid T(\mathbf{v}) = \mathbf{v}\}$이 $\mathbb{R}^3$의 부분공간임을 보여라.

(3) $W_1 = \{\mathbf{v} \in \mathbb{R}^3 \mid T(\mathbf{v}) = \mathbf{v}\}$의 기저를 구하여라.

(4) $W_2 = \{\mathbf{v} \in \mathbb{R}^3 \mid T(\mathbf{v}) = 4\mathbf{v}\}$의 기저를 구하여라.

10. 2차 정사각행렬 A가 대각화가 가능하고, 모든 고유치의 절댓값이 1미만이라고 하자. 임의의 정수 $n \geq 0$에 대하여, $\begin{pmatrix} x_{n+1} \\ y_{n+1} \end{pmatrix} = A \begin{pmatrix} x_n \\ y_n \end{pmatrix}$을 만족한다고 하였을 때, 초깃값 x_0, y_0에 관계없이 $\lim_{n \to \infty} x_n = \lim_{n \to \infty} y_n = 0$임을 보여라.

5.5 직교대각화

이절에서 주어진 n차 정사각행렬 A가 직교행렬 P에 의해 대각화되는가 하는 문제를 다룬다. 즉, $P^{-1}AP=D$를 만족하는 직교행렬 P와 대각행렬 D의 존재성과 만약 존재하면 그 구하는 방법을 알아본다.

정의 5.5.1 (직교행렬 및 직교 대각화)

(1) 정칙행렬인 n차 정사각행렬 P에 대하여, $P^{-1}=P^T$를 만족할 때, 즉 $PP^T=P^TP=I_n$을 만족할 때, 행렬 P를 **직교행렬**(orthogonal matrix)이라 한다.

(2) 주어진 n차 정사각행렬 A에 대하여 $P^{-1}AP=D$ 를 만족하는 직교행렬 P 와 대각행렬 D가 존재하면 A를 **직교 대각화 가능**(orthogonally diagonalizable)하다고 부른다.

정리 5.5.2

주어진 n차 정사각행렬 A에 대하여 A가 직교 대각화 가능일 필요충분조건은 A의 고유벡터들로 구성된 $\mathbb{R}^n$의 정규직교기저가 존재한다는 것이다.

증명 A가 대각화 가능일 필요충분조건은 A의 고유벡터들로 구성된 $\mathbb{R}^n$의 기저 $\mathbf{v}_1, \mathbf{v}_2, \cdots, \mathbf{v}_n$가 존재한다는 것을 알고 있다. 즉, $Q=(\mathbf{v}_1\ \mathbf{v}_2\ \cdots\ \mathbf{v}_n)$이라 두면 $Q^{-1}AQ=D$이다. 여기서 D는 대각행렬이다. 따라서 $\mathbf{v}_1, \mathbf{v}_2, \cdots, \mathbf{v}_n$으로부터 A의 고유벡터들로 구성된 $\mathbb{R}^n$의 정규 직교 기저 $\mathbf{w}_1, \mathbf{w}_2, \cdots, \mathbf{w}_n$를 구할 수 있으면 $P=(\mathbf{w}_1\ \mathbf{w}_2 \cdots\ \mathbf{w}_n)$이라 두자. 그러면 P는 직교행렬이고 $P^{-1}AP=D$를 얻을 수 있다. 그러므로 A가 직교 대각화 가능일 필요충분조건은 A의 고유벡터들로 구성된 $\mathbb{R}^n$의 정규직교기저가 존재한다.

따름정리 5.5.3

주어진 n차 정사각행렬 A에 대하여 A가 직교 대각화 가능일 필요충분조건은 A의 고유벡터들로 구성된 $\mathbb{R}^n$의 기저가 존재하고 A의 서로 다른 고유치에 속하는 고유벡터들이 직교한다. 즉, $\lambda_1, \lambda_2, \cdots, \lambda_k$를 A의 모든 서로 다른 고유치라 할 때, 모든 $i \neq j\,(1 \leq i,\ j \leq k)$에 대하여

$$E(\lambda_i) \perp E(\lambda_j)$$

이다. 따라서 A가 직교 대각화 가능일 필요충분조건은

$$E(\lambda_i)^{\perp} = \sum_{j \neq i} E(\lambda_j)$$

이다.

정리 5.5.4

A가 실 대칭행렬이면 A의 고유치는 실수이다.

증명 λ_0가 A의 고유치라 가정하고 $\mathbf{x}_0$를 고유치 λ_0에 속하는 고유벡터라 가정하면

(1) $$A\mathbf{x}_0 = \lambda_0 \mathbf{x}_0$$

이다. 따라서 (1)식의 양변에 $\overline{\mathbf{x}_0}^{\,T}$를 곱하여

(2) $$\overline{\mathbf{x}_0}^{\,T}(A\mathbf{x}_0) = \overline{\mathbf{x}_0}^{\,T}(\lambda_0 \mathbf{x}_0)$$

를 얻는다. 여기서 $\overline{\mathbf{x}_0}$는 $\mathbf{x}_0$의 각 요소의 공액을 취한 벡터를 의미한다. (2)식의 양변에 전치를 취하면

(3) $$\mathbf{x}_0^T A^T \overline{\mathbf{x}_0} = \lambda_0 (\mathbf{x}_0^T \overline{\mathbf{x}_0})$$

을 얻을 수 있다. A가 대칭행렬이므로 $A^T = A$이다. 여기서 (3)식에 공액을 취하면

(4) $$\overline{\mathbf{x}_0}^{\,T} A \mathbf{x}_0 = \overline{\lambda_0}\, \overline{\mathbf{x}_0}^{\,T} \mathbf{x}_0$$

을 얻는다. (2)식과 (4)식에 의해

(5) $$\lambda_0 \overline{\mathbf{x}_0}^{\,T} \mathbf{x}_0 = \overline{\lambda_0}\, \overline{\mathbf{x}_0}^{\,T} \mathbf{x}_0$$

을 얻는다. 여기서 $\mathbf{x}_0$는 고유치 λ_0에 속하는 고유벡터이므로 $\mathbf{x}_0 \neq \mathbf{0}$이다. 따라서

$$\mathbf{x}_0 = \begin{pmatrix} a_1 \\ \vdots \\ a_n \end{pmatrix}$$

이라 두면

$$\overline{\mathbf{x}_0}^{\,t}\, \mathbf{x}_0 = (\overline{a_1} \cdots \overline{a_n}) \begin{pmatrix} a_1 \\ \vdots \\ a_n \end{pmatrix} = \sum_{i=1}^{n} \overline{a_i}\, a_i > 0$$

이다. 그러므로 (5)식에 의해 $\lambda_0 = \overline{\lambda_0}$이며 따라서 λ_0는 실수이다.

정리 5.5.5

A가 실 대칭행렬이면 A의 서로 다른 고유치에 속하는 고유벡터들이 직교한다.

증명 λ_1, λ_2를 A의 서로 다른 고유치라 하고 $\mathbf{x}_1$, $\mathbf{x}_2$를 각각 고유치 λ_1, λ_2에 속하는 고유벡터라 하자. 그러면

(1) $$A\mathbf{x}_1 = \lambda_1 \mathbf{x}_1$$

이고

(2) $$A\mathbf{x}_2 = \lambda_2 \mathbf{x}_2$$

이다. (1)식에 전치를 취하면

(3) $$\mathbf{x}_1{}^T A = \lambda_1 \mathbf{x}_1{}^T$$

를 얻는다. (3)식의 양변의 오른쪽에 $\mathbf{x}_2$를 곱하면

(4) $$\mathbf{x}_1{}^T A\,\mathbf{x}_2 = \lambda_1 \mathbf{x}_1{}^T \mathbf{x}_2$$

을 얻는다. (2)식의 양변의 왼쪽에 $\mathbf{x}_1{}^T$를 곱하면

(5) $$\mathbf{x}_1{}^T A\,\mathbf{x}_2 = \lambda_2 \mathbf{x}_1{}^T \mathbf{x}_2$$

를 얻는다. (4)식과 (5)식의 왼쪽 변이 같으므로

(6) $$(\lambda_1 - \lambda_2)\mathbf{x}_1{}^T \mathbf{x}_2 = 0$$

을 얻을 수 있다. 그러나 λ_1, λ_2를 A의 서로 다른 고유치이므로

$$\mathbf{x}_1{}^T \mathbf{x}_2 = \langle \mathbf{x}_1, \mathbf{x}_2 \rangle = 0$$

을 얻는다. 그러므로 $\mathbf{x}_1$과 $\mathbf{x}_2$는 직교한다.

정리 5.5.4에 의하면 실 대칭행렬의 모든 고유치는 실수이다. 따라서 실 대칭행렬의 고유벡터들은 실수를 요소로 갖는 벡터들이다. 따름정리 5.5.3에 의하면 직교 대각화가 가능한 행렬을 찾기 위해 서로 다른 고유치에 속하는 고유벡터들이 직교하는 행렬을 찾으면 된다. 다음 정리에서 모든 실 대칭행렬이 이러한 성질을 만족함을 보인다.

정리 5.5.6

주어진 n차 실 정사각행렬 A에 대하여 다음은 동치이다.

(1) A가 직교 대각화 가능하다.

(2) A가 대칭행렬이다.

증명 (1) → (2) A가 직교 대각화 가능하다고 가정하면 $A = PDP^{-1}$을 만족하는 직교행렬 P와 대각행렬 D가 존재한다. 한편 $P^{-1} = P^T$이므로

$$A^T = (PDP^{-1})^T = (P^{-1})^T D^T P^T = PDP^{-1} = A$$

을 얻는다. 따라서 A는 대칭행렬이다.

(2) → (1) A가 실 대칭행렬이라 가정하자. 그러면 정리 5.5.4에 의해 A의 고유치들은 실수이다. 그리고 서로 다른 고유치에 속하는 고유벡터들은 직교하므로 따름정리 5.5.3에 의해 A의 고유벡터들로 구성된 $\mathbb{R}^n$의 기저가 존재함을 보이면 된다. 즉, 이것은 각 고유치 λ에 대하여 λ의 기하적 중복도와 대수적 중복도가 같음을 보이면 된다. 따라서 λ의 기하적 중복도를 r이라 두자. 그러면 $\dim(E(\lambda)) = r$이다. 이제 $\mathbf{v}_1, \mathbf{v}_2, \cdots, \mathbf{v}_r$을 $E(\lambda)$의 정규직교기저라 하자. 이 기저 $\mathbf{v}_1, \mathbf{v}_2, \cdots, \mathbf{v}_r$을 $\mathbb{R}^n$의 정규 직교기저 $\mathbf{v}_1, \mathbf{v}_2, \cdots, \mathbf{v}_r, \mathbf{v}_{r+1}, \cdots, \mathbf{v}_n$으로 확장한다. 그리고 P 를 $\mathbf{v}_i$를 열벡터로 갖는 행렬이라 두자. 즉,

$$P = (\mathbf{v}_1\ \mathbf{v}_2 \cdots\ \mathbf{v}_r\ \mathbf{v}_{r+1} \cdots\ \mathbf{v}_n)$$

이다. 그러면 P는 직교행렬이며

$$\begin{aligned} AP &= (A\mathbf{v}_1\ A\mathbf{v}_2 \cdots\ A\mathbf{v}_r\ A\mathbf{v}_{r+1} \cdots\ A\mathbf{v}_n) \\ &= P\begin{pmatrix} \lambda I_r & X \\ 0 & Y \end{pmatrix} \end{aligned}$$

을 얻는다. $\mathbf{v}_1, \mathbf{v}_2, \cdots, \mathbf{v}_r, \mathbf{v}_{r+1}, \cdots, \mathbf{v}_n$이 $\mathbb{R}^n$의 정규 직교기저이므로 $A\mathbf{v}_k, (r+1 \le k \le n)$은 이들의 일차결합이다. 만약

(1) $$A\mathbf{v}_k = a_1\mathbf{v}_1 + \cdots + a_r\mathbf{v}_r + a_{r+1}\mathbf{v}_{r+1} + \cdots + a_n\mathbf{v}_n$$

이라 두고 (1)식의 양변에 전치를 취하면

(2) $$\mathbf{v}_k{}^T A = a_1\mathbf{v}_1{}^T + \cdots + a_r\mathbf{v}_r{}^T + a_{r+1}\mathbf{v}_{r+1}{}^T + \cdots + a_n\mathbf{v}_n{}^T$$

을 얻는다. $\mathbf{v}_1, \mathbf{v}_2, \cdots, \mathbf{v}_r, \mathbf{v}_{r+1}, \cdots, \mathbf{v}_n$이 정규 직교기저이므로 (2)식의 양변의 오른쪽에 $\mathbf{v}_i$ 를 곱하면

(3) $$\mathbf{v}_k{}^T A\mathbf{v}_i = a_i$$

를 얻는다. $1 \le i \le r$인 모든 i에 대하여 $\mathbf{v}_i$는 λ에 속하는 고유벡터이므로 $A\mathbf{v}_i = \lambda\mathbf{v}_i$이며 따라서 (3)식에서

$$\lambda\mathbf{v}_k{}^T\mathbf{v}_i = a_i = 0 \quad (r+1 \le k \le n)$$

를 얻는다. 그러므로 $X = 0$이다. 그러므로

$$P^{-1}AP = \begin{pmatrix} \lambda I_r & 0 \\ 0 & Y \end{pmatrix}$$

이다. 즉, A가 행렬 $C=\begin{pmatrix} \lambda I_r & 0 \\ 0 & Y \end{pmatrix}$와 상사(similar)이며 따라서 A와 C는 같은 특성방정식을 갖는다. 그리고 C의 λ에 대한 대수적 중복도는 r이다(각자 증명). 따라서 A의 λ에 대한 대수적 중복도도 r이며 A의 λ에 대한 대수적 중복도와 기하적 중복도는 같다.

예제 5.5.7

다음 행렬을 직교 대각화 하라.

(1) $A=\begin{pmatrix} 1 & 2 \\ 2 & 1 \end{pmatrix}$　　　(2) $B=\begin{pmatrix} 0 & 1 & 1 \\ 1 & 0 & 1 \\ 1 & 1 & 0 \end{pmatrix}$

풀이 (1) 예제 5.4.8의 (1)에서 A의 고유치는 -1과 3이며 고유치 -1에 속하는 고유공간은

$$E(-1)=\left\{\alpha\begin{pmatrix} 1 \\ -1 \end{pmatrix} \middle|\ \alpha \in \mathbb{R}\right\}$$

이며 고유치 3에 속하는 고유공간은

$$E(3)=\left\{\alpha\begin{pmatrix} 1 \\ 1 \end{pmatrix} \middle|\ \alpha \in \mathbb{R}\right\}$$

을 얻었다. $E(-1)=\left\{\alpha\begin{pmatrix} 1 \\ -1 \end{pmatrix} \middle|\ \alpha \in \mathbb{R}\right\}$의 정규직교기저 $\frac{1}{\sqrt{2}}\begin{pmatrix} 1 \\ -1 \end{pmatrix}$이고 $E(3)=\left\{\alpha\begin{pmatrix} 1 \\ 1 \end{pmatrix} \middle|\ \alpha \in \mathbb{R}\right\}$의 정규직교기는 $\frac{1}{\sqrt{2}}\begin{pmatrix} 1 \\ 1 \end{pmatrix}$이다. 그러므로

$$P=\frac{1}{\sqrt{2}}\begin{pmatrix} 1 & 1 \\ -1 & 1 \end{pmatrix}$$

이라 두면 P는 직교행렬이며

$$P^{-1}AP=\begin{pmatrix} -1 & 0 \\ 0 & 3 \end{pmatrix}$$

이다.

(2) 예제 5.4.8의 (2)에서 고유치는 $\lambda=-1$, $\lambda=2$를 얻었다. 그리고 $\lambda=-1$에 속하는 고유벡터는 $(x, y, z)=\alpha\begin{pmatrix} -1 \\ 1 \\ 0 \end{pmatrix}+\beta\begin{pmatrix} -1 \\ 0 \\ 1 \end{pmatrix}$이다. 단 α, β는 동시에 0은 아닌 실수이다. 그러므로

$$E(-1)=\left\{\alpha\begin{pmatrix} -1 \\ 1 \\ 0 \end{pmatrix}+\beta\begin{pmatrix} -1 \\ 0 \\ 1 \end{pmatrix} \middle|\ \alpha, \beta \in \mathbb{R}\right\}$$

이다. 그리고 $\lambda = 2$에 속하는 고유벡터는

$$\begin{pmatrix} x \\ y \\ z \end{pmatrix} = \alpha \begin{pmatrix} 1 \\ 1 \\ 1 \end{pmatrix}$$

이므로

$$E(2) = \left\{ \alpha \begin{pmatrix} 1 \\ 1 \\ 1 \end{pmatrix} \middle| \ \alpha \in \mathbb{R} \right\}$$

이다. $E(-1) = \left\{ \alpha \begin{pmatrix} -1 \\ 1 \\ 0 \end{pmatrix} + \beta \begin{pmatrix} -1 \\ 0 \\ 1 \end{pmatrix} \middle| \ \alpha, \beta \in \mathbb{R} \right\}$의 정규직교기저를 구하기 위해 그람－슈미트의 정리를 쓸 수도 있으나 여기서는 간단히 계산해 본다. 먼저 고유벡터 $\begin{pmatrix} -1 \\ 1 \\ 0 \end{pmatrix}$를 정규화하여 $\mathbf{v}_1 = \frac{1}{\sqrt{2}} \begin{pmatrix} -1 \\ 1 \\ 0 \end{pmatrix}$을 얻는다. 그리고 $E(-1) = \left\{ \alpha \begin{pmatrix} -1 \\ 1 \\ 0 \end{pmatrix} + \beta \begin{pmatrix} -1 \\ 0 \\ 1 \end{pmatrix} \middle| \ \alpha, \beta \in \mathbb{R} \right\}$의 원소 $\begin{pmatrix} -\alpha - \beta \\ \alpha \\ \beta \end{pmatrix}$ 중에서 $\mathbf{v}_1$과 수직인 벡터를 구하면 $\beta = -2\alpha$를 얻는다. 그러므로 $\mathbf{v}_2 = \frac{1}{\sqrt{6}} \begin{pmatrix} -1 \\ -1 \\ 2 \end{pmatrix}$라 두면 $\mathbf{v}_1$, $\mathbf{v}_2$가 $E(-1)$의 정규직교 기저이다. 또한 2에 속하는 고유벡터 $\begin{pmatrix} 1 \\ 1 \\ 1 \end{pmatrix}$를 정규화하여 $\mathbf{v}_3 = \frac{1}{\sqrt{3}} \begin{pmatrix} 1 \\ 1 \\ 1 \end{pmatrix}$을 얻는다. 그러면 행렬

$$P = \begin{pmatrix} -\frac{1}{\sqrt{2}} & -\frac{1}{\sqrt{6}} & \frac{1}{\sqrt{3}} \\ \frac{1}{\sqrt{2}} & -\frac{1}{\sqrt{6}} & \frac{1}{\sqrt{3}} \\ 0 & \frac{2}{\sqrt{6}} & \frac{1}{\sqrt{3}} \end{pmatrix}$$

이라 두면 P는 직교행렬이고

$$P^{-1}BP = \begin{pmatrix} -1 & 0 & 0 \\ 0 & -1 & 0 \\ 0 & 0 & 2 \end{pmatrix}$$

이다.

다음은 행렬에 관한 유명한 정리를 소개한다. 이 정리는 다양하게 이용될 수 있는 매우

유용한 정리이다.

정리 5.5.8 (Cayley–Hamilton)

모든 정사각행렬은 특성방정식을 만족한다. 즉, A가 n차 정사각행렬이고 $(-1)^n\ (a_0 + a_1\lambda + a_2\lambda^2 + \cdots + a_{n-1}\lambda^{n-1} + \lambda^n)$을 특성다항식이라 하면

$$a_0 I_n + a_1 A + a_2 A^2 + \cdots + a_{n-1} A^{n-1} + A^n = 0$$

이다.

증명 A의 특성다항식 $|A - \lambda I| = (-1)^n\ |\lambda I - A|$에서

$$|\lambda I_n - A| = a_0 + a_1\lambda + a_2\lambda^2 + \cdots + a_{n-1}\lambda^{n-1} + \lambda^n$$

이다. 그리고

$$B(\lambda) = adj(\lambda I_n - A) = B_{n-1}\lambda^{n-1} + \cdots + B_1\lambda + B_0$$

라 두자. 여기서 B_i 는 n차 행렬이다.

$$(\lambda I_n - A)B(\lambda) = |\lambda I_n - A|\, I_n$$

이므로

$$\begin{aligned}&(\lambda I_n - A)(B_{n-1}\lambda^{n-1} + \cdots + B_1\lambda + B_0)\\ &= (a_0 + a_1\lambda + a_2\lambda^2 + \cdots + a_{n-1}\lambda^{n-1} + \lambda^n)\, I_n\end{aligned}$$

이다. 그러므로

$$B_{n-1} = I_n,\ B_{n-2} - AB_{n-1} = a_{n-1}I_n, \cdots, B_0 - AB_1 = a_1 I_n, -AB_0 = a_0 I_n$$

를 얻는다. 위식에 $A^n, A^{n-1}, \cdots, A, I_n$를 차례로 곱하면

$$\begin{aligned}&A^n B_{n-1} = A^n,\ A^{n-1}B_{n-2} - A^n B_{n-1} = a_{n-1}A^{n-1},\ \cdots,\ AB_0 - A^2 B_1\\ &\quad = a_1 A,\ -AB_0 = a_0 I_n\end{aligned}$$

을 얻는다. 위 등식을 더하면

$$a_0 I_n + a_1 A + a_2 A^2 + \cdots + a_{n-1} A^{n-1} + A^n = 0$$

을 얻는다.

위의 정리에 의하면 A^n은 I_n, A, $\cdots$, A^{n-1}들의 일차결합으로 표현된다. 따라서 모든 정수 $m\,(m > n)$에 대하여 A^m도 I_n, A, $\cdots$, A^{n-1}들의 일차결합으로 표현됨을 알 수 있다. 따름정리 5.3.11에 의하면 n차 정사각행렬 A가 정칙일 필요충분조건은 0가 A의 고유치가 아니다. 따라서 n차 정사각행렬 A가 정칙일 필요충분조건은 A의 특성방정식 $a_0 + a_1\lambda + a_2\lambda^2 + \cdots + a_{n-1}\lambda^{n-1} + \lambda^n = 0$의 상수항 $a_0 \neq 0$이다. 이때 Cayley-Hamilton정리를 이용하여 A의 역행렬을 구할 수 있다. 왜냐하면

$$a_0 I_n + a_1 A + a_2 A^2 + \cdots + a_{n-1} A^{n-1} + A^n = 0$$

이므로

$$I_n = -\frac{1}{a_0}(a_1 I_n + a_2 A + \cdots + a_{n-1} A^{n-2} + A^{n-1})A$$

이다. 따라서

$$-\frac{1}{a_0}(a_1 I_n + a_2 A + \cdots + a_{n-1} A^{n-2} + A^{n-1}) = A^{-1}$$

이기 때문이다.

예제 5.5.9

Cayley-Hamilton정리를 이용하여 다음 행렬의 역행렬을 구하라.

$$A = \begin{pmatrix} 0 & 1 & 1 \\ 1 & 0 & 1 \\ 1 & 1 & 0 \end{pmatrix}$$

풀이 A의 특성방정식은

$$\det(A - \lambda I_3) = -\lambda^3 + 3\lambda + 2 = 0$$

이다. 그러므로 Cayley-Hamilton정리에 의해

$$A^3 - 3A - 2I_3 = 0$$

이다. 따라서

$$I_3 = \frac{1}{2}(A^2 - 3I_3)A \ , \quad \frac{1}{2}(A^2 - 3I_3) = A^{-1}$$

이다. 간단한 계산에 의해

$$A^{-1} = \frac{1}{2}\begin{pmatrix} -1 & 1 & 1 \\ 1 & -1 & 1 \\ 1 & 1 & -1 \end{pmatrix}$$

이다.

연습문제 5.5

01. 다음 행렬을 직교 대각화 하라.

(1) $A=\begin{pmatrix} 1 & 2 & 1 \\ 2 & 1 & 0 \\ 1 & 0 & 1 \end{pmatrix}$ (2) $B=\begin{pmatrix} 0 & 1 & 1 \\ 1 & 0 & 1 \\ 1 & 1 & 0 \end{pmatrix}$ (3) $C=\frac{1}{2}\begin{pmatrix} -1 & 1 & 1 \\ 1 & -1 & 1 \\ 1 & 1 & -1 \end{pmatrix}$

02. 행렬 A가 정칙행렬이고 직교대각화가 가능하면 A^{-1}도 직교대각화가 가능함을 보여라.

03. 행렬 A, B가 직교대각화가 가능하면 $A+B$, kA(k는 실수)도 직교대각화가 가능함을 보여라. 그리고 AB도 직교대각화가 가능한가? 가능하면 증명하고 불가능하면 이유를 설명하라. 이를 이용하여 직교가능한 n차 행렬들의 집합은 $M_n(\mathbb{R})$의 부분공간임을 보여라.

04. Cayley-Hamilton정리를 이용하여 다음 행렬이 만족하는 다항식을 구하고 이 다항식을 보고 정칙행렬인지를 결정하라.

(1) $A=\begin{pmatrix} 0 & 1 \\ 1 & 1 \end{pmatrix}$ (2) $A=\begin{pmatrix} 1 & 0 & 1 \\ 0 & 1 & 0 \\ 1 & 1 & 1 \end{pmatrix}$ (3) $A=\begin{pmatrix} 1 & 2 & 2 \\ 0 & 2 & 1 \\ -1 & 2 & 2 \end{pmatrix}$

05. 행렬 $A=\begin{pmatrix} 2 & 1 & -1 \\ 1 & 2 & 1 \\ -1 & 1 & 2 \end{pmatrix}$에 대해 다음의 문항에 각각 답하여라.

(1) A의 특성 방정식과 고유치를 찾아라.

(2) $P^{-1}AP$가 대각행렬이 되는 정칙행렬 P를 찾아라.

(3) Q^TAQ가 대각행렬이 되는 직교행렬 Q를 찾아라.

(4) 임의의 자연수 n에 대하여, A^n을 구하여라.

06. 행렬 $A = \begin{pmatrix} -1 & 2 \\ 2 & -1 \end{pmatrix}$에 대하여 다음 물음에 답하여라.

(1) A의 특성(고유)방정식과 고유치를 구하여라.

(2) $Q^T A Q = D$을 만족하는 직교행렬 Q와 대각행렬 D를 구하여라.

(3) 임의의 정수 $n \geq 0$에 대하여, $\begin{pmatrix} x_{n+1} \\ y_{n+1} \end{pmatrix} = A \begin{pmatrix} x_n \\ y_n \end{pmatrix}$을 만족한다고 하자. 임의의 초기값 $\begin{pmatrix} x_0 \\ y_0 \end{pmatrix}$에 대하여 $\begin{pmatrix} x_{20} \\ y_{20} \end{pmatrix} = \begin{pmatrix} ax_0 + by_0 \\ cx_0 + dy_0 \end{pmatrix}$를 만족할 때, a와 b의 값을 구하여라.

종합문제 5

01. 주어진 행렬을 대각화하여라.

$$A=\begin{pmatrix} 4 & 2 & -4 \\ 2 & 1 & -2 \\ -4 & -2 & 4 \end{pmatrix}$$

02. λ가 행렬A의 고유치이고 $\mathbf{v}$가 고유치 λ에 속하는 고유벡터일 때 다음을 증명하라.

(1) 모든 양의 정수 n에 대하여 $\mathbf{v}$가 고유치 λ^n에 속하는 A^n의 고유벡터이다.

(2) 모든 다항식 $f(x)$에 대하여 $f(\lambda)$는 $f(A)$의 고유치이다.

03. 행렬 A, B가 상사일 때 다음을 증명하라.

(1) A^T, B^T는 상사이다.

(2) A, B가 가역이면 A^{-1}, B^{-1}도 상사이다.

04. $T:\ \mathbb{R}^2 \to \mathbb{R}^2$을 $\dfrac{\pi}{3}$만큼 회전시키는 선형변환이라 할 때 다음 물음에 답하라.

(1) $T(1,\ 1)$을 구하라.

(2) T의 표준행렬을 구하라.

(3) (2)에서 구한 행렬이 직교행렬인가?

05. $A \in M_2(\mathbb{R})$가 직교행렬이고 $\det(A)=1$이면 선형변환 $T=T_A$는 회전이동한 것임을 보여라.

06. $\mathbf{a}=\begin{pmatrix} a_1 \\ a_2 \\ a_3 \end{pmatrix}$, $\mathbf{x}=\begin{pmatrix} x_1 \\ x_2 \\ x_3 \end{pmatrix}$일 때 다음의 선형변환 f의 표준기저에 관한 행렬 A를 구하여라.

(1) $\mathbb{R}^3 \to \mathbb{R}$, $f(x)=\langle \mathbf{a}, \mathbf{x} \rangle$　　　(2) $\mathbb{R}^3 \to \mathbb{R}^3$, $f(\mathbf{x})=\mathbf{a}\times\mathbf{x}$ (외적)

07. $f: \begin{pmatrix} 1 \\ 1 \\ 0 \end{pmatrix} \mapsto \begin{pmatrix} 11 \\ 5 \end{pmatrix}$, $f: \begin{pmatrix} 2 \\ 0 \\ -1 \end{pmatrix} \mapsto \begin{pmatrix} 8 \\ 5 \end{pmatrix}$, $f: \begin{pmatrix} 0 \\ -2 \\ 3 \end{pmatrix} \mapsto \begin{pmatrix} 2 \\ 1 \end{pmatrix}$인 선형변환 $f: \mathbb{R}^3 \to \mathbb{R}^2$의 표준기저에 관한 행렬 A를 구하여라.

08. 표준기저에 관한 $\mathbb{R}^4$의 선형변환 f 의 행렬 A가 다음과 같을 때, $\operatorname{Ker}(f)$와 $\operatorname{Im}(f)$의 기저와 차원을 구하여라.

$$A = \begin{pmatrix} 0 & 0 & 1 & 2 \\ 0 & 1 & 2 & 0 \\ 1 & 2 & 0 & 0 \\ 0 & 0 & 0 & 0 \end{pmatrix}.$$

09. 선형변환 $T : \mathbb{R}^n \to \mathbb{R}^n$의 표준행렬이 직교행렬일 때 다음을 증명하라.

(1) 모든 $\mathbf{x}, \mathbf{y} \in \mathbb{R}^n$에 대하여 $\langle T(\mathbf{x}), T(\mathbf{y}) \rangle = \langle \mathbf{x}, \mathbf{y} \rangle$이다.

(2) 모든 $\mathbf{x} \in \mathbb{R}^n$에 대하여 $\| T(\mathbf{x}) \| = \| \mathbf{x} \|$이다.

(3) T가 전, 단사함수임을 보여라.

10. $A \in M_n(\mathbb{R})$이 실 대칭행렬이고 n개의 고유치가 모두 같으면 $A = kI$임을 보여라.

11. $\{\mathbf{v}_1, \mathbf{v}_2, \cdots, \mathbf{v}_n\}$이 $\mathbb{R}^n$의 기저이고 $\{\mathbf{w}_1, \mathbf{w}_2, \cdots, \mathbf{w}_n\}$이 $\mathbb{R}^m$의 임의의 원소이면 모든 $i = 1, 2, \cdots, n$ 에 대하여 $T(\mathbf{v}_i) = \mathbf{w}_i$를 만족하는 선형변환 T가 존재한다.

12. 실수요소로 이루어진 n차 행렬이 직교행렬이 될 필요충분조건은 그 열벡터가 $\mathbb{R}^n$의 정규직교기저가 됨을 보여라.

13. 다음 각 행렬 A의 고유치와 이에 대한 고유공간의 하나의 기저를 구하여라.

(1) $\begin{pmatrix} 1 & -3 & 3 \\ 3 & -5 & 3 \\ 6 & -6 & 4 \end{pmatrix}$ (2) $\begin{pmatrix} -3 & 1 & -1 \\ -7 & 5 & -1 \\ -6 & 6 & -2 \end{pmatrix}$

14. A, B가 n차 정사각행렬일 때, 다음의 행렬의 고유다항식은 일치함을 증명하여라(그러므로 고유치도 일치한다).

(1) A, A^T (2) $A, B^{-1}AB$ (3) AB, BA

15. $\operatorname{Hom}(\mathbb{R}^n, \mathbb{R}^m)$을 $\mathbb{R}^n$에서 $\mathbb{R}^m$으로 대응되는 모든 선형변환들의 집합이라 두고 다음을 증명하라.

(1) $T_1, T_2 \in \operatorname{Hom}(\mathbb{R}^n, \mathbb{R}^m)$ 와 실수 α에 대하여 $T_1 + T_2$와 αT_1을 다음과 같이 정의하면 $\operatorname{Hom}(\mathbb{R}^n, \mathbb{R}^m)$이 벡터공간이 됨을 보여라.(단, 모든 $\mathbf{x} \in \mathbb{R}^n$에 대하여

$$(T_1 + T_2)(\mathbf{x}) = T_1(\mathbf{x}) + T_2(\mathbf{x}), \quad (\alpha T_1)(\mathbf{x}) = \alpha T_1(\mathbf{x})$$

으로 정의한다.

(2) $\dim \mathrm{Hom}(\mathbb{R}^n, \mathbb{R}^m) = mn$이다.

16. 선형변환 T가 $rank(T^2) = rank(T)$를 만족하면 $\mathrm{Im}(T) \cap \ker(T) = \{0\}$임을 보여라.

17. 다음과 같이 정의된 사상 $f: \mathbb{R}^3 \to \mathbb{R}^3$가 있다.

모든 $\begin{pmatrix} x \\ y \\ z \end{pmatrix} \in \mathbb{R}^3$에 대하여, $f\begin{pmatrix} x \\ y \\ z \end{pmatrix} = \begin{pmatrix} x + 2y \\ 3y - 2z \\ -2x + z \end{pmatrix}$이다. $\mathbb{R}^3$의 표준기저 $E = \{\mathbf{e}_1, \mathbf{e}_2, \mathbf{e}_3\}$와 $\mathbb{R}^3$의 기저 $F = \{\mathbf{v}_1, \mathbf{v}_2, \cdots, \mathbf{v}_3\}$에 관하여 다음 물음에 답하여라. 여기서

$$\mathbf{v}_1 = \begin{pmatrix} 1 \\ 0 \\ -1 \end{pmatrix},\ \mathbf{v}_2 = \begin{pmatrix} -1 \\ 2 \\ 1 \end{pmatrix},\ \mathbf{v}_3 = \begin{pmatrix} 0 \\ 1 \\ 1 \end{pmatrix}$$

이다.

(1) f가 선형변환임을 보여라.

(2) 기저 E에 관한 f의 행렬 $A = [f]_E$를 구하여라.

(3) F에서 E로의 전이행렬 P를 구하여라.

(4) 기저 F에 관한 f의 행렬 $B = [f]_F$라 할 때, 전이행렬 P와 행렬 A를 이용하여 B를 구하여라.

(5) $C = \left(Col_1(A)\ \ Col_3(A)\ \ \begin{pmatrix} -2 \\ 0 \\ 1 \end{pmatrix} \right)$라 할 때, 행렬 C의 고유치를 구하여라. 단, $Col_1(A)$와 $Col_3(A)$는 각각 A의 1열 3열을 의미한다.

(6) 위 고유치에 대한 고유벡터를 구하여라.

(7) 주어진 행렬 C를 대각화 하여라.

(8) C^{100}을 계산하여라.

06 Chapter 벡터공간

6.1 벡터공간

이 장에서는 4장에서 다룬 유클리드공간의 벡터 개념을 일반화한다. 유클리드 공간의 중요한 성질들을 추상화하여 공리를 만들고 이 공리를 만족하는 집합을 벡터공간이라 부르며 벡터공간의 원소를 벡터라 정의한다. 복소수 체(field) 위에서도 벡터공간을 다룰 수 있으나 본 과정에서는 주로 실수 체위의 벡터공간의 여러 성질을 다룬다.

앞으로 K는 실수 전체의 집합 $\mathbb{R}$, 혹은 복소수 전체의 집합 $\mathbb{C}$를 나타낸다. 그리고 K의 원소를 **스칼라**(scalar)라 부르자. 이 장의 많은 내용이 4장의 $\mathbb{R}^n$에 대한 내용을 일반화하기 때문에 4장의 예제를 참고로 하도록 하자.

아래 정의는 유클리드공간 $\mathbb{R}^n$의 성질로 정리 4.1.2에서 증명하였다. 이 성질을 만족하는 추상적인 집합을 아래와 같이 벡터공간으로 정의한다.

정의 6.1.1

집합 V가 다음의 공리 I, II를 만족하는 덧셈 연산과 스칼라배 연산을 가지면, V를 K상의 **벡터공간**(vector space)이라 한다.

공리 I (덧셈연산) V의 모든 원소 $\mathbf{u}$, $\mathbf{v}$, $\mathbf{w}$ 에 대해서

(1) $\mathbf{u}+\mathbf{v} \in V$,

(2) $\mathbf{u}+\mathbf{v} = \mathbf{v}+\mathbf{u}$,

(3) $(\mathbf{u}+\mathbf{v})+\mathbf{w} = \mathbf{u}+(\mathbf{v}+\mathbf{w})$,

(4) $\mathbf{0}$가 V에 존재하여, $\mathbf{u}+\mathbf{0} = \mathbf{u}$,

(5) $-\mathbf{u}$가 V에 존재하여, $\mathbf{u}+(-\mathbf{u}) = \mathbf{0}$.

공리 II (스칼라배 연산) K의 모든 스칼라 k, h와 V의 모든 원소 $\mathbf{u}$, $\mathbf{v}$에 대해서

(6) $k\mathbf{u} \in \mathrm{V}$,

(7) $1\mathbf{u} = \mathbf{u}$,

(8) $k(h\mathbf{u}) = (kh)\mathbf{u}$,

(9) $k(\mathbf{u}+\mathbf{v}) = k\mathbf{u} + k\mathbf{v}$,

(10) $(k+h)\mathbf{u} = k\mathbf{u} + h\mathbf{v}$

K가 실수 전체의 집합이면 V를 **실벡터공간**(real vector space), K가 복소수 전체의 집합이면 V를 **복소벡터공간**(complex vector space)이라 부른다. 그리고 벡터공간 V의 원소를 **벡터**(vector)라 한다. 특히 위 (4)의 0를 **영벡터**(zero vector)라 부른다.

벡터공간의 여러 가지 예를 들어 보자.

예제 6.1.2

4장에서 다룬 $\mathbb{R}$, $\mathbb{R}^2$, $\mathbb{R}^3$, $\mathbb{R}^n$은 통상의 덧셈과 스칼라배 연산에 관하여 실벡터 공간을 이룬다. 여기서 통상의 덧셈이란, $\mathbb{R}^n$의 두 원소 $\mathbf{u} = (u_1, u_2, \cdots, u_n)$, $\mathbf{v} = (v_1, v_2, \cdots, v_n)$에 대해

$$\mathbf{u}+\mathbf{v} = (u_1 + v_1, u_2 + v_2, \cdots, u_n + v_n)$$

을 말하고, 통상의 스칼라배 연산이란, 각각의 $k \in \mathbb{R}$, $\mathbf{u} = (u_1, u_2, \cdots, u_n) \in \mathbb{R}^n$에 대해,

$$k\mathbf{u} = (ku_1, ku_2, \cdots, ku_n)$$

으로 정의된다. 이 연산에 관하여 위 공리 I, II가 성립함을 쉽게 알 수 있다(정리 4.1.2).

예제 6.1.3

실수를 성분으로 하는 $m \times n$ 행렬의 전체 집합 $M_{m \times n}(\mathbb{R})$은 1장에서 다룬 통상의 행렬의 덧셈 연산과 스칼라배 연산에 관하여 공리 I, II가 성립한다(정리 1.3.6). 따라서 $M_{m \times n}(\mathbb{R})$은 실벡터공간을 이룬다(연습문제 6.1절의 6번).

예제 6.1.4

위의 예제 6.1.2에서 $\mathbb{R}^2$는 통상의 덧셈 연산과 스칼라배 연산에 관하여 실벡터공간을 이루는 것을 보았다. $\mathbb{R}^2$의 새로운 연산을 아래와 같이 정의해보자. 각각의 $\mathbf{u} = (u_1, u_2)$, $\mathbf{v} = (v_1, v_2) \in \mathbb{R}^2$,

$k \in \mathbb{R}$ 에 대하여,

$$\mathbf{u}+\mathbf{v}=(u_1+v_1,\ u_2+v_2), \quad k\mathbf{u}=(ku_1,\ 0)$$

로 정의하자. 덧셈 연산은 위 예제 6.1.2의 통상의 연산이므로 공리 I을 만족한다. 그리고 공리 II의 (6), (8), (9), (10)을 만족함을 쉽게 알 수 있다. 그러나 $\mathbf{u}=(2,\ 1)$이면 $1\mathbf{u}=(2,\ 0) \neq \mathbf{u}$이므로, (7)을 만족하지 못한다. 따라서 이 새로운 연산에 관하여 $\mathbb{R}^2$는 벡터공간을 이루지 못한다.

예제 6.1.5

F를 실함수 전체의 집합,

$$F=\{f \mid f:\ \mathbb{R} \to \mathbb{R}\ \text{함수}\}$$

라 하자. 각각의 $f,\ g \in F,\ k \in \mathbb{R}$ 에 대해,

$$(f+g)(x)=f(x)+g(x), \quad (kf)(x)=kf(x)$$

라 정의하자. 그러면 $f+g,\ kf \in F$이고, F의 원소들에 대한 덧셈 연산과 스칼라배 연산이 만들어졌다. 이 연산은 공리 I, II를 만족하므로 F는 실벡터공간이다(연습문제 6.1절의 3번).

예제 6.1.6

P를 실수를 계수로 하는 모든 차수의 다항식 전체의 집합,

$$P=\left\{a_0+a_1x+\cdots a_nx^n \mid n \geq 0,\ a_i \in \mathbb{R}\right\}$$

라 하자. P는 통상의 다항식의 덧셈 연산과 스칼라배 연산의 관하여 공리 I, II를 만족하므로 P는 실벡터공간이다(연습문제 6.1절의 5번).

■ 벡터공간의 성질

정리 6.1.7

V가 K상의 벡터공간이면 다음이 성립한다.

(1) V의 모든 벡터 $\mathbf{v}$ 에 대해 $0\mathbf{v}=\mathbf{0}$,

(2) K의 모든 스칼라 k에 대해 $k\mathbf{0}=\mathbf{0}$,

(3) V의 모든 벡터 $\mathbf{v}$에 대해 $(-1)\mathbf{v}=-\mathbf{v}$,

(4) V의 각각의 벡터 $\mathbf{u}$, $\mathbf{v}$에 대해, $\mathbf{x}+\mathbf{u}=\mathbf{v}$를 만족하는 $\mathbf{x}$가 V에 유일하게 존재한다. 실제로 $\mathbf{x}=\mathbf{v}+(-\mathbf{u})$이다.

(5) $k\in K$, $\mathbf{v}\in V$에 대해, $k\mathbf{v}=\mathbf{0}$이면 $k=0$이거나 $\mathbf{v}=\mathbf{0}$이다.

증명 (1) 공리 (10)에 의해 $0\mathbf{v}+0\mathbf{v}=(0+0)\mathbf{v}$이고, 양변에 $-0\mathbf{v}$를 더하면 $(0\mathbf{v}+0\mathbf{v})+(-0\mathbf{v})=0\mathbf{v}+(-0\mathbf{v})$이다. 공리 (3)과 (5)에 의해 $0\mathbf{v}+\{0\mathbf{v}+(-0\mathbf{v})\}=0$. 따라서 공리 (5)에 의해 $0\mathbf{v}+\mathbf{0}=\mathbf{0}$이며, 이는 공리 (4)에 의해 $0\mathbf{v}=\mathbf{0}$를 얻는다.

(2) 공리 (4)와 (9)를 이용하면 $k\mathbf{0}=k(\mathbf{0}+\mathbf{0})=k\mathbf{0}+k\mathbf{0}$이므로, 위에서처럼 $k\mathbf{0}=\mathbf{0}$를 보일 수 있다(연습문제 6.1절의 7번).

(3) $(-1)\mathbf{v}+\mathbf{v}=(-1)\mathbf{v}+1\mathbf{v}=(-1+1)\mathbf{v}=0\mathbf{v}=\mathbf{0}$. 이 식의 양변에 $-\mathbf{v}$를 더하여 $\{(-1)\mathbf{v}+\mathbf{v}\}+(-\mathbf{v})=\mathbf{0}+(-\mathbf{v})=-\mathbf{v}$이며, 좌변은 $(-1)\mathbf{v}+\{\mathbf{v}+(-\mathbf{v})\}=(-1)\mathbf{v}+\mathbf{0}=(-1)\mathbf{v}$이다. 따라서, $-\mathbf{v}=(-1)\mathbf{v}$이다.

(4) $\mathbf{x}+\mathbf{u}=\mathbf{v}$의 양변에 $-\mathbf{u}$를 더하면, $\{\mathbf{x}+\mathbf{u}\}+(-\mathbf{u})=\mathbf{v}+(-\mathbf{u})$이며, 이 식의 좌변은 $\mathbf{x}+\{\mathbf{u}+(-\mathbf{u})\}=\mathbf{x}+\mathbf{0}=\mathbf{x}$이므로 (4)가 성립한다.

(5) $k\mathbf{v}=\mathbf{0}$이고 $k\neq 0$이라 하자. $\mathbf{v}=1\mathbf{v}=(k^{-1}k)\mathbf{v}=k^{-1}(k\mathbf{v})=k^{-1}\mathbf{0}=\mathbf{0}$이다. 따라서 $k\mathbf{v}=\mathbf{0}$이면 $k=0$이거나 $\mathbf{v}=\mathbf{0}$이다.

위 정리 6.1.7(3)의 관점에서, 편의상 다음으로 정의한다.

$$\mathbf{u}+(-\mathbf{v})=\mathbf{u}-\mathbf{v}$$

따름정리 6.1.8

벡터공간 V의 영벡터 $\mathbf{0}$는 유일하다. 또 각 $\mathbf{u}\in V$에 대해 $-\mathbf{u}$도 유일하다.

증명 위 정리 6.1.7, (4)에서 $\mathbf{u}=\mathbf{v}$이면 $\mathbf{0}$가 유일함을 알 수 있고, $\mathbf{v}=\mathbf{0}$이라 하면 $-\mathbf{u}$가 유일함을 알 수 있다.

연습문제 6.1

01. 다음 명제들의 참, 거짓을 판정하여라.

(1) 복소벡터공간 V는 실벡터공간이다.

(2) 실벡터공간 V는 복소벡터공간이다.

(3) 모든 벡터공간은 적어도 한 원소를 포함한다.

(4) 벡터공간의 두 원소를 곱할 수 있다.

(5) 벡터공간의 영벡터는 유일하게 존재한다.

02. 예제 6.1.2의 $\mathbb{R}^n$은 실벡터공간임을 보여라.

03. 예제 6.1.5의 F는 실벡터공간임을 보여라.

04. V가 K상의 벡터공간이고, $\mathbf{a}, \mathbf{b} \in V$, $k \in K$일 때 다음을 보여라.

(1) $\mathbf{0} - \mathbf{a} = -\mathbf{a}$

(2) $(-k)\mathbf{a} = k(-\mathbf{a}) = -(k\mathbf{a})$

(3) $-(-\mathbf{a}) = \mathbf{a}$

(4) $k(\mathbf{a} - \mathbf{b}) = k\mathbf{a} - k\mathbf{b}$

05. 예제 6.1.6의 P는 실벡터공간임을 보여라.

06. 예제 6.1.3의 $M_{m \times n}(\mathbb{R})$은 실벡터공간임을 보여라.

07. V가 벡터공간이고 $\mathbf{v} \in V$라 하자. 만약 $\mathbf{v} + \mathbf{v} = \mathbf{v}$ 이면 $\mathbf{v} = \mathbf{0}$임을 보여라.

08. $\mathbb{R}^n$은 복소벡터공간이 아님을 보여라.

09. $\mathbb{C}^n$가 복소수 전체의 집합이라 할 때 다음을 보여라.

(1) $\mathbb{C}^n$은 실벡터공간이다.

(2) $\mathbb{C}^n$은 복소벡터공간이다.

6.2 부분공간

정의 6.2.1

K상의 벡터공간 V의 공집합이 아닌 부분집합 W가 V의 덧셈 연산 및 스칼라배 연산에 관하여 벡터공간을 이루면 W를 V의 **부분공간**(subspace)이라 한다.

벡터공간 V에서 V 자신과 $\{0\}$은 V의 부분공간이다. 이를 V의 **자명한 부분공간**(trivial subspace)라 하며, 특히 $\{0\}$를 **영공간**(zero space)이라 한다.

U가 W의 부분공간이고 W가 V의 부분공간이면 U는 V의 부분공간임을 알 수 있다(연습문제 6.2절의 2번).

앞의 예제 4.1.4에서 $V=\{(x,\ y)\in\mathbb{R}^2 \mid x,\ y\geq 0\}$는 $\mathbb{R}^2$의 부분공간이 아님을 알 수 있다.

참고: 예제 4.1.5, 예제 4.1.6.

정리 4.1.7에서 보았듯이 부분공간에 대해 다음을 알 수 있다.

정리 6.2.2

V가 K상의 벡터공간이고, W는 공집합이 아닌 V의 부분집합이면, 다음은 동치이다.

(1) W는 V의 부분공간이다.

(2) K의 모든 $k_1,\ k_2$와 W의 모든 벡터 $\mathbf{w}_1, \mathbf{w}_2$에 대해, $k_1\mathbf{w}_1+k_2\mathbf{w}_2\in W$이다.

(3) W의 모든 벡터 $\mathbf{w}_1,\ \mathbf{w}_2\in W$에 대해, $\mathbf{w}_1+\mathbf{w}_2\in W$이고, K의 모든 k와 W의 모든 벡터 $\mathbf{w}$에 대해 $k\mathbf{w}\in W$이다.

증명 (1)$\Rightarrow$(2)$\Rightarrow$(3)임을 쉽게 알 수 있으므로, (3)$\Rightarrow$(1)임을 보인다. 이를 위해 (3)이 성립한다고 가정하자. 따라서 공리 I, II의 (1)과 (6)이 W에 대해 성립한다. $W\subset V$이므로, 공리 I, II의 (2), (3), (7), (8), (9), (10)은 W의 원소에 대해 성립한다. W의 각 벡터 $\mathbf{w}$에 대해, 가정에 의해 $-\mathbf{w}=(-1)\mathbf{w}\in W$이므로 (5)가 성립한다. 또 $W\neq\varnothing$이므로, W의 벡터 $\mathbf{u}$를 잡으면, 가정에 의해 $0\mathbf{u}\in W$이며, 정리 6.1.7의 (1)에 의해 $0\mathbf{u}=\mathbf{0}$이다. 따라서 $\mathbf{0}\in W$이다. 물론 $W\subset V$이므로, W의 모든 벡터 $\mathbf{w}$에 대해 $\mathbf{0}+\mathbf{w}=\mathbf{w}$이다. 따라서 (4)가 성립한다.

따라서 공리 I, II가 W에 대해 성립하고 W는 V의 부분공간이다.

참고: 예제 4.1.8, 예제 4.1.10 − 예제 4.1.13.

동차선형연립방정식

$$\begin{cases} a_{11}x_1 + a_{12}x_2 + \cdots + a_{1n}x_n = 0 \\ a_{21}x_1 + a_{22}x_2 + \cdots + a_{2n}x_n = 0 \\ \qquad\qquad\vdots \\ a_{m1}x_1 + a_{m2}x_2 + \cdots + a_{mn}x_n = 0 \end{cases} \tag{6.2.1}$$

은 아래의 첨가행렬 A와 $m\times 1$ 행렬 $\mathbf{x}$, $\mathbf{0}$을 이용하여 $A\mathbf{x} = \mathbf{0}$로 표시된다.

$$A = \begin{pmatrix} a_{11} & a_{12} & \cdots & a_{1n} \\ a_{21} & a_{22} & \cdots & a_{2n} \\ \vdots & \vdots & & \vdots \\ a_{m1} & a_{m2} & \cdots & a_{mn} \end{pmatrix} \quad \mathbf{x} = \begin{pmatrix} x_1 \\ x_2 \\ \vdots \\ x_n \end{pmatrix} \quad \mathbf{0} = \begin{pmatrix} 0 \\ 0 \\ \vdots \\ 0 \end{pmatrix}$$

따라서 위 연립방정식 (6.2.1)의 해집합은

$$W = \{\mathbf{x} \in M_{n\times 1}(\mathbb{R}) \mid A\mathbf{x} = \mathbf{0}\}$$

이다.

예제 6.2.3

동차선형연립방정식 (6.2.1)의 해집합 $W = \{\mathbf{x} \in M_{n\times 1}(\mathbb{R}) \mid A\mathbf{x} = 0\}$는 $M_{n\times 1}(\mathbb{R})$의 부분공간이다.

풀이 $\mathbf{x}_1, \mathbf{x}_2 \in W$, $k_1, k_2 \in \mathbb{R}$ 이라 하자. 그러면 $A\mathbf{x}_1 = \mathbf{0}$ 이고 $A\mathbf{x}_2 = \mathbf{0}$이다. 따라서

$$A(k_1\mathbf{x}_1 + k_2\mathbf{x}_2) = k_1(A\mathbf{x}_1) + k_2(A\mathbf{x}_2) = k_1\mathbf{0} + k_2\mathbf{0} = \mathbf{0}$$

이므로, $k_1\mathbf{x} + k_2\mathbf{x}_2$는 동차선형연립방정식 (6.2.1)의 해이고, $k_1\mathbf{x}_1 + k_2\mathbf{x}_2 \in W$이다. 정리 6.2.2의 (2)에서 W는 $M_{n\times 1}(\mathbb{R})$의 부분공간이다.

정의 6.2.4

연립방정식 (6.2.1)의 해집합 $W=\{\mathbf{x}\in M_{n\times 1}(\mathbb{R})\mid A\mathbf{x}=\mathbf{0}\}$를 연립방정식 (6.2.1)의 **해공간**(solution space)라 한다.

예제 6.2.5

1장의 예제 1.2.7에서 언급하였듯이 동차선형연립방정식

$$\begin{cases} x_1 + 3x_2 - 2x_3 + 2x_5 = 0 \\ 2x_1 + 6x_2 - 5x_3 - 2x_4 + 4x_5 - 3x_6 = 0 \\ 5x_3 + 10x_4 + 15x_6 = 0 \\ 2x_1 + 6x_2 + 8x_4 + 4x_5 + 18x_6 = 0 \end{cases}$$

의 해는, 실수 $r,\ s,\ t$에 대해

$$\begin{pmatrix} x_1 \\ x_2 \\ x_3 \\ x_4 \\ x_5 \\ x_6 \end{pmatrix} = r\begin{pmatrix} -3 \\ 1 \\ 0 \\ 0 \\ 0 \\ 0 \end{pmatrix} + s\begin{pmatrix} -4 \\ 0 \\ -2 \\ 1 \\ 0 \\ 0 \end{pmatrix} + t\begin{pmatrix} -2 \\ 0 \\ 0 \\ 0 \\ 1 \\ 0 \end{pmatrix}$$

이므로 위 동차선형연립방정식의 해공간은 $\{r\mathbf{v}_1+s\mathbf{v}_2+t\mathbf{v}_3\mid r,\ s,\ t\in\mathbb{R}\}$이고, 여기서

$$\mathbf{v}_1=\begin{pmatrix} -3 \\ 1 \\ 0 \\ 0 \\ 0 \\ 0 \end{pmatrix},\ \mathbf{v}_2=\begin{pmatrix} -4 \\ 0 \\ -2 \\ 1 \\ 0 \\ 0 \end{pmatrix},\ \mathbf{v}_3=\begin{pmatrix} -2 \\ 0 \\ 0 \\ 0 \\ 1 \\ 0 \end{pmatrix}$$

이다.

예제 6.2.6

실수를 계수로 하는 차수가 n보다 같거나 작은 모든 다항식의 집합

$$P_n=\{c_0+c_1x+\cdots+c_nx^n\mid c_i\in\mathbb{R}\}$$

은 예제 6.1.6의 벡터공간 P의 부분공간이다. 이는 정리 6.2.2의 (2), 혹은 (3)을 이용하여 쉽게 증명된다(연습문제 6.2절의 5번).

정의 6.2.7

V가 K상의 벡터공간이라 하자. V의 벡터 $\mathbf{v}_1, \mathbf{v}_2, \ldots, \mathbf{v}_n$에 대해

$$k_1\mathbf{v}_1 + k_2\mathbf{v}_2 + \cdots + k_n\mathbf{v}_n, \ (k_1, k_2, \cdots, k_n \in K)$$

를 $\mathbf{v}_1, \mathbf{v}_2, \cdots, \mathbf{v}_n$의 **1차결합**(linear combination)이라 부른다. 그리고 $\mathbf{v}_1, \mathbf{v}_2, \cdots, \mathbf{v}_n$의 1차결합들의 전체집합은

$$\operatorname{span}\{\mathbf{v}_1, \mathbf{v}_2, \cdots, \mathbf{v}_n\} = \{k_1\mathbf{v}_1 + k_2\mathbf{v}_2 + \cdots + k_n\mathbf{v}_n \mid k_i \in K\}$$

으로 나타내고, $\operatorname{span}\{\mathbf{v}_1, \mathbf{v}_2, \cdots, \mathbf{v}_n\}$을 $\mathbf{v}_1, \mathbf{v}_2, \cdots, \mathbf{v}_n$에 의해 **생성되는 부분공간**(subspace spanned by $\mathbf{v}_1, \mathbf{v}_2, \cdots, \mathbf{v}_n$)이라 한다. 또 $W = \operatorname{span}\{\mathbf{v}_1, \mathbf{v}_2, \cdots, \mathbf{v}_n\}$이면 $\mathbf{v}_1, \mathbf{v}_2, \cdots, \mathbf{v}_n$은 W를 생성한다고 말한다. 사실 $\operatorname{span}\{\mathbf{v}_1, \mathbf{v}_2, \cdots, \mathbf{v}_n\}$은 $\mathbf{v}_1, \mathbf{v}_2, \cdots, \mathbf{v}_n$을 포함하는 V의 가장 작은 부분공간이다(정리 6.2.9).

참고: 예제 4.1.15 – 예제 4.1.21.

예제 6.2.8

예제 6.2.5의 동차선형연립방정식의 해공간은 $W = \{r\mathbf{v}_1 + s\mathbf{v}_2 + t\mathbf{v}_3 \mid r, s, t \in \mathbb{R}\} = \operatorname{span}\{\mathbf{v}_1, \mathbf{v}_2, \mathbf{v}_3\}$이다.

정리 6.2.9

벡터 공간 V의 벡터 $\mathbf{v}_1, \mathbf{v}_2, \cdots, \mathbf{v}_n$에 대해, $W = \operatorname{span}\{\mathbf{v}_1, \mathbf{v}_2, \cdots, \mathbf{v}_n\}$은 V의 부분공간이며, $\{\mathbf{v}_1, \mathbf{v}_2, \cdots, \mathbf{v}_n\}$을 포함하는 V의 가장 작은 부분공간이다.

증명 W가 V의 부분공간임을 보이기 위해 정리 6.2.2의 (2)를 보이자. $\mathbf{w}_1, \mathbf{w}_2 \in W$이면, K의 적당한 c_i, d_i에 대해

$$\mathbf{w}_1 = c_1\mathbf{v}_1 + c_2\mathbf{v}_2 + \cdots + c_n\mathbf{v}_n, \quad \mathbf{w}_2 = d_1\mathbf{v}_1 + d_2\mathbf{v}_2 + \cdots + d_n\mathbf{v}_n$$

이다. K의 각각의 k_1, k_2에 대해

$$\begin{aligned} k_1\mathbf{w}_1 + k_2\mathbf{w}_2 &= k_1(c_1\mathbf{v}_1 + c_2\mathbf{v}_2 + \cdots + c_n\mathbf{v}_n) + k_2(d_1\mathbf{v}_1 + d_2\mathbf{v}_2 + \cdots + d_n\mathbf{v}_n) \\ &= (k_1c_1 + k_2d_1)\mathbf{v}_1 + (k_1c_2 + k_2d_2)\mathbf{v}_2 + \cdots + (k_1c_n + k_2d_n)\mathbf{v}_n \end{aligned}$$

이므로, $k_1\mathbf{w}_1 + k_2\mathbf{w}_2 \in W$이다. 따라서 정리 6.2.2의 (2)에 의해, $W = \operatorname{span}\{\mathbf{v}_1, \mathbf{v}_2,$

$\cdots, \mathbf{v}_n\}$은 V의 부분공간이다. 또

$$\mathbf{v}_i = 0\mathbf{v}_i + \cdots + 0\mathbf{v}_{i-1} + 1\mathbf{v}_i + 0\mathbf{v}_{i+1} + \cdots + 0\mathbf{v}_n \in W$$

이므로 $\{\mathbf{v}_1, \mathbf{v}_2, \cdots, \mathbf{v}_n\} \subset W$이다.

이제 $W = \text{span}\{\mathbf{v}_1, \mathbf{v}_2, \cdots, \mathbf{v}_n\}$은 $\{\mathbf{v}_1, \mathbf{v}_2, \cdots, \mathbf{v}_n\}$을 포함하는 V의 가장 작은 부분공간임을 보이자. 만약 U가 $\{\mathbf{v}_1, \mathbf{v}_2, \cdots, \mathbf{v}_n\}$을 포함하는 V의 부분공간이면 정리 6.2.2의 (2)에 의해, K의 모든 k_i에 대해, $k_1\mathbf{v}_1 + k_2\mathbf{v}_2 + \cdots + k_n\mathbf{v}_n \in U$이다. 따라서 $W \subset U$ 이고, $W = \text{span}\{\mathbf{v}_1, \mathbf{v}_2, \cdots, \mathbf{v}_n\}$은 $\{\mathbf{v}_1, \mathbf{v}_2, \cdots, \mathbf{v}_n\}$을 포함하는 가장 작은 V의 부분공간이다.

참고: 예제 4.1.16.

정리 6.2.10

V가 K상의 벡터공간이고, $\mathbf{v}_1, \mathbf{v}_2, \cdots, \mathbf{v}_n \in V$이면, 다음은 동치이다.

(1) $\mathbf{v} \in \text{span}\{\mathbf{v}_1, \mathbf{v}_2, \cdots, \mathbf{v}_n\}$

(2) $\text{span}\{\mathbf{v}, \mathbf{v}_1, \mathbf{v}_2, \cdots, \mathbf{v}_n\} = \text{span}\{\mathbf{v}_1, \mathbf{v}_2, \cdots, \mathbf{v}_n\}$

증명 (1) ⇒ (2) : (1)이 성립한다고 가정하자. 즉, $\mathbf{v} \in \text{span}\{\mathbf{v}_1, \mathbf{v}_2, \cdots, \mathbf{v}_n\}$이다. 따라서 K의 적당한 c_i에 대해, $\mathbf{v} = c_1\mathbf{v}_1 + c_2\mathbf{v}_2 + \cdots + c_n\mathbf{v}_n$이다. 만약 $\mathbf{u} \in \text{span}\{\mathbf{v}, \mathbf{v}_1, \mathbf{v}_2, \cdots, \mathbf{v}_n\}$이면, K의 적당한 k, d_i에 대해,

$$\begin{aligned}\mathbf{u} &= k\mathbf{v} + d_1\mathbf{v}_2 + \cdots + d_n\mathbf{v}_n \\ &= k(c_1\mathbf{v}_1 + c_2\mathbf{v}_2 + \cdots + c_n\mathbf{v}_n) + d_1\mathbf{v}_1 + d_2\mathbf{v}_2 + \cdots + d_n\mathbf{v}_n \\ &= (kc_1 + d_1)\mathbf{v}_1 + (kc_2 + d_2)\mathbf{v}_2 + \cdots + (kc_n + d_n)\mathbf{v}_n \in \text{span}\{\mathbf{v}_1, \mathbf{v}_2, \cdots, \mathbf{v}_n\}\end{aligned}$$

따라서 $\text{span}\{\mathbf{v}, \mathbf{v}_1, \mathbf{v}_2, \cdots, \mathbf{v}_n\} \subset \text{span}\{\mathbf{v}_1, \mathbf{v}_2, \cdots, \mathbf{v}_n\}$이다. 또 $\text{span}\{\mathbf{v}_1, \mathbf{v}_2, \cdots, \mathbf{v}_n\} \subset \text{span}\{\mathbf{v}, \mathbf{v}_1, \mathbf{v}_2, \cdots, \mathbf{v}_n\}$임은 분명하므로, $\text{span}\{\mathbf{v}, \mathbf{v}_1, \mathbf{v}_2, \cdots, \mathbf{v}_n\} = \text{span}\{\mathbf{v}_1, \mathbf{v}_2, \cdots, \mathbf{v}_n\}$이고 (2)가 성립한다.

(2) ⇒ (1) : $\text{span}\{\mathbf{v}, \mathbf{v}_1, \mathbf{v}_2, \cdots, \mathbf{v}_n\} = \text{span}\{\mathbf{v}_1, \mathbf{v}_2, \cdots, \mathbf{v}_n\}$이라 가정하자. 그러면 $\mathbf{v} \in \text{span}\{\mathbf{v}, \mathbf{v}_1, \mathbf{v}_2, \cdots, \mathbf{v}_n\} = \text{span}\{\mathbf{v}_1, \mathbf{v}_2, \cdots, \mathbf{v}_n\}$이므로, $\mathbf{v} \in \text{span}\{\mathbf{v}_1, \mathbf{v}_2, \cdots, \mathbf{v}_n\}$이다. 따라서 (1)이 성립한다.

정의 6.2.11

K상의 벡터공간 V의 부분집합 S_1, $S_2 \subset V$에 대해,

$$S_1 + S_2 = \{\mathbf{v}_1 + \mathbf{v}_2 \mid \mathbf{v}_1 \in S_1, \mathbf{v}_2 \in S_2\}$$

라 정의한다.

예제 6.2.12

$r,\ s \geq 1$이면, $\mathrm{span}\{\mathbf{v}_1, \cdots, \mathbf{v}_r, \mathbf{w}_1, \cdots, \mathbf{w}_s\} = \mathrm{span}\{\mathbf{v}_1, \cdots, \mathbf{v}_r\} + \mathrm{span}\{\mathbf{w}_1, \cdots, \mathbf{w}_s\}$임은 분명하다.

정리 6.2.13

K상의 벡터공간 V의 부분공간 W_1, W_2에 대해서,

(1) $W_1 \cap W_2$는 V의 부분공간이다.

(2) $W_1 + W_2$는 V의 부분공간이다.

증명 정리 6.2.2의 (2)나 (3)을 이용하여 쉽게 보일 수 있으므로 연습문제로 돌린다(연습문제 6.2절의 12번).

주의

벡터공간 V의 부분공간 W_1, W_2의 합집합 $W_1 \cup W_2$는 일반적으로 부분공간이 되지 않는다.

참고: 예제 4.1.25.

정의 6.2.14

벡터공간 V의 부분공간 W_1, W_2에 대해, $W_1 + W_2$의 각 벡터 $\mathbf{x}$는 적당한 $\mathbf{x}_1 \in W_1$, $\mathbf{x}_2 \in W_2$에 대해, $\mathbf{x} = \mathbf{x}_1 + \mathbf{x}_2$로 표현된다. 이때 $W_1 + W_2$의 각 벡터 $\mathbf{x}$에 대해, $\mathbf{x} = \mathbf{x}_1 + \mathbf{x}_2$인 W_1의 벡터 $\mathbf{x}_1$과 W_2의 벡터 $\mathbf{x}_2$가 유일하면, $W_1 + W_2$를 W_1, W_2의 **직합**(direct sum)이라 부르고 $W_1 \oplus W_2$로 나타낸다.

정리 6.2.15

벡터공간 V의 부분공간 W_1, W_2에 대해, $V = W_1 + W_2$이면 다음 사실은 서로 동치이다.

(1) $V = W_1 \oplus W_2$

(2) $W_1 \cap W_2 = \{0\}$

증명 정리 4.1.27의 증명과 같다.

참고: 예제 4.1.28, 예제 4.1.29.

앞의 직합에 대한 이론을 일반화하자. 벡터공간 V의 부분공간 $W_1, \cdots, W_n$에 대해,

$$W_1 + \cdots + W_n = \{\mathbf{v}_1 + \cdots + \mathbf{v}_n \mid \mathbf{v}_i \in W_i\}$$

라 정의한다. 그러면 $W_1 + \cdots + W_n$의 각각의 벡터 $\mathbf{x}$는 W_i의 적당한 벡터 $\mathbf{x}_i$에 대해, $\mathbf{x} = \mathbf{x}_1 + \cdots + \mathbf{x}_n$으로 표현된다. 이때 $W_1 + \cdots + W_n$의 각각의 벡터 $\mathbf{x}$가 적당한 W_i의 벡터 $\mathbf{x}_i$에 대해 $\mathbf{x} = \mathbf{x}_1 + \cdots + \mathbf{x}_n$로 유일하게 표현되면, $W_1 + \cdots + W_n$을 $W_1, \cdots, W_n$의 **직합**(direct sum)이라 부르고 $W_1 \oplus \cdots \oplus W_n$으로 나타낸다.

정리 6.2.16

$W_1, \cdots, W_n$이 벡터공간 V의 부분공간이면, $W = W_1 + \cdots + W_n$은 $W_1, \cdots, W_n$을 포함하는 V의 가장 작은 부분공간이다.

증명 먼저 정리 6.2.2의 (2)를 이용하여 $W = W_1 + \cdots + W_n$이 V의 부분공간임을 보이자. 만약 $\mathbf{u}, \mathbf{v} \in W$이면, W_i의 적당한 벡터 $\mathbf{u}_i$, $\mathbf{v}_i$에 대해, $\mathbf{u} = \mathbf{u}_1 + \cdots + \mathbf{u}_n$, $\mathbf{v} = \mathbf{v}_1 + \cdots + \mathbf{v}_n$이다. K의 k_1, k_2에 대해

$$\begin{aligned} k_1\mathbf{u} + k_2\mathbf{v} &= k_1(\mathbf{u}_1 + \cdots + \mathbf{u}_n) + k_2(\mathbf{v}_1 + \cdots + \mathbf{v}_n) \\ &= (k_1\mathbf{u}_1 + k_2\mathbf{v}_1) + \cdots + (k_1\mathbf{u}_n + k_2\mathbf{v}_n) \end{aligned}$$

이다. W_i는 V의 부분공간이고 $\mathbf{u}_i, \mathbf{v}_i \in W_i$이므로 $k_1\mathbf{u}_i + k_2\mathbf{v}_i \in W_i$이다(정리 6.2.2(2)). 따라서 $k_1\mathbf{u} + k_2\mathbf{v} \in W_1 + \cdots + W_n$이다. 따라서 정리 6.2.2의 (2)를 만족하고 W는 V의 부분공간이다.

이제 W가 $W_1, \cdots, W_n$을 품는 V의 가장 작은 부분공간임을 보이자. 만약 U가 $W_1, \cdots,$

W_n을 품는 V의 부분공간이라 하자. 모든 $\mathbf{w}_i \in W_i$에 대해, $\mathbf{w}_i \in U$이고 U가 V의 부분공간이므로 $\mathbf{w}_1 + \cdots + \mathbf{w}_n \in U$이다. 따라서 $W = W_1 + \cdots + W_n \subseteq U$이다. 즉 $W_1, \cdots, W_n$을 품는 V의 모든 부분공간은 W를 품기 때문에 W는 $W_1, \cdots, W_n$을 품는 V의 가장 작은 부분공간이다.

앞의 정리 6.2.15는 다음과 같이 일반화된다. 증명은 연습문제로 돌린다(연습문제 6.2절의 8번).

정리 6.2.17

벡터공간 V의 부분공간 $W_1, \cdots, W_n\ (n \geq 2)$에 대해, $V = W_1 + \cdots + W_n$이면 다음은 동치이다.

(1) $V = W_1 \oplus \cdots \oplus W_n$

(2) $(W_1 + \cdots + W_{i-1} + W_{i+1} + \cdots + W_n) \cap W_i = \{\mathbf{0}\},\ i = 1, 2, \cdots, n.$

연습문제 6.2

01. 다음 명제들의 참, 거짓을 판정하여라.

(1) 벡터공간의 모든 부분공간은 영벡터를 포함한다.

(2) $\mathbb{R}^3$ 공간의 모든 직선은 $\mathbb{R}^3$의 부분공간을 만든다.

(3) 벡터공간 V에서 $\mathbf{v}$를 포함하는 가장 작은 부분공간은 $\mathrm{span}\{\mathbf{v}\}$이다.

(4) 벡터공간 V에서 $\mathbf{v}_1, \mathbf{v}_2$를 포함하는 가장 작은 부분공간은 $\{\mathbf{v}_1, \mathbf{v}_2\}$이다.

(5) W, U는 V의 부분공간이며, W_1, U_1은 각각 W, U의 부분공간이면, $W_1 + U_1$은 V의 부분공간이다.

(6) $\mathbf{v}_1 \neq \mathbf{v}_2$이지만 $\mathrm{span}\{\mathbf{v}_1, \mathbf{v}_2\}$는 한 원소에 의해 생성될 수 있다.

(7) $\mathrm{span}\{\mathbf{v}_1\} + \mathrm{span}\{\mathbf{v}_2\} = \mathrm{span}\{\mathbf{v}_1, \mathbf{v}_2\}$이다.

(8) $\mathbb{R}^2$의 부분공간은 무수히 많다.

02. U가 W의 부분공간이고 W가 V의 부분공간이면 U는 V의 부분공간임을 보여라.

03. V가 K상의 벡터공간이고 $\mathbf{v} \in V$ 이면, $W = \{k\mathbf{v} \mid k \in K\}$는 V의 부분공간임을 보여라.

04. 행렬 $A \in M_{m\times n}(\mathbb{R})$에 대해, 선형연립방정식 $A\mathbf{x} = C$의 해집합이 $M_{n\times 1}(\mathbb{R})$의 부분 공간이 되느냐?

05. 앞 예제 6.2.6을 보여라.

06. (1) $n\times n$ 대칭행렬 전체의 집합 $W = \left\{A \in M_{n\times n}(\mathbb{R}) \mid A^T = A\right\}$는 $M_{n\times n}(\mathbb{R})$의 부분공간임을 보여라.

(2) 정수를 성분으로 하는 $n\times n$ 행렬 전체의 집합 $S = \left\{A \in M_{n\times n}(\mathbb{R}) \mid a_{ij} \in \mathbb{Z}\right\}$는 $M_{n\times n}(\mathbb{R})$의 부분공간을 이루지 않음을 보여라.

07. 예제 6.2.6의 P_n 및 예제 6.1.6의 P는 모두 예제 6.1.5의 F의 부분공간임을 보여라.

08. 앞 정리 6.2.17을 증명하여라.

09. $W_1 = \left\{(a, b, c) \in \mathbb{R}^3 \mid a+b+c = 0\right\}$, $W_2 = \left\{(a, b, c) \in \mathbb{R}^3 \mid a = b = c\right\}$일 때 다음을 증명하여라.

(1) W_1, W_2는 $\mathbb{R}^3$의 부분공간이다.

(2) $\mathbb{R}^3 = W_1 \oplus W_2$.

10. $W = \left\{(x_1, x_2, x_3) \in \mathbb{R}^3 \mid x_1 + 2x_2 = c\right\}$이 $\mathbb{R}^3$의 부분공간이 되는 c값을 구하여라. 또 W는 $\mathbb{R}^3$ 공간의 어떤 형태인가?

11. 1장의 문제 1.2.7의 다음 동차선형연립방정식의 해공간을 구하여라.

(1) $\begin{cases} x + 2y + 3z = 0, \\ \quad\; 2y + 2z = 0, \\ x + 2y + 3z = 0. \end{cases}$ (2) $\begin{cases} 2x + y - z = 0, \\ x - 2y - 3z = 0, \\ 3x + y - 2z = 0. \end{cases}$

12. 앞 정리 6.2.13을 증명하여라.

6.3 1차독립과 1차종속

정의 6.3.1

K 상의 벡터공간 V의 벡터 $\mathbf{v}_1, \cdots, \mathbf{v}_n$이 **1차독립** (linearly independent)이란,

$$k_1\mathbf{v}_1 + \cdots + k_n\mathbf{v}_n = 0 \tag{6.3.1}$$

을 만족하는 스칼라 $k_1, \cdots, k_n$이 모두 0뿐일 때, 즉 $k_1 = k_2 = \cdots = k_n = 0$뿐일 때를 말한다. 반대로 적어도 하나는 0아닌 스칼라 $k_1, \cdots, k_n$에 대해, 위 식 (6.3.1)을 만족하면 $\mathbf{v}_1, \cdots, \mathbf{v}_n$은 **1차종속**(linearly dependent)이라 한다.

참고 : 예제 4.2.2 － 예제 4.2.4.

정리 6.3.2

벡터공간 V의 벡터 $\mathbf{v}_1, \cdots, \mathbf{v}_n$ 중에서 적어도 하나가 0이거나, 같은 벡터가 2개 있으면 $\mathbf{v}_1, \cdots, \mathbf{v}_n$은 1차종속이다.

증명 정리 4.2.5의 증명 참고.

정리 6.3.3

$\mathbf{v} \neq 0$이면, 단 하나의 벡터 $\mathbf{v}$는 1차독립이다.

증명 $\mathbf{v} \neq 0$이라면, 정리 6.1.7의 (5)에 의해 $k_1\mathbf{v} = 0$이면 $k_1 = 0$이다. 따라서 $\mathbf{v}$는 1차독립이다.

예제 6.3.4

V의 벡터 $\mathbf{v}_1, \cdots, \mathbf{v}_m$이 1차종속이면, 모든 $\mathbf{w} \in V$에 대해 $\mathbf{v}_1, \cdots, \mathbf{v}_m, \mathbf{w}$도 1차종속이다.

풀이 $\mathbf{v}_1, \cdots, \mathbf{v}_m$이 1차종속이므로 적어도 하나는 0아닌 실수 c_i에 대해 $c_1\mathbf{v}_1 + \cdots + c_m\mathbf{v}_m = 0$이다. 따라서 $c_1\mathbf{v}_1 + \cdots + c_m\mathbf{v}_m + 0\mathbf{w} = 0$이다. c_i는 적어도 하나는 0이 아니므로 $\mathbf{v}_1, \cdots, \mathbf{v}_m, \mathbf{w}$는 1차종속이다.

정리 6.3.5

(1) 두 개 이상의 벡터 $\mathbf{v}_1, \cdots, \mathbf{v}_n$이 1차종속일 필요충분조건은 $\mathbf{v}_1, \cdots, \mathbf{v}_n$ 중 하나가 다른 벡터들의 1차결합으로 표시된다.

(2) 두 개 이상의 벡터 $\mathbf{v}_1, \cdots, \mathbf{v}_n$이 1차독립일 필요충분조건은 $\mathbf{v}_1, \cdots, \mathbf{v}_n$ 중 어느 하나도 다른 벡터들의 1차결합으로 표시되지 않는다.

증명 정리 4.2.10 증명 참고.

참고: 예제 4.2.11.

정리 6.3.6

벡터공간 V의 벡터 $\mathbf{v}_1, \cdots, \mathbf{v}_n$이 1차독립이면, 다음은 서로 동치이다.

(1) $\mathbf{u}, \mathbf{v}_1, \cdots, \mathbf{v}_n$은 1차종속이다.

(2) $\mathbf{u}$는 $\mathbf{v}_1, \cdots, \mathbf{v}_n$의 1차결합으로 나타낼 수 있다.

(3) $\mathbf{u} \in \mathrm{span}\{\mathbf{v}_1, \cdots, \mathbf{v}_n\}$이다.

증명 (1) ⇒ (2) : $\mathbf{u}, \mathbf{v}_1, \cdots, \mathbf{v}_n$이 1차종속이라 가정하자. 따라서 적어도 하나는 0이 아닌 스칼라 $c, d_1, \cdots, d_n$이 있어서

$$c\mathbf{u} + d_1\mathbf{v}_1 + \cdots + d_n\mathbf{v}_n = \mathbf{0} \tag{6.3.2}$$

을 만족한다. 만약 $c = 0$이면, d_i 중 적어도 하나는 0이 아니며 $d_i\mathbf{v}_1 + \cdots + d_n\mathbf{v}_n = \mathbf{0}$를 만족하게 된다. 이는 $\mathbf{v}_1, \cdots, \mathbf{v}_n$이 1차독립이라는 가정에 모순된다. 따라서 $c \neq 0$이어야 한다. 이제 $c \neq 0$이므로, 식 (6.3.2)에 의해

$$\mathbf{u} = -\frac{d_1}{c}\mathbf{v}_1 - \frac{d_2}{c}\mathbf{v}_2 - \cdots - \frac{d_n}{c}\mathbf{v}_n$$

이고, 이는 $\mathbf{u}$가 $\mathbf{v}_1, \cdots, \mathbf{v}_n$의 1차결합으로 나타남을 말한다.

(2) ⇒ (3)은 분명하다.

(3) ⇒ (1) : $\mathbf{u} \in \mathrm{span}\{\mathbf{v}_1, \cdots, \mathbf{v}_n\}$이라 가정하자.

$\mathrm{span}\{\mathbf{v}_1, \cdots, \mathbf{v}_n\} = \{c_1\mathbf{v}_1 + \cdots + c_n\mathbf{v}_n \mid c_i \in K\}$이므로, 적당한 스칼라 c_i에 대해 $\mathbf{u} = c_1\mathbf{v}_1 + \cdots + c_n\mathbf{v}_n$이다. 따라서 $(-1)\mathbf{u} + c_1\mathbf{v}_1 + \cdots + c_n\mathbf{v}_n = \mathbf{0}$이고, $\mathbf{u}, \mathbf{v}_1, \cdots, \mathbf{v}_n$은 1차종속이다.

위의 정리 6.3.6으로부터 다음을 얻는다.

따름정리 6.3.7

벡터공간 V의 벡터 $\mathbf{v}_1, \cdots, \mathbf{v}_n$이 1차독립이면, 다음은 동치이다.

(1) $\mathbf{u}, \mathbf{v}_1, \cdots, \mathbf{v}_n$은 1차독립이다.

(2) $\mathbf{u}$는 $\mathbf{v}_1, \cdots, \mathbf{v}_n$의 1차결합으로 나타낼 수 없다.

(3) $\mathbf{u} \notin \text{span}\{\mathbf{v}_1, \cdots, \mathbf{v}_n\}$

정리 6.3.8

(1) $\mathbf{v}_1, \cdots, \mathbf{v}_n$이 1차종속이면, $\mathbf{v}_1, \cdots, \mathbf{v}_n$을 모두 포함하는 벡터들은 1차종속이다.

(2) 만약 $\mathbf{v}_1, \cdots, \mathbf{v}_n$이 1차독립이면, $\mathbf{v}_1, \cdots, \mathbf{v}_n$ 중에서 중복되지 않게 뽑은 $\mathbf{v}_{i_1}, \cdots, \mathbf{v}_{i_r}$은 1차독립이다.

증명 (1) $\mathbf{v}_1, \cdots, \mathbf{v}_n$이 1차종속이면, $\mathbf{v}_1, \cdots, \mathbf{v}_n, \mathbf{w}_1, \cdots, \mathbf{w}_m$도 1차종속임을 보이면 된다. $\mathbf{v}_1, \cdots, \mathbf{v}_n$이 1차종속이므로, 적어도 하나는 0아닌 스칼라 $c_1, \cdots, c_n$이 있어서 $c_1\mathbf{v}_1 + \cdots + c_n\mathbf{v}_n = 0$이다. 따라서 $c_1\mathbf{v}_1 + \cdots + c_n\mathbf{v}_n + 0\mathbf{w}_1 + \cdots + 0\mathbf{w}_m = 0$이고, c_i 중 적어도 하나는 0이 아니므로, $\mathbf{v}_1, \cdots, \mathbf{v}_n, \mathbf{w}_1, \cdots, \mathbf{w}_m$은 1차종속이다.

(2)는 (1)에 의해 얻어진다.

정리 6.3.9

K상의 벡터공간 V의 벡터 $\mathbf{v}_1, \cdots, \mathbf{v}_n$이 1차독립이면, $\text{span}\{\mathbf{v}_1, \cdots, \mathbf{v}_n\}$의 각각의 벡터는 K의 적당한 k_i에 대해, $k_1\mathbf{v}_1 + \cdots + k_n\mathbf{v}_n$로 유일하게 표시된다.

증명 $\mathbf{x} \in \text{span}\{\mathbf{v}_1, \cdots, \mathbf{v}_n\}$이면, K의 적당한 c_i에 대해 $\mathbf{x} = c_1\mathbf{v}_1 + \cdots + c_n\mathbf{v}_n$이다. 만약 K의 d_i에 대해 $\mathbf{x} = d_1\mathbf{v}_1 + \cdots + d_n\mathbf{v}_n$이면, $c_1\mathbf{v}_1 + \cdots + c_n\mathbf{v}_n = d_1\mathbf{v}_1 + \cdots + d_n\mathbf{v}_n$이다. 따라서 $(c_1 - d_1)\mathbf{v}_1 + \cdots + (c_n - d_n)\mathbf{v}_n = 0$이고, $\mathbf{v}_1, \cdots, \mathbf{v}_n$이 1차독립이므로 $c_1 - d_1 = 0, \cdots, c_n - d_n = 0$이다. 즉, $c_1 = d_1, \cdots, c_n = d_n$이고, $\mathbf{x} = c_1\mathbf{v}_1 + \cdots + c_n\mathbf{v}_n$은 유일하게 표시된다.

예제 6.3.10

$\mathbf{v}_1, \cdots, \mathbf{v}_n$이 1차독립이면, $1 \leq s \leq n$인 모든 s에 대해

$$\operatorname{span}\{\mathbf{v}_1, \cdots, \mathbf{v}_n\} = \operatorname{span}\{\mathbf{v}_1, \cdots, \mathbf{v}_s\} \oplus \operatorname{span}\{\mathbf{v}_{s+1}, \cdots, \mathbf{v}_n\}$$

임을 예제 6.2.12과 6.3.9에 의해 알 수 있다(참고 예제 4.2.14).

예제 6.3.11

예제 6.1.6에서 모든 다항식들의 벡터공간 P의 벡터 $1, x, \cdots, x^n$은 모든 자연수 n에 대해 1차독립이다.

풀이 실수 c_i에 대해,

$$c_0 1 + c_1 x + \cdots + c_n x^n = 0 \tag{6.3.3}$$

이라 하자. 이 식에 $x = 0$를 대입하면, $c_0 = 0$임을 알 수 있다. 식 (6.3.3)의 양변을 미분하여, $c_1 + 2c_2 x + \cdots + nc_n x^{n-1} = 0$를 얻고, 여기에 $x = 0$를 대입하면 $c_1 = 0$임을 알 수 있다. 같은 방법으로 미분을 계속하여 $x = 0$을 대입하면, $c_2 = 0, \cdots, c_n = 0$을 얻을 수 있다. 따라서 위 식 (6.3.3)이 성립하면, $c_0 = 0, c_1 = 0, \cdots, c_n = 0$이므로 $1, x, \cdots, x^n$은 1차독립이다.

예제 6.3.12

예제 6.1.5의 실함수 전체의 벡터공간 F의 다음 벡터가 1차 독립임을 보여라.

$$x,\ e^x,\ \cos x$$

풀이 c_i는 실수이고 $c_1 x + c_2 e^x + c_3 \cos x = 0$라 두자. 이 식을 차례로 미분하여

$$c_1 + c_2 e^x - c_3 \sin x = 0$$
$$c_2 e^x - c_3 \cos x = 0$$

를 얻는다. 이 세 식에 $x = 0$를 대입하여

$$c_2 + c_3 = 0,\ c_1 + c_2 = 0,\ c_2 - c_3 = 0$$

임을 알 수 있고, 따라서 $c_1 = c_2 = c_3 = 0$이다. 따라서 $x, e^x, \cos x$는 1차 독립이다.

별해 : 미분을 이용하지 않고 $c_1 x + c_2 e^x + c_3 \cos x = 0$에 $x = 0, x = \frac{\pi}{2}, x = \pi$를 대입하여 c_1, c_2, c_3에 대한 연립방정식을 만들어 풀어도 된다.

연습문제 6.3

01. 다음 명제들의 참, 거짓을 판정하여라. (단 $c \neq 0$)

(1) $\mathbf{v}_1, \mathbf{v}_2, \mathbf{v}_3$가 1차독립이면 $\mathbf{v}_1, \mathbf{v}_2$도 1차독립이다.

(2) $\mathbf{v}_1, \mathbf{v}_2, \mathbf{v}_3$가 1차독립이면 $\mathbf{v}_1 + c\mathbf{v}_3, \mathbf{v}_2, \mathbf{v}_3$도 1차독립이다.

(3) $\mathbf{v}_1, \mathbf{v}_2, \mathbf{v}_3$가 1차독립이면 $\mathbf{v}_1, c\mathbf{v}_2, \mathbf{v}_3$도 1차독립이다.

(4) $\mathbf{v}_1, \mathbf{v}_2, \mathbf{v}_3$가 1차독립이면 $\mathbf{v}_3, \mathbf{v}_2, \mathbf{v}_1$도 1차독립이다.

(5) $\mathbf{w} \in \mathrm{span}\{\mathbf{v}_1, \mathbf{v}_2, \mathbf{v}_3\}$이면 $\mathbf{w}$는 $\mathbf{v}_1, \mathbf{v}_2, \mathbf{v}_3$의 1차 결합으로 표시된다.

(6) $\mathbf{w} \in \mathrm{span}\{\mathbf{v}_1, \mathbf{v}_2, \mathbf{v}_3\}$이면 $\mathbf{w}$는 $\mathbf{v}_1, \mathbf{v}_2, \mathbf{v}_3$의 1차 결합으로 유일하게 표시된다.

02. $\mathbf{v}_1, \mathbf{v}_2, \mathbf{v}_3, \mathbf{v}_4$가 1차독립일 때 다음을 증명하여라.

(1) $\mathbf{v}_1 + \mathbf{v}_1, \mathbf{v}_1 + \mathbf{v}_2, \mathbf{v}_1 + \mathbf{v}_3, \mathbf{v}_1 + \mathbf{v}_4$는 1차독립이다.

(2) $\mathbf{v}_1 + \mathbf{v}_2, \mathbf{v}_2 + \mathbf{v}_3, \mathbf{v}_3 + \mathbf{v}_4$는 1차독립이다.

(3) $\mathbf{v}_1 + \mathbf{v}_2, \mathbf{v}_2 + \mathbf{v}_3, \mathbf{v}_3 + \mathbf{v}_4, \mathbf{v}_4 + \mathbf{v}_1$은 1차종속이다.

(4) $\mathbf{v}_1, \mathbf{v}_1 + \mathbf{v}_2, \mathbf{v}_1 + \mathbf{v}_2 + \mathbf{v}_3, \mathbf{v}_1 + \mathbf{v}_2 + \mathbf{v}_3 + \mathbf{v}_4$은 1차독립이다.

03. 예제 6.1.5의 실함수의 벡터공간 F에서, 다음의 벡터들의 1차독립성을 조사하여라.

(1) $\cos x, \sin x$

(2) $x^2 + 1, \cos x, \sin x, e^x$

(3) $1, e^{ax}, e^{bx}$가 1차독립이 되는 실수 a, b의 조건을 구하여라.

04. 예제 6.1.5의 실함수의 벡터공간 F에서, $-2,\ x^2+2,\ x^4+2x^2+2$가 생성하는 부분공간을 구하여라.

05. 예제 6.1.5의 실함수의 벡터공간 F에서, 다음의 벡터들의 1차독립임을 증명하여라.

$$1,\ x-1,\ (x-1)^2,\ \cdots,\ (x-1)^n$$

6.4 기저와 차원

정의 6.4.1

K상의 벡터공간 V의 벡터 $\mathbf{v}_1, \cdots, \mathbf{v}_n$에 대해,

(1) $\mathbf{v}_1, \cdots, \mathbf{v}_n$은 1차독립이고,

(2) $\mathbf{v}_1, \cdots, \mathbf{v}_n$이 V를 생성하면, 즉 $V = \mathrm{span}\{\mathbf{v}_1, \cdots, \mathbf{v}_n\}$이면, $\{\mathbf{v}_1, \cdots, \mathbf{v}_n\}$은 V의 **기저** (basis)라 한다. 이때 n을 V의 **차원**(dimension)이라 하고, $\dim V = n$으로 표시한다. 영공간의 차원은 0, 즉 $\dim\{0\} = 0$으로 정의한다. $\dim V = n$이면, V를 **n-차원 벡터공간**(n-dimensional vector space)라 한다. 일반적으로 차원이 유한인 벡터공간을 **유한차원벡터공간** (finite dimensional vector space)라 하고, 차원이 유한이 아닌 벡터공간을 **무한차원벡터공간** (infinite dimensional vector space)라 한다.

참고: 예제 4.3.2, 예제 4.3.3 참고.

예제 6.4.2

K상의 벡터공간 V의 벡터 $\mathbf{v}_1, \cdots, \mathbf{v}_n$이 1차독립이면, $\{\mathbf{v}_1, \cdots, \mathbf{v}_n\}$은 $\mathrm{span}\{\mathbf{v}_1, \cdots, \mathbf{v}_n\}$의 기저이다. 따라서 $\mathbf{v}_1, \cdots, \mathbf{v}_n$이 1차독립이면 $\dim \mathrm{span}\{\mathbf{v}_1, \cdots, \mathbf{v}_n\} = n$이다.

정리 6.4.3

V는 K상의 벡터공간이고 $\mathbf{v}_1, \cdots, \mathbf{v}_n \in V$라 하자.

(1) $\{\mathbf{v}_1, \cdots, \mathbf{v}_n\}$이 V의 기저이면, V의 각각의 벡터 $\mathbf{v}$는 K의 적당한 c_i에 대해, $\mathbf{v} = c_1\mathbf{v}_1 + c_2\mathbf{v}_2 + \cdots + c_n\mathbf{v}_n$로 유일하게 표시된다.

(2) V의 모든 벡터가, K의 적당한 c_i에 대해, $c_1\mathbf{v}_1 + \cdots + c_n\mathbf{v}_n$로 유일하게 표시되면 $\{\mathbf{v}_1, \cdots, \mathbf{v}_n\}$은 V의 기저이다.

증명 (1) $\{\mathbf{v}_1, \cdots, \mathbf{v}_n\}$이 V의 기저이고 $\mathbf{v} \in \mathrm{V}$라 하자. $V = \mathrm{span}\{\mathbf{v}_1, \cdots, \mathbf{v}_n\}$이므로, K의 적당한 c_i에 대해 $\mathbf{v} = c_1\mathbf{v}_1 + c_2\mathbf{v}_2 + \cdots + c_n\mathbf{v}_n$이다. $\{\mathbf{v}_1, \cdots, \mathbf{v}_n\}$은 1차독립이므로, 정리 6.3.9에 의해 $\mathbf{v} = c_1\mathbf{v}_1 + c_2\mathbf{v}_2 + \cdots + c_n\mathbf{v}_n$으로 일의적으로 표시된다.

(2) V의 모든 원소가 일의적으로 $c_1\mathbf{v}_1 + \cdots + c_n\mathbf{v}_n (c_i \in K)$로 표시된다 하자. 따라서

$V \subset \operatorname{span}\{\mathbf{v}_1, \cdots, \mathbf{v}_n\}$이고, 이는 $V = \operatorname{span}\{\mathbf{v}_1, \cdots, \mathbf{v}_n\}$임을 말한다. 이제 $\mathbf{v}_1, \cdots, \mathbf{v}_n$은 1차독립임을 보이자. 만약 $d_1\mathbf{v}_1 + d_2\mathbf{v}_2 + \cdots + d_n\mathbf{v}_n = \mathbf{0}$라 하면, $d_1\mathbf{v}_1 + d_2\mathbf{v}_2 + \cdots + d_n\mathbf{v}_n = \mathbf{0} = 0\mathbf{v}_1 + 0\mathbf{v}_2 + \cdots + 0\mathbf{v}_n$이다. V의 원소는 일의적으로 $\mathbf{v}_1, \cdots, \mathbf{v}_n$의 1차결합으로 표시되므로, $d_1 = 0,\ d_2 = 0, \cdots, d_n = 0$이어서 $\mathbf{v}_1, \cdots, \mathbf{v}_n$은 1차독립이다. 따라서 $\{\mathbf{v}_1, \cdots, \mathbf{v}_n\}$은 V의 기저이다.

정리 6.4.4

벡터공간 V에 대해, 다음은 동치이다.

(1) $\dim V = n$

(2) V의 1차독립인 벡터의 최대 개수는 n이다.

(3) 1차독립인 n개의 벡터는 V의 기저이다.

증명 (1)$\Rightarrow$(2) : 정리 4.3.6, 예제 4.3.7 참고.(참고 Anton 7판, 정리 6.4.2).

(2)$\Rightarrow$(3) : V의 1차독립인 벡터의 최대 개수는 n개라 가정하자. $\mathbf{v}_1, \cdots, \mathbf{v}_n$이 1차독립인 n개의 벡터라 하자. $\{\mathbf{v}_1, \cdots, \mathbf{v}_n\}$이 V의 기저임을 보이려면, $\mathbf{v}_1, \cdots, \mathbf{v}_n$이 V를 생성함을 보이면 된다. V의 각각의 벡터 $\mathbf{v}$에 대해, 가정에 의해 $n+1$개의 벡터 $\mathbf{v}, \mathbf{v}_1, \cdots, \mathbf{v}_n$은 1차종속이다. 따라서 정리 6.3.6에 의해 $\mathbf{v} \in \operatorname{span}\{\mathbf{v}_1, \cdots, \mathbf{v}_n\}$이다. 따라서 $\mathbf{v}_1, \cdots, \mathbf{v}_n$은 V를 생성하고 $\{\mathbf{v}_1, \cdots, \mathbf{v}_n\}$은 V의 기저이다.

(3)$\Rightarrow$(1) : 1차독립인 n개의 벡터가 V의 기저이면, $\dim V = n$임은 분명하다.

따름정리 6.4.5

벡터공간 V가 $\dim V = n$이면 $n+1$개 이상의 벡터 $\mathbf{v}_1, \cdots, \mathbf{v}_m (m \geq n+1)$은 1차종속이다.

예제 6.4.6

예제 6.1.6의 벡터공간 $P = \{a_0 + a_1 x + \cdots + a_n x^n \mid n \geq 0,\ a_i \in \mathbb{R}\}$는 무한 차원 벡터공간이다.

풀이 모든 자연수 n에 대해, $1, x, x^2, \cdots, x^n$은 1차독립이다(예제 6.3.11). 따라서 따름정리 6.4.5에 의해 P는 유한차원이 아니다.

정리 6.4.7

V를 유한차원 벡터공간이라 하고, W가 V의 부분공간이면 다음이 성립한다.

(1) $\dim W \le \dim V$

(2) $\dim W = \dim V \Leftrightarrow W = V$

증명 V는 유한차원 벡터공간이므로, $\dim V = n$이라 하자.

(1) 정리 6.4.4에 의해 V의 1차독립인 벡터의 최대 개수는 n이다. 따라서 V의 부분공간 W의 1차독립인 벡터의 최대 개수는 n보다 같거나 작다. 따라서 $\dim W \le n = \dim V$이다.

(2) $W = V$이면 $\dim W = \dim V$임은 분명하다. 역을 보이기 위해, $\dim W = \dim V = n$이라 하자. 정리 6.4.4에 의해, W는 기저 $\{\mathbf{w}_1, \cdots, \mathbf{w}_n\}$을 갖는다. 따라서 $\mathbf{w}_1, \cdots, \mathbf{w}_n \in W \subset V$은 1차독립이다. $\dim V = n$이므로 정리 6.4.4에 의해 $\{\mathbf{w}_1, \cdots, \mathbf{w}_n\}$은 V의 기저이다. 따라서 $V = \operatorname{span}\{\mathbf{w}_1, \cdots, \mathbf{w}_n\} = W$이다.

정리 6.4.8

벡터공간 V의 n개의 벡터 $\mathbf{v}_1, \mathbf{v}_2, \cdots, \mathbf{v}_n$ 중에서 1차독립이 되는 벡터들의 최대개수가 r이라 하자. 그러면 $\operatorname{span}\{\mathbf{v}_1, \mathbf{v}_2, \cdots, \mathbf{v}_n\}$의 차원은 r이다.

증명 $\mathbf{v}_i$의 순서를 적당히 바꾸어 $\mathbf{v}_1, \cdots, \mathbf{v}_r$이 1차독립이라 하자. $\mathbf{v}_1, \mathbf{v}_2, \cdots, \mathbf{v}_n$ 중에서 1차독립이 되는 벡터들의 최대 개수가 r이므로, $1 \le i \le n$인 모든 i에 대해, $r+1$개의 벡터 $\mathbf{v}_i, \mathbf{v}_1, \mathbf{v}_2, \cdots, \mathbf{v}_r$는 1차종속이다. 그러므로 정리 6.3.6에 의해 $\mathbf{v}_i \in \operatorname{span}\{\mathbf{v}_1, \cdots, \mathbf{v}_r\}$이다. 따라서

$$\operatorname{span}\{\mathbf{v}_1, \cdots, \mathbf{v}_r, \mathbf{v}_{r+1}, \cdots, \mathbf{v}_n\} = \operatorname{span}\{\mathbf{v}_1, \cdots, \mathbf{v}_r\}$$

이고 $\dim \operatorname{span}\{\mathbf{v}_1, \mathbf{v}_2, \cdots, \mathbf{v}_n\} = \dim \operatorname{span}\{\mathbf{v}_1, \cdots, \mathbf{v}_r\} = r$이다.

보조정리 6.4.9

(1) $\{\mathbf{v}_1, \cdots, \mathbf{v}_n\}$이 벡터공간 V의 기저라 하고, $1 \le i < n$인 각 i에 대해, $W_i = \operatorname{span}\{\mathbf{v}_1, \cdots, \mathbf{v}_i\}$, $U_i = \operatorname{span}\{\mathbf{v}_{i+1}, \cdots, \mathbf{v}_n\}$이라 하면, $V = W_i \oplus U_i$이다.

(2) 역으로 $V = W \oplus U$이고, $\{\mathbf{w}_1, \cdots, \mathbf{w}_s\}$가 W의 기저이며 $\{\mathbf{u}_1, \cdots, \mathbf{u}_r\}$가 U의 기저이면, $\{\mathbf{w}_1, \cdots, \mathbf{w}_s, \mathbf{u}_1, \cdots, \mathbf{u}_r\}$은 V의 기저이다.

증명 (1) 예제 6.2.12에 의해 $V = \text{span}\{\mathbf{v}_1, \cdots, \mathbf{v}_i, \mathbf{v}_{i+1}, \cdots, \mathbf{v}_n\} = W_i + U_i$임은 분명하므로, $W_i \cap U_i = \{\mathbf{0}\}$임을 보이면 된다. $\mathbf{x} \in W_i \cap U_i$라 하자. K의 적당한 c_i에 대해, $x = c_1\mathbf{v}_1 + \cdots + c_i\mathbf{v}_i = c_{i+1}\mathbf{v}_{i+1} + \cdots + c_n\mathbf{v}_n$이다. 따라서 $c_1\mathbf{v}_1 + \cdots + c_i\mathbf{v}_i - c_{i+1}\mathbf{v}_{i+1} - \cdots - c_n\mathbf{v}_n = \mathbf{0}$이다. 이 V의 기저이므로, 모든 i에 대해 $c_i = 0$이 되고, $\mathbf{x} = 0\mathbf{v}_1 + \cdots + 0\mathbf{v}_i = \mathbf{0}$이다. 따라서 $W_i \cap U_i = \{\mathbf{0}\}$이고, $V = W_i \oplus U_i$이다.

(2) $V = W \oplus U$이고, $\{\mathbf{w}_1, \cdots, \mathbf{w}_s\}$가 W의 기저이며 $\{\mathbf{u}_1, \cdots, \mathbf{u}_r\}$가 U의 기저라 하자.

$$\begin{aligned} V = W + U &= \text{span}\{\mathbf{w}_1, \cdots, \mathbf{w}_s\} + \text{span}\{\mathbf{u}_1, \cdots, \mathbf{u}_r\} \\ &= \text{span}\{\mathbf{w}_1, \cdots, \mathbf{w}_s, \mathbf{u}_1, \cdots, \mathbf{u}_r\} \end{aligned}$$

이다(예제 6.2.12). $\mathbf{w}_1, \cdots, \mathbf{w}_s, \mathbf{u}_1, \cdots, \mathbf{u}_r$이 1차독립임을 보이면, $\{\mathbf{w}_1, \cdots, \mathbf{w}_s, \mathbf{u}_1, \cdots, \mathbf{u}_r\}$은 V의 기저가 된다. 이를 위해 만약 $c_1\mathbf{w}_1 + \cdots\ c_s\mathbf{w}_s + d_1\mathbf{u}_1 + \cdots + d_r\mathbf{u}_r = 0$이면,

$$c_1\mathbf{w}_1 + \cdots + c_s\mathbf{w}_s = -d_1\mathbf{u}_1 - \cdots - d_r\mathbf{u}_r \in W \cap U = \{\mathbf{0}\}$$

이고, $\{\mathbf{w}_1, \cdots, \mathbf{w}_s\}$가 W의 기저이므로 $c_1 = 0, \cdots, c_s = 0$, 또 $\{\mathbf{u}_1, \cdots, \mathbf{u}_r\}$가 W가 기저이므로 $d_1 = 0, \cdots, d_r = 0$이다. 따라서 $\mathbf{w}_1, \cdots, \mathbf{w}_s, \mathbf{u}_1, \cdots, \mathbf{u}_r$이 1차 독립이고, $\{\mathbf{w}_1, \cdots, \mathbf{w}_s, \mathbf{u}_1, \cdots, \mathbf{u}_r\}$은 V의 기서이다.

정리 6.4.10

V가 유한 차원 벡터공간이고, W는 V의 부분공간이라 하면, $V = W \oplus W'$인 V의 부분공간 W'가 존재한다. 이때 $\dim V = \dim W + \dim W'$이다.

증명 $\dim V = n$이라 하자. W가 V의 부분공간이므로, 정리 6.4.7의 (1)에서 $\dim W \le n$이다. 만약 $\dim W = n$이면, 정리 6.4.7에 의해 $W = V$이다. 따라서 $W' = \{\mathbf{0}\}$이면 $\dim W' = 0$이다. 이때 $V = W \oplus W'$이고 $\dim V = n = \dim W + \dim W'$이 성립한다.

만약 $\dim W = s < n$이라 하자. W의 기저 $\{\mathbf{w}_1, \cdots, \mathbf{w}_s\}$가 존재한다. $\dim W = s < n = \dim V$이므로, 정리 6.4.7의 (2)에서 $W \ne V$이다. 따라서 $\mathbf{v}_1 \notin W$인 $\mathbf{v}_1$이 V에 존재한다. $\mathbf{v}_1 \notin W = \text{span}\{\mathbf{w}_1, \cdots, \mathbf{w}_s\}$이므로, 따름정리 6.3.7에서 $\mathbf{w}_1, \cdots, \mathbf{w}_s, \mathbf{v}_1$은 1차독립이다. 따라서 정리 6.4.4의 (2)에서, $s + 1 \le n = \dim V$이다. 이제 다음의 두 경우를 생각한다.

(i) 만약 $n = s + 1$라 하자. $\mathbf{w}_1, \cdots, \mathbf{w}_s, \mathbf{v}_1$은 1차독립이고 $\dim V = n = s + 1$이므로 정

리 6.4.4에서 $\{\mathbf{w}_1, \cdots, \mathbf{w}_s, \mathbf{v}_1\}$은 V의 기저이다. 즉 $V = \text{span}\{\mathbf{w}_1, \cdots, \mathbf{w}_s, \mathbf{v}_1\}$이다. 따라서 $W' = \text{span}\{\mathbf{v}_1\}$이면, 보조정리 6.4.9의 (1)에 의해 $V = W \oplus W'$이다.

(ii) 만약 $s+1 < n$이라 하자. 예제 6.4.2에 의해

$$\dim \text{span}\{\mathbf{w}_1, \cdots, \mathbf{w}_s, \mathbf{v}_1\} = s+1 < n = \dim V$$

이므로, 정리 6.4.7의 (2)에서 $\text{span}\{\mathbf{w}_1, \cdots, \mathbf{w}_s, \mathbf{v}_1\} \neq V$이다. 따라서 $\mathbf{v}_2 \notin \text{span}\{\mathbf{w}_1, \cdots, \mathbf{w}_s, \mathbf{v}_1\}$인 $\mathbf{v}_2$가 V에 존재한다. 따름정리 6.3.7에서 $\mathbf{w}_1, \cdots, \mathbf{w}_s, \mathbf{v}_1, \mathbf{v}_2$는 1차독립이다. 따라서 정리 6.4.4의 (2)에서 $s+2 \le n = \dim V$이다. 같은 방법을 계속하여 시행하여 $\mathbf{w}_1, \cdots, \mathbf{w}_s, \mathbf{v}_1, \cdots, \mathbf{v}_{i-1}$은 1차독립이고, $s+i-1 = n-1$이 되는 $\mathbf{v}_1, \cdots, \mathbf{v}_{i-1}$을 발견하였다 하자. $s+i-1 < n = \dim V$이므로, $\text{span}\{\mathbf{w}_1, \cdots, \mathbf{w}_s, \mathbf{v}_1, \cdots, \mathbf{v}_{i-1}\} \neq V$이고, $\mathbf{v}_i \notin \text{span}\{\mathbf{w}_1, \cdots, \mathbf{w}_s, \mathbf{v}_1, \cdots, \mathbf{v}_{i-1}\}$인 $\mathbf{v}_i$가 V에 존재한다. 이때 따름정리 6.3.7에서 $\mathbf{w}_1, \cdots, \mathbf{w}_s, \mathbf{v}_1, \cdots, \mathbf{v}_{i-1}, \mathbf{v}_i$는 1차독립이다. 그리고 $s+i = n = \dim V$이므로, 정리 6.4.4.(3)에 의해 $\{\mathbf{w}_1, \cdots, \mathbf{w}_s, \mathbf{v}_1, \cdots, \mathbf{v}_i\}$은 V의 기저이다. 따라서 보조정리 6.4.9의 (1)에 의해, $W' = \text{span}\{\mathbf{v}_1, \cdots, \mathbf{v}_i\}$이면 $V = W \oplus W'$이다. 이때 $\dim V = n = s+i = \dim W + \dim W'$이다.

따름정리 6.4.11

벡터공간 V의 $\dim V = n$이고, $\mathbf{v}_1, \cdots, \mathbf{v}_m$이 V의 1차독립인 벡터들이면 $(m < n)$, $n-m$개의 벡터 $\mathbf{w}_1, \cdots, \mathbf{w}_{n-m}$이 V에 존재하여 $\{\mathbf{v}_1, \cdots, \mathbf{v}_m, \mathbf{w}_1, \cdots, \mathbf{w}_{n-m}\}$은 V의 기저를 이룬다. 따라서 $V = W \oplus W'$, 여기서 $W = \text{span}\{\mathbf{v}_1, \cdots, \mathbf{v}_m\}$이고 $W' = \text{span}\{\mathbf{w}_1, \cdots, \mathbf{w}_{n-m}\}$이다.

증명 $W = \text{span}\{\mathbf{v}_1, \cdots, \mathbf{v}_m\}$라 두면, 정리 6.4.10에 의해 $W \oplus W'$인 V의 부분공간 W'가 존재한다. 이때 정리 6.4.10에 의해 $\dim W' = n-m$이다. 따라서 W'의 기저 $\{\mathbf{w}_1, \cdots, \mathbf{w}_{n-m}\}$이 존재한다. $\{\mathbf{v}_1, \cdots, \mathbf{v}_m\}$이 W의 기저이고 $V = W \oplus W'$이므로 보조정리 6.4.9의 (2)에 의해 $\{\mathbf{v}_1, \cdots, \mathbf{v}_m, \mathbf{w}_1, \cdots, \mathbf{w}_{n-m}\}$는 V의 기저이다.

정의 6.4.12

벡터공간 V의 부분공간 W에 대해, $V = W \oplus W'$이면 W'를 W의 **보충공간**(complementary subspace)이라 한다.

참고: 예제 4.3.20, 예제 4.3.21.

정리 6.4.13

V는 유한차원 벡터공간이고, W_1, W_2는 V의 부분공간이면 다음이 성립한다.

$$\dim(W_1 + W_2) = \dim W_1 + \dim W_2 - \dim(W_1 \cap W_2)$$

증명 $W_1 \cap W_2 = W$라 하자. W는 W_1 및 W_2의 부분공간이다(정리 6.2.13). 정리 6.4.10에서 $W_1 = W \oplus U_1$, $W_2 = W \oplus U_2$인 W_1의 부분공간 U_1, W_2의 부분공간 U_2가 존재한다. 이제 U_1, U_2는 V의 부분공간이며(연습문제 6.2절의 2번), $W_1 + W_2 = W_1 + (W + U_2) = (W_1 + W) + U_2 = W_1 + U_2$이다. 또 $W_1 \cap U_2 \subset W_1 \cap W_2 = W$이고, $W \cap U_2 = \{0\}$이므로 $W_1 \cap U_2 = \{0\}$이다. 따라서 $W_1 + W_2 = W_1 \oplus U_2$이다.
그러므로 $\dim(W_1 + W_2) = \dim W_1 + \dim U_2 = \dim W_1 + \dim W_2 - \dim W = \dim W_1 + \dim W_2 - \dim(W_1 \cap W_2)$이다.

따름정리 6.4.14

유한 차원 벡터공간 V의 부분공간 W_1, W_2가 $V = W_1 + W_2$를 만족하면, 다음은 동치이다.

(1) $V = W_1 \oplus W_2$

(2) $W_1 \cap W_2 = \{0\}$

(3) $\dim V = \dim W_1 + \dim W_2$

증명 (1) $\Leftrightarrow$ (2)임은 정리 6.2.15에서 분명하고, (2) $\Leftrightarrow$ (3)은 정리 6.4.13에 의해 성립한다.

예제 6.4.15

앞 예제 4.3.21에서처럼 $\mathbb{R}^3$의 벡터 $\mathbf{v}_1 = (1, 1, 0)$, $\mathbf{v}_2 = (2, 0, 0)$, $\mathbf{v}_3 = (0, 1, 0)$, $\mathbf{v}_4 = (1, 2, 3)$라 두고,

$$W_1 = \mathrm{span}\{\mathbf{v}_1, \mathbf{v}_2\}, \quad W_2 = \mathrm{span}\{\mathbf{v}_3, \mathbf{v}_4\}$$

라 하자. $\mathbf{v}_1$, $\mathbf{v}_2$는 1차독립이므로 $\dim W_1 = 2$이다. $\mathbf{v}_3$, $\mathbf{v}_4$도 1차독립이므로 $\dim W_2 = 2$이다. W_1의 벡터는 모두 마지막 좌표가 0이므로 $\mathbf{v}_4 \notin W_1$이고 $\mathbf{v}_1, \mathbf{v}_2, \mathbf{v}_4$는 1차독립이다(따름정리 6.3.7). 따라서 $\mathbb{R}^3 = \mathrm{span}\{\mathbf{v}_1, \mathbf{v}_2, \mathbf{v}_4\}$임을 알 수 있다. 그래서 $\mathbb{R}^3 = W_1 + W_2$이다. $\dim \mathbb{R}^3 = 3$이므로 정리 6.4.13에 의해 $\dim(W_1 \cap W_2) = 1$이다. 사실 $W_1 \cap W_2 = \mathrm{span}\{(0, 1, 0)\}$이다.

주의

4장을 빼고 6장을 학습하고 있다면 4.4절의 기저변환과 전이행렬을 학습하고 다음 절로 넘어가도록 하자. 6장에서는 기저변환과 전이행렬을 다루지 않기 때문이다.

연습문제 6.4

01. 다음 명제들의 참, 거짓을 판정하여라.

(1) 모든 유한 차원 벡터공간은 유한개의 벡터로 이루어진 기저를 갖는다.

(2) 벡터공간의 모든 벡터는 기저를 이루는 벡터들의 일차결합이다.

(3) 벡터공간의 기저를 이루는 벡터들의 일부는 1차종속이 될 수 있다.

(4) 모든 벡터공간의 기저는 유일하게 존재한다.

(5) 영공간이 아닌 벡터공간은 무수히 많은 기저를 갖는다.

(6) 벡터공간 V의 모든 원소가 $\mathbf{v}_1, \cdots, \mathbf{v}_n$의 1차결합으로 나타나면 $\{\mathbf{v}_1, \cdots, \mathbf{v}_n\}$은 V의 기저이다.

(7) 유한차원 벡터공간의 모든 기저는 같은 개수의 벡터로 이루어진다.

(8) n차원 벡터공간의 모든 기저는 n개의 벡터로 이루어진다.

(9) n차원 벡터공간의 1차독립인 벡터의 개수는 n보다 같거나 작다.

(10) 유한차원 벡터공간의 두 부분공간이 같은 차원을 가지면 두 부분공간은 같다.

(11) 유한차원 벡터공간의 서로 다른 부분공간의 개수는 유한개이다.

02. 예제 6.1.5의 실함수의 벡터공간 F에서, 다음 부분공간의 기저를 구하여라.

$$\text{span}\{1+x^2,\ 4-3x^2+e^x,\ 5+e^x,\ 2x^3+3e^x\}$$

03. $\{1, x, x^2, \cdots, x^n\}$은 P_n의 기저임을 보여라.

04. $W_1 = \text{span}\{2, x^2+1, x^4-2x^2\}$, $W_2 = \text{span}\{x, x^2+3x, 5x^4-3x\}$라 하자.

(1) W_1, W_2의 기저를 $1, x, x^2, \cdots, x^n$을 이용하여 나타내라.

(2) $W_1 + W_2$의 기저를 $1, x, x^2, \cdots, x^n$을 이용하여 나타내라.

(3) $W_1 \cap W_2$의 기저를 $1, x, x^2, \cdots, x^n$을 이용하여 나타내라.

(4) $\dim(W_1 + W_2)$를 구하여 정리 6.4.13이 성립함을 확인하여라.

(5) W_1을 $V = P_6$의 부분공간으로 볼 때 W_1의 보충공간을 구하여라.

6.5 내적공간

이 절에서는 실 내적공간만 다루기로 한다. 따라서 앞으로 **내적공간**이라 함은 실 내적공간을 뜻한다.

정의 6.5.1 **(실 내적공간)**

실벡터공간 V의 각각의 벡터 $\mathbf{x}$, $\mathbf{y}$에 대해, 실수 $\langle \mathbf{x}, \mathbf{y} \rangle$가 대응되어, 다음을 만족하면 V를 **실 내적공간**(real inner product space)이라 한다.

(1) V의 모든 벡터 $\mathbf{u}, \mathbf{v}, \mathbf{w}$에 대해, $\langle \mathbf{u} + \mathbf{v}, \mathbf{w} \rangle = \langle \mathbf{u}, \mathbf{w} \rangle + \langle \mathbf{v}, \mathbf{w} \rangle$

(2) V의 모든 벡터 $\mathbf{u}, \mathbf{v}$에 대해, $\langle \mathbf{u}, \mathbf{v} \rangle = \langle \mathbf{v}, \mathbf{u} \rangle$

(3) V의 모든 벡터 $\mathbf{u}, \mathbf{v}$와 모든 실수 c에 대해, $\langle c\mathbf{u}, \mathbf{v} \rangle = c\langle \mathbf{u}, \mathbf{v} \rangle$

(4) V의 모든 벡터 $\mathbf{u}$에 대해, $\langle \mathbf{u}, \mathbf{u} \rangle \geq 0$이고, $\langle \mathbf{u}, \mathbf{u} \rangle = 0 \Leftrightarrow \mathbf{u} = 0$

이때 $\langle \mathbf{u}, \mathbf{v} \rangle$를 $\mathbf{u}, \mathbf{v}$의 **내적**(inner product)이라 한다.

참고: 예제 4.5.3, 예제 4.5.4.

예제 6.5.2

$\mathbb{R}^n$의 두 벡터 $\mathbf{u} = (u_1, u_1, \cdots, u_n)$, $\mathbf{v} = (v_1, v_2, \cdots, v_n)$에 대해

$$\langle \mathbf{u}, \mathbf{v} \rangle = u_1 v_1 + u_2 v_2 + \cdots + u_n v_n$$

라 정의하면 위 정의 4.5.1을 만족하고, $\mathbb{R}^n$은 내적공간을 이룬다(정리 4.5.2). 이를 **도트곱**(dot product)라 부른다.

정의 6.5.3

내적공간 V의 벡터 $\mathbf{x}$에 대해,

$$\|\mathbf{x}\| = \sqrt{\langle \mathbf{x}, \mathbf{x} \rangle}$$

를 $\mathbf{x}$의 **길이**(length) 또는 **노름**(norm)이라 한다. 특히 길이가 1인 벡터, 즉 $\|\mathbf{x}\| = 1$이면, $\mathbf{x}$를 **단위 벡터**(unit vector)라 한다. 또 $\langle \mathbf{x}, \mathbf{y} \rangle = 0$이면, $\mathbf{x}$와 $\mathbf{y}$는 서로 **수직**(orthogonal)이라 하고 $\mathbf{x} \perp \mathbf{y}$로 나타낸다.

참고 : 예제 4.5.6, 예제 4.5.7.

정리 6.5.4

내적공간 V의 모든 벡터 $\mathbf{u}, \mathbf{v}, \mathbf{w}$와 모든 실수 k에 대해 다음이 성립한다.

(1) $\langle \mathbf{u}, \mathbf{v} + \mathbf{w} \rangle = \langle \mathbf{u}, \mathbf{v} \rangle + \langle \mathbf{u}, \mathbf{w} \rangle$

(2) $\langle \mathbf{0}, \mathbf{v} \rangle = \langle \mathbf{v}, \mathbf{0} \rangle = 0$

(3) $\langle \mathbf{u}, k\mathbf{v} \rangle = k \langle \mathbf{u}, \mathbf{v} \rangle$

(4) $\langle \mathbf{u} - \mathbf{v}, \mathbf{w} \rangle = \langle \mathbf{u}, \mathbf{w} \rangle - \langle \mathbf{v}, \mathbf{w} \rangle$

(5) $\langle \mathbf{u}, \mathbf{v} - \mathbf{w} \rangle = \langle \mathbf{u}, \mathbf{v} \rangle - \langle \mathbf{u}, \mathbf{w} \rangle$

증명 정리 4.5.8의 증명 참고.

정리 6.5.5

내적공간 V의 벡터 $\mathbf{v}$와 스칼라 k에 대해 다음이 성립한다.

(1) $\|\mathbf{v}\| \geq 0$

(2) $\|k\mathbf{v}\| = |k| \, \|\mathbf{v}\|$

(3) $\|\mathbf{v}\| = 0$일 필요충분조건은 $\mathbf{v} = \mathbf{0}$이다.

(4) $\mathbf{v} \neq \mathbf{0}$이면 $\dfrac{\mathbf{v}}{\|\mathbf{v}\|}$는 단위 벡터이다.

위 정리의 증명은 간단하므로 생략한다.

정리 6.5.6

내적공간 V의 모든 벡터 $\mathbf{u}, \mathbf{v} \in V$에 대해, 다음이 성립한다.

(1) $|\langle \mathbf{u}, \mathbf{v} \rangle| \leq \|\mathbf{u}\|\|\mathbf{v}\|$ (Cauchy-Schwartz의 부등식)

(2) $\|\mathbf{u}+\mathbf{v}\| \leq \|\mathbf{u}\|+\|\mathbf{v}\|$ (삼각부등식)

증명 정리 4.5.10의 증명 참고.

위 정리 6.5.6의 (1)에 의해, $\mathbf{0}$이 아닌 두 벡터 $\mathbf{u},\mathbf{v}$에 대해,

$$-1 \leq \frac{\langle \mathbf{u}, \mathbf{v} \rangle}{\|\mathbf{u}\|\|\mathbf{v}\|} \leq 1$$

임을 알 수 있다. 이 사실은 두 벡터가 이루는 사이각을 정의하는데 유용하게 이용될 수 있다.

정의 6.5.7

내적공간 V의 $\mathbf{0}$이 아닌 두 벡터 $\mathbf{u}, \mathbf{v}$에 대해,

$$\cos\theta = \frac{\langle \mathbf{u}, \mathbf{v} \rangle}{\|\mathbf{u}\|\|\mathbf{v}\|}, \quad 0 \leq \theta \leq \pi$$

를 만족하는 θ는 유일하고, 이 θ를 $\mathbf{u}$와 $\mathbf{v}$가 이루는 **각**(angle)이라 정의한다. 여기서 $\theta = \frac{\pi}{2}$일 필요충분조건은 $\langle \mathbf{u}, \mathbf{v} \rangle = 0$이다. $\mathbf{0}$벡터는 모든 벡터와 내적이 0이므로, 모든 벡터와 수직이라 정의한다.

참고: 예제 4.5.11.

정의 6.5.8

내적공간 V의 벡터 $\mathbf{v}_1, \mathbf{v}_2, \cdots, \mathbf{v}_n$에 대해,

(1) 모든 $i \neq j$에 대해, $\mathbf{v}_i \perp \mathbf{v}_j$이면 $\{\mathbf{v}_1, \mathbf{v}_2, \cdots, \mathbf{v}_n\}$을 **직교집합**(orthogonal set)이라 한다.

(2) 직교집합 $\{\mathbf{v}_1, \mathbf{v}_2, \cdots, \mathbf{v}_n\}$이 V의 기저이고, 모든 i에 대해 $\|\mathbf{v}_i\| = 1$이면 $\{\mathbf{v}_1, \mathbf{v}_2, \cdots, \mathbf{v}_n\}$을 V의 **정규직교기저**(orthonormal basis)라 한다.

정리 6.5.9

내적공간 V의 0아닌 벡터들 $\mathbf{v}_1, \mathbf{v}_2, \cdots, \mathbf{v}_n$에 대해 $\{\mathbf{v}_1, \mathbf{v}_2, \cdots, \mathbf{v}_n\}$이 직교집합이면 $\mathbf{v}_1, \mathbf{v}_2, \cdots, \mathbf{v}_n$은 1차독립이다.

증명 정리 4.5.15 참고.

정리 6.5.10 **(Gram-Schmidt의 직교화)**

$\{\mathbf{v}_1, \mathbf{v}_2, \cdots, \mathbf{v}_n\}$이 내적공간 V의 기저라 하자. 각 $1 \le k \le n$에 대해, $\mathrm{span}\{\mathbf{v}_1, \cdots, \mathbf{v}_k\} = \mathrm{span}\{\mathbf{a}_1, \cdots, \mathbf{a}_k\}$를 만족하는 정규직교기저 $\{\mathbf{a}_1, \cdots, \mathbf{a}_n\}$이 존재한다.

증명 정리 4.5.18 참고.

정의 6.5.11

내적공간 V의 부분공간 W에 대해,

$$W^{\perp} = \{\mathbf{v} \in V \mid \mathbf{v} \perp \mathbf{w}, \forall \mathbf{w} \in W\}$$

로 정의하고 $W^{\perp}$를 W의 **직교보충공간**(orthogonal complement)이라 한다.

여기서 직교보충공간은 정의 4.3.19의 보충공간임을 아래 정리 6.5.12에서 알 수 있다. 또 앞 예제 4.5.14에서 $\mathbb{R}^3$의 부분공간 $W = \mathrm{span}\{(1,0,0),(0,1,1)\}$의 직교보충공간은 $W^{\perp} = \mathrm{span}\{(0, -1, 1)\}$이다.

정리 6.5.12

W가 유한차원 내적공간 V의 부분공간이면, $V = W \oplus W^{\perp}$이다.

증명 정리 6.4.7에 의해, V가 유한차원 벡터공간이므로 W도 유한 차원이다. 정리 6.5.10에 의해 $\{\mathbf{w}_1, \cdots, \mathbf{w}_r\}$을 W의 정규직교기저라 하자. V의 각각의 벡터 $\mathbf{x}$에 대해

$$\mathbf{x}_1 = \langle \mathbf{x}, \mathbf{w}_1 \rangle \mathbf{w}_1 + \cdots + \langle \mathbf{x}, \mathbf{w}_r \rangle \mathbf{w}_r$$

$$\mathbf{x}_2 = \mathbf{x} - \mathbf{x}_1$$

라 정의하자. 정리 4.5.21의 증명과 같이, 모든 $\mathbf{w} \in W$에 대해 $\langle \mathbf{x}_2, \mathbf{w} \rangle = 0$이므로 $\mathbf{x}_2 \in W^{\perp}$임을 알 수 있다. 따라서 $\mathbf{x} = \mathbf{x}_1 + \mathbf{x}_2 \in W + W^{\perp}$이다. 이는 $V \subset W + W^{\perp}$임을 보이는 것이고, $V = W + W^{\perp}$이다. $W \cap W^{\perp} = \{0\}$임은 쉽게 알 수 있으므로(6.5절의 연습문제 7번), 정리 6.2.15에 의해 $V = W \oplus W^{\perp}$이다.

따름정리 6.5.13

W가 유한차원 내적공간 V의 부분공간이면, V의 모든 벡터는 W의 벡터와 $W^{\perp}$의 벡터의 합으로 유일하게 표현된다.

참고 : 예제 4.5.23.

연습문제 6.5

01. 다음 명제들의 참, 거짓을 판정하여라.

(1) 내적공간의 두 벡터의 내적은 음수일 수 없다.

(2) 0아닌 두 벡터의 내적은 0아니다.

(3) 유한차원 내적공간의 0아닌 벡터들로 이루어진 직교집합의 원소의 개수는 항상 차원보다 같거나 작다.

(4) 유한차원 내적공간의 정규직교기저는 항상 존재한다.

(5) 유한차원 벡터공간의 정규직교기저는 항상 존재한다.

(6) 유한차원 내적공간에서, 부분공간의 직교보충공간은 유일하다.

02. 내적공간 V의 벡터 $\mathbf{v}, \mathbf{w}_1, \cdots, \mathbf{w}_n$에 대해, 만약 모든 i에 대해 $\langle \mathbf{v}, \mathbf{w}_i \rangle = 0$이면 모든 $\mathbf{w} \in \mathrm{span}\{\mathbf{w}_1, \cdots, \mathbf{w}_n\}$에 대해 $\langle \mathbf{v}, \mathbf{w} \rangle = 0$임을 보여라.

03. 내적공간 V에 대해 다음을 보여라.

(1) V의 부분공간 W에 대해, $W \cap W^{\perp} = \{0\}$임을 증명하여라.

(2) V의 벡터 $\mathbf{a}$가 V의 모든 원소와 수직이면 $\mathbf{a} = 0$이다.

(3) V의 벡터 $\mathbf{a}, \mathbf{b}$가 V의 모든 벡터 $\mathbf{v}$에 대해 $\langle \mathbf{a}, \mathbf{v} \rangle = \langle \mathbf{b}, \mathbf{v} \rangle$이면 $\mathbf{a} = \mathbf{b}$이다.

04. 유한차원 내적공간 V의 부분공간 W, W_1, W_2에 대해 다음을 보여라.

(1) $W = (W^{\perp})^{\perp}$ (2) $W_1 \subset W_2 \Rightarrow W_2^{\perp} \subset W_1^{\perp}$

(3) $(W_1 + W_2)^{\perp} = W_1^{\perp} \cap W_2^{\perp}$ (4) $(W_1 \cap W_2)^{\perp} = W_1^{\perp} + W_2^{\perp}$

05. **(피타고라스 정리)** 내적공간 V의 두 벡터 $\mathbf{v}, \mathbf{u}$에 대해, $\|\mathbf{v}+\mathbf{u}\|^2 = \|\mathbf{v}\|^2 + \|\mathbf{u}\|^2$일 필요충분 조건은 $\langle \mathbf{v}, \mathbf{u} \rangle = 0$일 때이다.

06. 내적공간 V의 두 단위벡터 $\mathbf{v}, \mathbf{u}$가 직교할때 $\|\mathbf{v}-\mathbf{u}\|$, $\|\mathbf{v}+\mathbf{u}\|$를 구하여라.

07. $M_{n\times 1}(\mathbb{R})$의 벡터 $\mathbf{u}, \mathbf{v}$에 대해

$$\langle \mathbf{u}, \mathbf{v} \rangle = \mathbf{u}^T \mathbf{v}$$

로 정의하자.

(1) $\langle \mathbf{u}, \mathbf{v} \rangle$는 $M_{n\times 1}(\mathbb{R})$의 내적임을 증명하여라.

(2) 행렬 $A \in M_{n\times m}(\mathbb{R})$에 대해 동차선형연립방정식 $A\mathbf{x} = \mathbf{0}$의 해공간은 A의 행공간과 수직임을 보여라.

(3) (2)의 방법을 이용하여 $\mathbb{R}^3$의 부분공간 $\mathrm{span}\{(1,2,3), (1,1,0)\}$의 직교보충공간을 구하여라.

08. A는 n차 정칙행렬이다. $M_{n\times 1}(\mathbb{R})$의 벡터 $\mathbf{u}, \mathbf{v}$에 대해

$$\langle \mathbf{u}, \mathbf{v} \rangle = (A\mathbf{u})^T A\mathbf{v}$$

로 정의하면, $\langle \mathbf{u}, \mathbf{v} \rangle$는 $M_{n\times 1}(\mathbb{R})$의 내적임을 증명하여라.

09. $A = \begin{pmatrix} 1 & 0 \\ 1 & 2 \end{pmatrix}$에 대해 문제 8의 내적에 대해 다음에 답하여라.

$$\mathbf{u} = \begin{pmatrix} 1 \\ 0 \end{pmatrix},\ \mathbf{v} = \begin{pmatrix} 1 \\ 1 \end{pmatrix}$$

(1) $\|\mathbf{u}\|$를 구하여라.

(2) $\langle \mathbf{u}, \mathbf{v} \rangle$를 구하여라.

(3) $\mathbf{u}$와 수직인 벡터를 모두 구하여라.

(4) $W = \mathrm{span}\{\mathbf{u}\}$의 직교보충공간을 구하여라.

종합문제 6

01. K상의 두 벡터공간 V, W에 대해, V와 W의 **직적**(direct product)은 집합

$$V \times W = \{(\mathbf{x}, \mathbf{y}) \mid \mathbf{x} \in V, \mathbf{y} \in W\}$$

에 덧셈연산과 스칼라배 연산을 아래와 같이 정의한다.

$$(\mathbf{x}_1, \mathbf{y}_1) + (\mathbf{x}_2, \mathbf{y}_2) = (\mathbf{x}_1 + \mathbf{x}_2, \mathbf{y}_1 + \mathbf{y}_2),\ \mathbf{x}_1, \mathbf{x}_2 \in V,\ \mathbf{y}_1, \mathbf{y}_2 \in W$$
$$k(\mathbf{x}, \mathbf{y}) = (k\mathbf{x}, k\mathbf{y}),\ k \in K,\ \mathbf{x} \in V,\ \mathbf{y} \in W$$

직적에 대한 다음 사실들을 증명하여라.

(1) $V \times W$는 K상의 벡터공간이다.

(2) $V_1 = \{(\mathbf{x}, 0) \mid \mathbf{x} \in V\}$과 $W_1 = \{(0, y) \mid \mathbf{y} \in W\}$은 $V \times W$의 부분공간이다.

(3) V_2, W_2가 각각 V, W의 부분공간이면 $V_2 \times W_2 = \{(\mathbf{x}, \mathbf{y}) \mid \mathbf{x} \in V_2, \mathbf{y} \in W_2\}$는 $V \times W$의 부분공간이다.

(4) $V = W$이면 $S = \{(\mathbf{x}, \mathbf{x}) \mid \mathbf{x} \in V\}$는 $V \times V$의 부분공간이다.

(5) $\{\mathbf{v}_1, \cdots, \mathbf{v}_n\}$, $\{\mathbf{w}_1, \cdots, \mathbf{w}_m\}$이 각각 V, W의 기저이면, $\{(\mathbf{v}_i, \mathbf{w}_j) \mid 1 \le i \le n, 1 \le j \le m\}$는 $V \times W$의 기저이다. 따라서 $\dim(V \times W) = (\dim V)(\dim W)$이다.

주의

위 (4)에서 S는 V와 W의 부분공간들의 직적으로 표현되지 않는다.

02. $\mathbf{v}_1, \cdots, \mathbf{v}_r \in \mathbb{R}^n$이고 $A \in M_{m \times n}(\mathbb{R})$일 때 다음을 증명하여라.

(1) $A\mathbf{v}_1, \cdots, A\mathbf{v}_r$이 1차독립이면 $\mathbf{v}_1, \cdots, \mathbf{v}_r$도 1차독립이다.

(2) 만약 A가 가역행렬이면, 위 (1)의 역도 성립한다. 즉 $\mathbf{v}_1, \cdots, \mathbf{v}_r$가 1차독립이면 $A\mathbf{v}_1, \cdots, A\mathbf{v}_r$도 1차독립이다.

03. $\mathbf{a}_1, \cdots, \mathbf{a}_n$이 내적공간 V의 정규직교기저라 할 때 다음을 보여라.

(1) $\mathbf{x} \in V$이면, $\mathbf{x} = \langle \mathbf{x}, \mathbf{a}_1 \rangle \mathbf{a}_1 + \cdots + \langle \mathbf{x}, \mathbf{a}_n \rangle \mathbf{a}_n$

(2) $\mathbf{x}, \mathbf{y} \in V$이면, $\langle \mathbf{x}, \mathbf{y} \rangle = \langle \mathbf{x}, \mathbf{a}_1 \rangle \langle \mathbf{y}, \mathbf{a}_1 \rangle + \cdots + \langle \mathbf{x}, \mathbf{a}_n \rangle \langle \mathbf{y}, \mathbf{a}_n \rangle$이다.

(3) $\mathbf{x} \in V$이면, $\|\mathbf{x}\|^2 = \langle \mathbf{x}, \mathbf{a}_1 \rangle^2 + \cdots + \langle \mathbf{x}, \mathbf{a}_n \rangle^2$이다(Parseval의 등식).

04. 구간 [0, 1]에서 연속인 함수 전체의 집합 $V = C[0, 1]$에 대해 다음을 보여라.

(1) V는 $\mathbb{R}$ 위에서 벡터공간이다.

(2) V는 예제 6.1.5의 실함수의 벡터공간 F의 부분공간이다.

(3) P, P_n은 모두 V의 부분공간이다.

(4) $f, g \in V$에 대해 $\langle f, g \rangle = \int_0^1 f(x) g(x)\, dx$로 정의하면 $\langle f, g \rangle$는 V의 내적이다.

(a) 위 내적에 관하여 $\| x \|$를 구하여라.

(b) $\langle x, \sin x \rangle$를 구하여라.

(c) $P_2 = \operatorname{span}\{1, x, x^2\}$의 정규직교기저를 구하여라.

연습문제 및 종합문제 해답

Chapter 01 선형연립방정식과 행렬

연습문제 1.2

01. (1) 거짓 (2) 거짓 (3) 거짓

02. 계단행렬형: A, B, D, F 기약계단행렬형: A, B, F

03. (1) $\begin{pmatrix} 1 & -3 & 2 & 1 & 2 \\ 0 & 0 & 1 & -\frac{1}{4} & \frac{3}{4} \\ 0 & 0 & 0 & 0 & 0 \\ 0 & 0 & 0 & 0 & 0 \end{pmatrix}$ 계수: 2 (2) $\begin{pmatrix} 1 & 2 & 3 & 4 & 5 \\ 0 & 1 & 2 & 3 & 4 \\ 0 & 0 & 0 & 0 & 0 \\ 0 & 0 & 0 & 0 & 0 \\ 0 & 0 & 0 & 0 & 0 \end{pmatrix}$ 계수: 2

04. (1) $\begin{pmatrix} 1 & -3 & 0 & \frac{3}{2} & \frac{1}{2} \\ 0 & 0 & 1 & -\frac{1}{4} & \frac{3}{4} \\ 0 & 0 & 0 & 0 & 0 \\ 0 & 0 & 0 & 0 & 0 \end{pmatrix}$ (2) $\begin{pmatrix} 1 & 0 & -1 & -2 & -3 \\ 0 & 1 & 2 & 3 & 4 \\ 0 & 0 & 0 & 0 & 0 \\ 0 & 0 & 0 & 0 & 0 \\ 0 & 0 & 0 & 0 & 0 \end{pmatrix}$

05. (1) $\{(3+t,\ t) \mid t \in \mathbb{R}\}$ (2) $\left\{\left(\frac{1}{2}s - \frac{3}{2}t + \frac{5}{2},\ s,\ t\right) \middle| \ s, t \in \mathbb{R}\right\}$

(3) $\{(-s+3t-u-2,\ s,\ t,\ u) \mid s, t, u \in \mathbb{R}\}$

06. (1) $(x,\ y,\ z) = \left(\frac{17}{2},\ 3,\ -4\right)$ (2) $\{(t,\ -t,\ t) \mid t \in \mathbb{R}\}$

(3) $\{(-1-4t,\ 6-2t,\ 2-3t,\ t) \mid t \in \mathbb{R}\}$

(4) $(x_1,\ x_2,\ x_3,\ x_4) = (0,\ 1,\ -1,\ 2)$ (5) $\left\{\left(0,\ \frac{5}{2} + \frac{1}{2}t,\ -\frac{1}{2} + \frac{1}{2}t,\ t,\ 1\right) \middle| \ t \in \mathbb{R}\right\}$

07. (1) $\{(-t,\ -t,\ t) \mid t \in \mathbb{R}\}$ (2) $\{(t,\ -t,\ t) \mid t \in \mathbb{R}\}$

08. $k \neq 1,\ k \neq 3$인 모든 실수

10. (1) $-b_1 - b_2 + b_3 = 0$ (2) 모든 실수 b_1, b_2, b_3에 대해 해를 가짐

(3) $b_1 - 2b_2 + 5b_3 = 0$

11. $b_1 - 2b_2 + 5b_3 \neq 0$

12. $\left(\alpha = \frac{3}{2}\pi,\ \beta = \frac{\pi}{2},\ \gamma = \frac{\pi}{4}\right)$

13. (1) $a = 4$이면 무수히 많은 해, $a = -4$이면 해가 없다. $a \neq \pm 4$이면 오직 한 해

(2) $a = 2$이면 무수히 많은 해, $a = -3$이면 해가 없다. $a \neq 2,\ a \neq -3$이면 오직 한 해

14. $\{(11k-1,\ -7k+5,\ 3k+2) \mid k$는 정수$\}$

15. (1) $\left\{\left(\frac{2}{19}t + \frac{2}{19},\ \frac{10}{19}t - \frac{9}{19},\ \frac{7}{19}t - \frac{31}{19},\ t\right) \mid t \in \mathbb{R}\right\}$

(2) $\left\{\left(\frac{2}{19},\ -\frac{9}{19},\ -\frac{31}{19},\ 0\right) + t\left(\frac{2}{19},\ \frac{10}{19},\ \frac{7}{19},\ 1\right) \mid t \in \mathbb{R}\right\}$

연습문제 1.3

01. (1) 참 (2) 거짓 (3) 참 (4)참 (5) 거짓 (6) 참 (7) 거짓 (8) 거짓 (9) 참 (10) 참 (11) 참

02. A, B, D, F, G, H

03. $ABC = \begin{pmatrix} -11 & 11 \\ -8 & 8 \end{pmatrix} \qquad CAB = (-3)$

04. $A^k = \begin{pmatrix} 1 & 2k & 3k(k-1) \\ 0 & 1 & 3k \\ 0 & 0 & 1 \end{pmatrix}$

05. $AA^T = \begin{pmatrix} 6 & 3 & -6 \\ 3 & 15 & 24 \\ -6 & 24 & 84 \end{pmatrix} \qquad A^TA = \begin{pmatrix} 9 & 17 & 14 & 4 \\ 17 & 66 & 35 & -1 \\ 14 & 35 & 25 & 3 \\ 4 & -1 & 3 & 5 \end{pmatrix}$

06. (1) $B = \begin{pmatrix} 9 & 5 \\ 12 & 4 \\ 8 & 11 \end{pmatrix}$ (2) $C = \begin{pmatrix} 6 & -3 & -1 \\ -12 & 8 & 3 \\ 4 & -2 & 0 \end{pmatrix}$

07. $a = 0,\ bc = 1$

08. $A^{-1} = \begin{pmatrix} 1 & -1 & 0 & 0 \\ 0 & \frac{1}{2} & -\frac{1}{2} & 0 \\ 0 & 0 & \frac{1}{3} & -\frac{1}{3} \\ 0 & 0 & 0 & \frac{1}{4} \end{pmatrix} \qquad B^{-1} = \begin{pmatrix} \frac{13}{8} & -\frac{1}{2} & -\frac{1}{8} \\ -\frac{15}{8} & \frac{1}{2} & \frac{3}{8} \\ \frac{5}{4} & 0 & -\frac{1}{4} \end{pmatrix}$ C^{-1}는 존재하지 않음

15. (1) $(AB)^T = \begin{pmatrix} 14 & 24 & 34 \\ 19 & 33 & 47 \\ 24 & 42 & 60 \end{pmatrix}$ (2) $\begin{pmatrix} 7 & 14 & 21 \\ 18 & 25 & 32 \end{pmatrix}$ (3) $\begin{pmatrix} 0 & 2 \\ 3 & 3 \end{pmatrix}$

16. $I_n = I_n - A^5 = (I_n - A)(I_n + A + A^2 + A^3 + A^4) = (I_n + A + A^2 + A^3 + A^4)(I_n - A)$.

따라서, $I_n - A$는 정칙행렬이고 $(I_n - A)^{-1} = I_n + A + A^2 + A^3 + A^4$이다.

17. $A^{-1} = \begin{pmatrix} -2 & \frac{3}{2} \\ 1 & -\frac{1}{2} \end{pmatrix} = \begin{pmatrix} 1 & -3 \\ 0 & 1 \end{pmatrix}\begin{pmatrix} 1 & 0 \\ 0 & -\frac{1}{2} \end{pmatrix}\begin{pmatrix} 1 & 0 \\ -2 & 1 \end{pmatrix}$

18. $E_1 = \begin{pmatrix} 1 & 0 \\ 2 & 1 \end{pmatrix}$, $E_2 = \begin{pmatrix} 1 & 0 \\ 0 & -5 \end{pmatrix}$

19. $A^2 = A \Rightarrow A^{-1}(A^2) = A^{-1}A \Rightarrow A = I_n$

종합문제 1

01. (1) $\begin{cases} x' = \frac{3}{5}x + \frac{4}{5}y \\ y' = -\frac{4}{5}x + \frac{3}{5}y \end{cases}$ (2) $\begin{cases} x' = \cos\theta\, x + \sin\theta y \\ y' = -\sin\theta x + \cos\theta y \end{cases}$

02. (1) $(x_1, x_2, x_3, x_4) = (2, 0, 1, 3)$ (2) $\left\{\left(-\frac{1}{4}s, -\frac{1}{4}s - t, s, t\right) \mid s, t \in \mathbb{R}\right\}$

03. $\{(5k+4, -9k+2, 4k+3) \mid k$는 정수$\}$

04. (1) $a \neq 0,\ b \neq 2$ (2) $a \neq 0,\ b = 2$ (3) $a = 0, b = 2$ (4) $a = 0,\ b \neq 2$

05. $\begin{pmatrix} 0 & 2 \\ 1 & 1 \end{pmatrix}$

06. (1) $E_1 = \begin{pmatrix} 0 & 0 & 1 \\ 0 & 1 & 0 \\ 1 & 0 & 0 \end{pmatrix}$ (2) $E_2 = \begin{pmatrix} 0 & 0 & 1 \\ 0 & 1 & 0 \\ 1 & 0 & 0 \end{pmatrix}$ (3) $E_3 = \begin{pmatrix} 1 & 0 & 0 \\ 0 & 1 & 0 \\ 2 & 0 & 1 \end{pmatrix}$ (4) $E_4 = \begin{pmatrix} 1 & 0 & 0 \\ 0 & 1 & 0 \\ -2 & 0 & 1 \end{pmatrix}$

07. $\begin{pmatrix} 0 & 1 \\ 0 & 0 \end{pmatrix}$, $\begin{pmatrix} 0 & 0 \\ 1 & 0 \end{pmatrix}$

09. (1) $\begin{pmatrix} 9 & 12 \\ 31 & 40 \end{pmatrix}$ (2) $\begin{pmatrix} 5 & 10 \\ 9 & 17 \\ 13 & 24 \end{pmatrix}$

10. $A^{-1} = \begin{pmatrix} -6 & 4 & -1 \\ -1 & 1 & -1 \\ 3 & -2 & 1 \end{pmatrix}$

Chapter 02 행렬식

연습문제 2.1

01. (1) 거짓 (2) 거짓 (3) 거짓

02. (1) 11 (2) $a^3+b^3+c^3-3abc$ (3) $(a-b)(b-c)(c-a)$

03. -27

05. (1) 10 (2) 10 (3) 5

07. -93

연습문제 2.2

01. (1) 거짓 (2) 거짓 (3) 참

02. $\begin{pmatrix} \cos\theta & \sin\theta \\ -\sin\theta & \cos\theta \end{pmatrix}$

03. (1) 1 (2) 0 (3) $(-1)^{n-1}(n-1)$

04. (1) $D_{13}=53,\ A_{13}=53$ (2) $D_{23}=-153,\ A_{23}=153$

07. (1) $x=1$ 또는 2 (2) $x=\dfrac{\pi}{4}+n\pi$, n은 정수

08. (1) $(a-b)(b-c)(c-a)(a^2+b^2+c^2+ab+bc+ca)$

(2) $-(a-b)(b-c)(c-a)$

(3) $-(a-b)(b-c)(c-a)$

(4) $(a-b)(b-c)(c-a)(a+b+c)$

(5) $2(a+b)(a+c)(b+c)$

(6) $(x-a)(x-b)(x-c)$

(7) $(a-b)(a-c)(a-d)(b-c)(b-d)(c-d)$

11. (1) 48 (2) 27 (3) $\dfrac{1}{3}$ (4) $\dfrac{4}{3}$ (5) $-\dfrac{81}{2}$

12. $|(-2A)^{-1}|=\dfrac{1}{|-2A|}=\dfrac{1}{(-2)^n|A|}$

13. (1) $\dfrac{1}{2}\begin{pmatrix} -1 & 1 & 1 \\ 1 & -1 & 1 \\ 1 & 1 & -1 \end{pmatrix}$ (2) $\begin{pmatrix} \frac{1}{2} & 1 & -\frac{1}{2} \\ \frac{1}{2} & -4 & \frac{3}{2} \\ 0 & 2 & -1 \end{pmatrix}$

15. (1) $|A^{-1}| = |A^T| = |A| \Rightarrow |A|^2 = |A||A| = |A||A^{-1}| = |A \cdot A^{-1}| = |I_n| = 1$

(2) $a = \pm 1,\ b = \pm 1,\ c = 0$

연습문제 2.3

01. (1) 참 (2) 거짓 (3) 거짓

02. (1) $(x, y, z) = (1, 2, 3)$ (2) $(x, y, z) = (10, 8, 6)$ (3) $(x, y, z) = (3, 4, -6)$

(4) $(x, y, z) = \left(3, -\frac{1}{2}, \frac{11}{4}\right)$ (5) $(x, y, z, w) = (2, 1, -3, 5)$

(6) $(x, y, z, w) = (1, 2, 0, 7)$

03. $(a-b)(b-c)(c-a)(a-k)(b-k)(c-k) = 0$

04. (1) $a^3 + b^3 + c^3 - 3abc = 0$ 즉 $a+b+c = 0$ 또는 $a = b = c$

(2) $2(a+b)(b+c)(c+a) = 0$

05. $a = -1$

06. $k = 2$

종합문제 2

02. (1) -189 (2) $-\frac{1}{7}$ (3) $-\frac{8}{7}$ (4) $-\frac{1}{56}$

07. $a \neq 1, -2$

08. -6

09. $k = -2$

10. (1) -1 (2) -17 (3) 251

Chapter 03 점의 좌표와 기하 벡터

연습문제 3.2

03. (1) $(4, 0, 5)$ (2) $(3, 6, 9)$ (3) $\sqrt{14}$ (4) $\sqrt{134}$ (5) $\left(\frac{11}{3}, -\frac{2}{3}, 4\right)$

연습문제 3.3

06. (1) $\frac{2}{5}(6, 2)$ (2) 0 (3) $-\frac{16}{13}(5, 0, 1)$ (4) $\frac{12}{89}(8, 3, 4)$

08. $\dfrac{\pi}{3}$

09. $\cos\theta = -\dfrac{1}{\sqrt{14}}$

연습문제 3.4

04. (1) $(20, -23, 14)$ (2) $(18, -36, -18)$

05. $\pm\dfrac{1}{\sqrt{6}}(-1, 2, 1)$

06. (1) $\dfrac{15}{2}$ (2) $\dfrac{\sqrt{1014}}{2}$

07. (1) 16 (2) 45

08. (1) 16 (2) $\dfrac{8}{3}$

연습문제 3.5

02. (1) $\dfrac{x+4}{2} = y+1 = \dfrac{z+1}{2}$ (2) $-\dfrac{x-3}{2} = 4-y = 5-z$

03. (1) $2y - z + 1 = 0$ (2) $5x - 9y - z + 26 = 0$

04. (1) $\cos^{-1}\left(\dfrac{17}{2\sqrt{217}}\right)$ (2) $\cos^{-1}\left(\dfrac{7}{\sqrt{78}}\right)$

05. (1) $\dfrac{5}{3}$ (2) $\dfrac{1}{\sqrt{29}}$

06. (1) $x - 1 = y - 2,\ z = 3$ (2) $x + y - 3 = 0$

07. (1) 3 (2) $x - y - 2z = 0$ (3) $\dfrac{\sqrt{6}}{2}$

08. $\dfrac{26}{7}$

09. (1) $x - 1 = \dfrac{y+1}{4} = \dfrac{z-2}{2}$, $(2, 3, 4)$ (2) $\sqrt{21}$

10. $k = -3$

11. $\left(\dfrac{5}{3}, \dfrac{10}{3}, \dfrac{5}{3}\right)$

12. $\left(\frac{17}{3}, -\frac{2}{3}, -\frac{1}{3}\right)$

13. (1) $x+z=3$

(2) $x+z=-2+\sqrt{2}$, $x+z=-2-\sqrt{2}$

종합문제 3

01. $\|\mathbf{u}+\mathbf{v}\|^2 = \langle \mathbf{u}+\mathbf{v}, \mathbf{u}+\mathbf{v} \rangle = \|\mathbf{u}\|^2 + \langle \mathbf{u}, \mathbf{v}\rangle + \langle \mathbf{v}, \mathbf{u}\rangle + \|\mathbf{v}\|^2$

$= \|\mathbf{u}\|^2 + \|\mathbf{v}\|^2$

02. $\|\mathbf{u}-\mathbf{v}\|^2 = \langle \mathbf{u}-\mathbf{v}, \mathbf{u}-\mathbf{v} \rangle = \|\mathbf{u}\|^2 + \|\mathbf{v}\|^2 = 2 \qquad \therefore \|\mathbf{u}-\mathbf{v}\| = \sqrt{2}$

03. $\begin{pmatrix}\mathbf{u}\\ \mathbf{v}\end{pmatrix}$는 $\begin{pmatrix}x\\ y\end{pmatrix}$를 2배하여 원점을 중심으로 반시계 방향으로 $\frac{\pi}{4}$만큼 회전

04. $\Gamma(G) = \left\{\begin{pmatrix}x\\ y\end{pmatrix} \,\middle|\, |x|+|y| \le 2\sqrt{2}\right\}$

07. $\theta = \frac{\pi}{2} - \cos^{-1}\left(\frac{5\sqrt{3}}{9}\right)$

08. (1) $x-1 = \frac{y-1}{2} = \frac{z-1}{3}$ (2) $(2, 3, 4)$ (3) $\sqrt{14}$

09. (1) $x+y+z=2$ (2) $x-1=y-2=z-3$

Chapter 04 유클리드 공간 $\mathbb{R}^n$

연습문제 4.1

06. (1) yes (2) no (3) yes (4) no

07. (1) $\{\alpha(1, 2, 3) \mid \alpha$는 실수$\}$

(2) $\{\alpha(1, 2, 3)+\beta(-1, -2, 3) \mid \alpha, \beta$는 실수$\}$

(3) $\mathbb{R}^3$ (4) $\mathbb{R}^3$

08. (1) $2(1, 2, 3)+(-1, -2, 3)$ (2) $3(1, 2, 3)-2(1, 2, 0)+(1, 0, 3)$

09. (1) $3(1, 2, 3)+2(-1, -2, 3)$

12. (2) $t \neq 2$인 모든 실수 t에 대해 $W=\{\alpha(1, t, 0) \mid \alpha$는 실수$\}$를 택할 수 있다.

연습문제 4.2

01. (1) 거짓 (2) 거짓 (3) 참 (4) 거짓 (5) 거짓 (6) 참

02. (1) yes (2) yes (3) no (4) no

03. (1) no (2) yes (3) yes (4) no

06. (1) $\lambda=1$ 또는 -2 (2) $\lambda=0$ 또는 3

07. 일차종속

08. 일차종속

연습문제 4.3

01. (1) 참 (2) 참 (3) 거짓 (4) 거짓 (5) 참 (6) 거짓 (7) 참 (8) 참 (9) 참 (10) 거짓

04. (1) W_1의 기저: $\{(1,1,0)\}$, 차원: 1, W_2의 기저: $\{(0,1,1)\}$, 차원: 1, $W_1 \cap W_2$의 기저: 존재하지 않음, 차원: 0, $W_1 + W_2$의 기저: $\{(1,1,0),(0,1,1)\}$, 차원: 2

(2) W_3의 기저: $\{(1,0,0),(0,0,1)\}$, 차원: 2, W_4의 기저: $\{(1,0,0),(0,1,0)\}$, 차원: 2, $W_3 \cap W_4$의 기저: $\{(1,0,0)\}$, 차원: 1, $W_3 + W_4$의 기저: $\{(1,0,0),(0,1,0),(0,0,1)\}$, 차원: 3

06. (1) $(1,2,1)$ (2) $(-1,1,1)$ (3) $(-1,0,2)$

08. (2) 기저: $\{(1,2,3,4),(1,1,1,1),(0,1,2,0)\}$, 차원: 3

(3) $\mathbb{R}^4$의 기저: $\{(1,2,3,4),(1,1,1,1),(0,1,2,0),(1,0,0,0)\}$,
W의 보충공간: $\text{span}\{(1,0,0,0)\}$

09. (1) 기저: $\{(0,1,0,0),(0,0,1,0),(0,0,0,1)\}$, 차원: 3

(2) 기저: $\{(1,1,1,0),(0,0,0,1)\}$, 차원: 2

(3) 기저: $\{(1,0,1,1),(0,1,1,-1)\}$, 차원: 2

10. (1) $\text{span}\{(1,0,0,0)\}$ 차원: 1 (2) $\text{span}\{(1,0,0,0),(0,1,0,0)\}$ 차원: 2

(3) $\text{span}\{(1,0,0,0),(0,1,0,0)\}$ 차원: 2

11. (1) A, B, C의 행공간의 차원은 3, 2, 3이다.

(2) $rank(A)=3$, $rank(B)=2$, $rank(C)=3$

(3) A: $(1,3,0)$, $(0,0,1)$, $(1,0,0)$ B: $(1,3,0)$, $(1,2,1)$
C: $(1,2,3,4)$, $(1,1,1,1)$, $(0,1,2,0)$

12. $a=5$

연습문제 4.4

01. (1) $P=\begin{pmatrix} 1 & -1 \\ -1 & 2 \end{pmatrix}$ (2) $Q=\begin{pmatrix} 2 & 1 \\ 1 & 1 \end{pmatrix}$ (3) $[\mathbf{w}]_\beta=\begin{pmatrix} -1 \\ 5 \end{pmatrix}$ (4) $c_1=-1,\ c_2=5$

02. (1) $P=\begin{pmatrix} 1 & 0 & -1 & 0 \\ 0 & 1 & -1 & 0 \\ 0 & 0 & 1 & 0 \\ 0 & -2 & 1 & 1 \end{pmatrix}$ (2) $[w]_\beta=\begin{pmatrix} -2 \\ -1 \\ 3 \\ 3 \end{pmatrix}$

04. (2) $P=\begin{pmatrix} -1 & -1 & 0 \\ -1 & -1 & -1 \\ 3 & 6 & 1 \end{pmatrix}$

연습문제 4.5

01. (1) 거짓 (2) 거짓 (3) 참 (4) 참 (5) 참

06. (1) $\|\mathbf{x}\|=\sqrt{3}$ (2) $\mathbf{y}=\pm\dfrac{1}{\sqrt{6}}(2,-1)$

09. (1) $\sin\theta=\sqrt{\dfrac{5}{12}}$ (2) $\pm\dfrac{1}{\sqrt{35}}(-1, 3, 5)$ (3) $W^\perp=\text{span}\{(-1, 3, 5)\}$

11. $\|\mathbf{v}-\mathbf{u}\|=\|\mathbf{v}+\mathbf{u}\|=\sqrt{2}$

12. (1) $\mathbf{a}_1=\dfrac{1}{\sqrt{6}}(1, 2, 1)$, $\mathbf{a}_2=\dfrac{1}{\sqrt{66}}(-7, 4, -1)$, $\mathbf{a}_3=\dfrac{1}{\sqrt{11}}(-1, -1, 3)$

(2) $\mathbf{a}_1=\dfrac{1}{\sqrt{2}}(1, 0, 0, 1)$, $\mathbf{a}_2=\dfrac{1}{\sqrt{5}}(0, 2, 1, 0)$, $\mathbf{a}_3-\dfrac{1}{\sqrt{70}}(5, 2, -4, -5)$,

$\mathbf{a}_4=\dfrac{1}{\sqrt{7}}(1, -1, 2, -1)$

13. (1) $W^\perp=\text{span}\{(1, 0, 0, -1), (0, 1, -2, 0)\}$

(2) $(1, 4, 2, 1)+(2, 1, -2, -2)$

14. $\mathbf{u}=\dfrac{1}{\sqrt{2}}(0, 1, 1, 0)$, $\mathbf{v}=\dfrac{1}{\sqrt{66}}(0, -1, 1, 8)$

15. (1) $(1, 2, 3)$ (2) $(2, -1, 0)$, $(3, 0, -1)$

16. $\dfrac{3\sqrt{2}}{2}$

17. (1) $(0, 1, 1)$ (2) $\sqrt{3}$ (3) $x+y-z=0$ (4) $\sqrt{3}$

18. $A\mathbf{x}_0=\dfrac{1}{3}(4, 5, 1)$

종합문제 4

02. (1) $\mathbb{R}^3$

(2) $\{(0, 0, 0)\}$ (3) W_3 (4) W_1 (5) $\{(a, b, c) \mid a, b, c \in \mathbb{R}\} = \mathbb{R}^3$

(6) $\{(a, 0, 0) \mid a \in \mathbb{R}\}$

03. (1) 독립 (2) 종속: $2\mathbf{v}_1 - \mathbf{v}_2 + 2\mathbf{v}_3 - \mathbf{v}_4 = 0$ (3) 종속: $\mathbf{v}_1 + 2\mathbf{v}_2 + 2\mathbf{v}_3 - \mathbf{v}_4 = 0$

(4) 종속: $5\mathbf{v}_1 - 3\mathbf{v}_2 + \mathbf{v}_3 = 0$ (5) 종속: $\mathbf{v}_1 - \mathbf{v}_2 + v_3 - \mathbf{v}_4 = 0$

04. (1) $\{\mathbf{v}_1, \mathbf{v}_2, \mathbf{v}_3\}$ 차원: 3 (2) $\{\mathbf{v}_1, \mathbf{v}_2, \mathbf{v}_3\}$ 차원: 3 (3) $\{\mathbf{v}_1, \mathbf{v}_2, \mathbf{v}_3\}$ 차원: 3

(4) $\{\mathbf{v}_1, \mathbf{v}_2\}$ 차원: 2 (5) $\{\mathbf{v}_1, \mathbf{v}_2, \mathbf{v}_3\}$ 차원: 3

05. (1) $\{(0, 0, 0)\}$ (2) $\{(0, 0, 0)\}$ (3) $\text{span}\{(1, 0, 0, 0)\}$

(4) $\text{span}\{(1, 0, 0, 0), (0, 1, 0, 0)\}$ (5) $\text{span}\{(1, 0, 0, 0)\}$

06. (1) $rank(A) = 2$, $rank(B) = 3$

(2) $\{(1, 2, 3, 4), (1, 3, 5, 7)\}$, $\{(1, 2, 3, 4), (1, 3, 5, 7), (1, 4, 7, 9)\}$

(3) $\{(1, -2, 1, 0)(2, -3, 0, 1)\}$, $\{(1, -2, 1, 0)\}$

(5) $\text{span}\{(1, -2, 1, 0)(2, -3, 0, 1)\}$, $\text{span}\{(1, -2, 1, 0)\}$

08. (1) $\cos^{-1}\dfrac{1}{\sqrt{2}} = \dfrac{\pi}{4}$ (2) $\cos^{-1}\dfrac{1}{\sqrt{3}}$ (3) $\cos^{-1}\dfrac{1}{\sqrt{2}} = \dfrac{\pi}{4}$

09. (1) $\left\{\dfrac{1}{\sqrt{2}}(-1, 0, 1), \dfrac{1}{\sqrt{6}}(1, 2, 1), \dfrac{1}{\sqrt{3}}(1, -1, 1)\right\}$

(2) $\left\{\dfrac{1}{\sqrt{2}}(1, -1, 0), \dfrac{1}{\sqrt{6}}(1, 1, 2), \dfrac{1}{\sqrt{3}}(-1, -1, 1)\right\}$

10. (1) $\pm\dfrac{1}{\sqrt{5}}(2, 1)$ (2) $\pm\dfrac{1}{\sqrt{21}}(4, 2, 1)$

12. (1) $\dfrac{1}{\sqrt{42}}(0, 5, 4, 1)$ (2) $(2, 1, 2, 1) + (0, 1, -2, 3)$

13. (4) $\{(1, 2, -1)\}$ (5) $\dfrac{1}{6}(5, 16, 37) + \dfrac{13}{6}(1, 2, -1)$

(6) $\left\{\dfrac{1}{\sqrt{5}}(2, -1, 0), \dfrac{1}{\sqrt{30}}(1, 2, 5), \dfrac{1}{\sqrt{6}}(1, 2, -1)\right\}$

Chapter 05 선형변환과 행렬

연습문제 5.1

02. (1) yes (2) No (3) No

03. (1) $\begin{pmatrix} 2 & 2 \\ 3 & 1 \end{pmatrix}$ (2) $\alpha = -1$ or 4 (3) $\alpha = -1$일 때 $c\begin{pmatrix} 2 \\ -3 \end{pmatrix}$ $\alpha = 4$일 때 $c\begin{pmatrix} 1 \\ 1 \end{pmatrix}$

04. (2) $\left\{\begin{pmatrix} 1 \\ 3 \\ 5 \end{pmatrix}\right\}$ (3) $\left\{\begin{pmatrix} 1 \\ 0 \end{pmatrix}, \begin{pmatrix} 0 \\ 1 \end{pmatrix}\right\}$ (4) 존재하지 않는다. (5) $\begin{pmatrix} 2 & 1 & -1 \\ 1 & -2 & 1 \end{pmatrix}$

05. (2) $\left\{\begin{pmatrix} 1 \\ 1 \\ -2 \\ 1 \end{pmatrix}\right\}$ (3) $\left\{\begin{pmatrix} 1 \\ 0 \\ 0 \end{pmatrix}, \begin{pmatrix} 0 \\ 1 \\ 0 \end{pmatrix}\begin{pmatrix} 0 \\ 0 \\ 1 \end{pmatrix}\right\}$ (4) $\begin{pmatrix} 1 & 1 & 1 & 0 \\ 0 & 1 & 1 & 1 \\ 1 & 0 & 1 & 1 \end{pmatrix}$

06. (1) $\begin{pmatrix} x + 3y + 2z \\ 2x - y - w \end{pmatrix}$ (2) $A_3 = A_1 A_2$

07. $a = c = 0$

08. $c_1 = c_2 = 0$

09. (1) $-2(1, 0) + 5(1, 1)$ (2) $(-12, 1, -11)$

연습문제 5.2

01. (1) $\begin{pmatrix} 3 & -2 & 1 \\ 1 & 2 & -4 \end{pmatrix}$ (2) $\frac{1}{3}\begin{pmatrix} 4 & 0 & -3 \\ -5 & 6 & -6 \end{pmatrix}$ (3) $\begin{pmatrix} 3 & 1 & 2 \\ 1 & 3 & -1 \end{pmatrix}$ (4) $\frac{1}{3}\begin{pmatrix} 4 & 4 & 1 \\ -5 & 1 & -5 \end{pmatrix}$

02. (1) $\begin{pmatrix} 1 & 1 \\ 0 & 1 \end{pmatrix}$, $\begin{pmatrix} 2 & 1 \\ 1 & -1 \end{pmatrix}$ (3) $\begin{pmatrix} x - y \\ y \end{pmatrix}$ (4) $\begin{pmatrix} 1 & -1 \\ 0 & 1 \end{pmatrix}$ (5) $[T]_\beta^{-1} = [T^{-1}]_\beta$

(6) $\begin{pmatrix} 3x \\ x - y \end{pmatrix}$ (7) $\begin{pmatrix} 3 & 0 \\ 1 & -1 \end{pmatrix}$ (8) $[T]_\beta [T']_\beta = [T \circ T']_\beta$

03. (1) $\begin{pmatrix} 2 & 1 & -1 \\ 1 & -2 & 1 \end{pmatrix}$ (2) $\frac{1}{3}\begin{pmatrix} -2 & 3 & -5 \\ 1 & 0 & 7 \end{pmatrix}$ (3) $\frac{1}{2}\begin{pmatrix} -1 & 1 & 1 \\ 1 & -1 & 1 \\ 1 & 1 & -1 \end{pmatrix}$

(4) $\frac{1}{3}\begin{pmatrix} -1 & 2 \\ 2 & -1 \end{pmatrix}$ (5) $[T]_{\beta_1', \beta_1} = Q[T]_{\beta', \beta} P^{-1}$

04. (1) $\begin{pmatrix} 1 & 1 & 1 & 0 \\ 0 & 1 & 1 & 1 \\ 1 & 0 & 1 & 1 \end{pmatrix}$ (3) $\begin{pmatrix} 1 & 1 & 1 & 0 \\ 1 & 1 & 0 & 1 \\ 1 & 0 & 1 & 1 \\ 0 & 1 & 1 & 1 \end{pmatrix}$ (4) $\frac{1}{2}\begin{pmatrix} 1 & 1 & -1 \\ 1 & -1 & 1 \\ -1 & 1 & 1 \end{pmatrix}$ (5) $[T]_{F', E'} = Q[T]_{F, E} P$

05. (1) $a = -1$ (2) $\begin{pmatrix} 1 \\ 1 \\ 1 \end{pmatrix}$

06. $\begin{pmatrix} 1 & -2 & 0 \\ -1 & -2 & 0 \end{pmatrix}$

07. $a=4,\ b=3,\ c=2$

08. (1) $\left\{\begin{pmatrix}10\\-13\\1\end{pmatrix}\right\}$ (2) $\begin{pmatrix}0&1&5\\4&0&2\end{pmatrix}$ (3) $\begin{pmatrix}1&1\\1&-1\end{pmatrix}$ (4) $[T]_{\beta_0,\alpha}=P^{-1}[T]_{\beta,\alpha}$

09. (1) $\begin{pmatrix}1&-2&1\\-1&0&5\\0&1&-3\end{pmatrix}$ (2) $\det(A)=0,\ rank(A)=2$

연습문제 5.3

06. (1) $\lambda_1=\dfrac{1+\sqrt{5}}{2}$일 때, $P_1=\alpha\begin{pmatrix}2\\1+\sqrt{5}\end{pmatrix}$, $\lambda_2=\dfrac{1-\sqrt{5}}{2}$ 일 때, $P_2=\beta\begin{pmatrix}2\\1-\sqrt{5}\end{pmatrix}$

(2) $\lambda_1=1$일 때, $P_1=\alpha\begin{pmatrix}1\\-1\\0\end{pmatrix}$, $\lambda_2=1+\sqrt{2}$일 때, $P_2=\beta\begin{pmatrix}1\\1\\\sqrt{2}\end{pmatrix}$,

$\lambda_3=1-\sqrt{2}$일 때, $P_3=\gamma\begin{pmatrix}1\\1\\-\sqrt{2}\end{pmatrix}$

(3) $\lambda_1=1$일 때, $P_1=\alpha\begin{pmatrix}1\\1\\-1\end{pmatrix}$, $\lambda_2=2$일 때, $P_2=\beta\begin{pmatrix}2\\1\\0\end{pmatrix}$

(4) $\lambda_1=1$일 때, $P_1=\alpha\begin{pmatrix}1\\-1\\-1\end{pmatrix}$, $\lambda_2=2$일 때, $P_2=\beta\begin{pmatrix}5\\-4\\-6\end{pmatrix}$, $\lambda_2=3$일 때, $P_3=\gamma\begin{pmatrix}-7\\5\\11\end{pmatrix}$

08. (1) 5, 3 (2) 단사

연습문제 5.4

02. (1) $\lambda^3-12\lambda+16=0,\ \lambda=-4\ \text{or}\ 2,\ E(-4)=\text{span}\left\{\begin{pmatrix}0\\1\\1\end{pmatrix}\right\},\ E(2)=\text{span}\left\{\begin{pmatrix}1\\1\\0\end{pmatrix}\right\}$

(2) $\lambda=-4$인 경우: 기하적 중복도=대수적 중복도 $=1$,

$\lambda=2$인 경우: 기하적 중복도=1, 대수적 중복도$=2$ 따라서 대각화가 가능하지 않다.

03. (1) $\begin{pmatrix}1&0&0\\0&1&1\\0&0&0\end{pmatrix}$ (2) $\lambda_1=0$일 때, $P_1=\alpha\begin{pmatrix}0\\1\\-1\end{pmatrix}$, $\lambda_2=1$일 때,$P_2=\beta\begin{pmatrix}1\\0\\0\end{pmatrix}$, $P_3=\gamma\begin{pmatrix}0\\1\\0\end{pmatrix}$

(3) $\begin{pmatrix}0&1&0\\1&0&1\\-1&0&0\end{pmatrix}^{-1}\begin{pmatrix}1&0&0\\0&1&1\\0&0&0\end{pmatrix}\begin{pmatrix}0&1&0\\1&0&1\\-1&0&0\end{pmatrix}=\begin{pmatrix}0&0&0\\0&1&0\\0&0&1\end{pmatrix}$

06. (1) $(\lambda-5)^2(\lambda-6)(\lambda-7)=0$ (2) $-(\lambda-1)^3=0$

(3) $-(\lambda-2)(\lambda-5)^2(\lambda-6)(\lambda-7)=0$

(4) $\lambda^2-6\lambda+13=0$ (5) $\lambda^2-2\lambda=0$

(6) $-(\lambda-2)^3=0$

07. (1) $\lambda_1=-1$일 때, $P_1=\alpha\begin{pmatrix}1\\-1\end{pmatrix}$, $\lambda_2=3$일 때, $P_2=\beta\begin{pmatrix}1\\1\end{pmatrix}$

(2) $P=\begin{pmatrix}1&1\\-1&1\end{pmatrix}$, $D=\begin{pmatrix}-1&0\\0&3\end{pmatrix}$

(3) $A^{10}=\dfrac{1}{2}\begin{pmatrix}3^{10}+1&3^{10}-1\\3^{10}-1&3^{10}+1\end{pmatrix}$, $f(A)=-\begin{pmatrix}51&64\\64&51\end{pmatrix}$

(4) $A^n=\dfrac{1}{2}\begin{pmatrix}3^n+(-1)^n&3^n-(-1)^n\\3^n-(-1)^n&3^n+(-1)^n\end{pmatrix}$

09. (1) $\lambda=1$ or 4 (3) $\left\{\begin{pmatrix}1\\-1\\0\end{pmatrix},\begin{pmatrix}0\\1\\-1\end{pmatrix}\right\}$ (4) $\left\{\begin{pmatrix}1\\1\\1\end{pmatrix}\right\}$

연습문제 5.5

01. (1) 고유치 1, $1+\sqrt{5}$, $1-\sqrt{5}$ $P=\begin{pmatrix}0&\dfrac{\sqrt{5}}{\sqrt{10}}&\dfrac{-\sqrt{5}}{\sqrt{10}}\\-\dfrac{1}{\sqrt{5}}&\dfrac{2}{\sqrt{10}}&\dfrac{2}{\sqrt{10}}\\\dfrac{2}{\sqrt{5}}&\dfrac{1}{\sqrt{10}}&\dfrac{1}{\sqrt{10}}\end{pmatrix}$

이면 $P^{-1}AP\begin{pmatrix}1&0&0\\0&1+\sqrt{5}&0\\0&0&1-\sqrt{5}\end{pmatrix}$

05. (1) $-\lambda(\lambda-3)^2=0$ 고유치: 0,3 (2) $P=\begin{pmatrix}1&1&0\\-1&1&1\\1&0&1\end{pmatrix}$

(3) $Q=\begin{pmatrix}\dfrac{1}{\sqrt{3}}&\dfrac{1}{\sqrt{2}}&-\dfrac{1}{\sqrt{6}}\\-\dfrac{1}{\sqrt{3}}&\dfrac{1}{\sqrt{2}}&\dfrac{1}{\sqrt{6}}\\\dfrac{1}{\sqrt{3}}&0&\dfrac{2}{\sqrt{6}}\end{pmatrix}$ (4) $A^n=\begin{pmatrix}2\cdot3^{n-1}&3^{n-1}&-3^{n-1}\\3^{n-1}&2\cdot3^{n-1}&3^{n-1}\\-3^{n-1}&3^{n-1}&2\cdot3^{n-1}\end{pmatrix}$

06. (1) $(\lambda-1)(\lambda+3)=0$ 고유치: $1,-3$ (2) $Q=\dfrac{1}{\sqrt{2}}\begin{pmatrix}1&-1\\1&1\end{pmatrix}$, $D=\begin{pmatrix}1&0\\0&-3\end{pmatrix}$

(3) $a=\dfrac{1+3^{20}}{2}$, $b=\dfrac{1-3^{20}}{2}$

종합문제 5

04. (1) $\left(\dfrac{1-\sqrt{3}}{2}, \dfrac{1+\sqrt{3}}{2}\right)$ (2) $\begin{pmatrix} \cos\dfrac{\pi}{3} & -\sin\dfrac{\pi}{3} \\ \sin\dfrac{\pi}{3} & \cos\dfrac{\pi}{3} \end{pmatrix}$ (3) yes

06. (1) $A=(a_1, a_2, a_3)$ (2) $\begin{pmatrix} 0 & -a_3 & a_2 \\ a_3 & 0 & -a_1 \\ -a_2 & a_1 & 0 \end{pmatrix}$

07. $\begin{pmatrix} 6 & 5 & 4 \\ \dfrac{13}{4} & \dfrac{7}{4} & \dfrac{3}{2} \end{pmatrix}$

Chapter 06 벡터공간

연습문제 6.1

01. (1) 참 (2) 거짓 (3) 참 (4) 거짓 (5) 참

연습문제 6.2

01. (1) 참 (2) 거짓 (3) 참 (4) 거짓 (5) 참 (6) 참 (7) 참 (8) 참

10. $c=0,\ W=\mathrm{span}\{(2, -1, 0), (0, 0, 1)\}$

11. (1) $\mathrm{span}\{(-1, -1, 1)\}$ (2) $\{(0, 0, 0)\}$

연습문제 6.3

01. (1) 참 (2) 참 (3) 참 (4) 참 (5) 참 (6) 거짓

03. (1) 독립 (2) 독립 (3) $a\neq 0,\ b\neq 0,\ a\neq b$

04. $\{ax^4+bx^2+c \mid a, b, c\in\mathbb{R}\}$

연습문제 6.4

01. (1) 참 (2) 참 (3) 거짓 (4) 거짓 (5) 참 (6) 거짓 (7) 참 (8) 참
(8) 참 (9) 참 (10) 거짓 (11) 거짓

02. $\{1,\ x^2,\ x^3,\ e^x\}$

04. (1) $\{1, x^2, x^4\},\ \{x, x^2, x^4\}$ (2) $\{1, x, x^2, x^4\}$

(3) $\{x^2, x^4\}$ (5) $\text{span}\{x, x^3, x^5, x^6\}$

연습문제 6.5

01. (1) 거짓 (2) 거짓 (3) 참 (4) 참 (5) 거짓 (6) 참

06. $\|\mathbf{v}-\mathbf{u}\| = |\mathbf{v}+\mathbf{u}\| = \sqrt{2}$

07. (3) $\text{span}\{(3, -3, 1)\}$

09. (1) $\sqrt{2}$ (2) 4 (3) $c\begin{pmatrix}-1\\1\end{pmatrix}$ (4) $\text{span}\left\{\begin{pmatrix}-1\\1\end{pmatrix}\right\}$

종합문제 6

04. (a) $\dfrac{1}{\sqrt{3}}$ (b) $-\cos 1+\sin 1$ (c) $\{1, \sqrt{3}(2x-1), \sqrt{5}(6x^2-6x+1)\}$

찾아보기

선형대수학 입문

인쇄 | 2025년 02월 20일
발행 | 2025년 02월 25일

지은이 | 권영수 · 김관수 · 김래영 · 방세정
윤영훈 · 이재운 · 황경하

펴낸이 | 조승식
펴낸곳 | (주)도서출판 북스힐

등 록 | 1998년 7월 28일 제22-457호
주 소 | 서울시 강북구 한천로 153길 17
전 화 | (02) 994-0071
팩 스 | (02) 994-0073

홈페이지 | www.bookshill.com
이메일 | bookshill@bookshill.com

정가 14,000원

ISBN 978-89-5526-736-5

Published by bookshill, Inc. Printed in Korea.